冶金工业出版社

普通高等教育"十四五"规划教材

建筑设备工程制图与 BIM 应用

主　编　谢　慧
副主编　梁　薇　刘兰斌
　　　　刘文超　杨连枝

北　京
冶金工业出版社
2024

内 容 提 要

本书系统地介绍了暖通空调、建筑给水排水、建筑电气工程、冷热源机房的制图和识图方法，以及 Revit 软件在建筑设备工程制图中的应用。全书共 11 章，第 1 章介绍了国家制图标准的相关规定，建筑工程图的识读方法以及建筑设备工程图的基本知识；第 2~7 章分别介绍了冷热源工程图、空调通风工程图、采暖工程图、燃气工程图、建筑给排水工程图以及建筑电气工程图的绘制和识读方法；第 8~11 章分别介绍了 Revit 基础知识以及水系统、风系统和电气系统的 BIM 模型创建。

本书收集案例丰富，介绍详细，涉及范围广，可作为高等院校建筑环境与能源应用工程、土木工程等专业的教材，也可供暖通空调、给水排水、建筑电气工程的设计、施工、预算及管理人员参考。

图书在版编目（CIP）数据

建筑设备工程制图与 BIM 应用/谢慧主编. —北京：冶金工业出版社，2024.8. —（普通高等教育"十四五"规划教材）. —ISBN 978-7-5024-9908-2

Ⅰ. TU8-39

中国国家版本馆 CIP 数据核字第 202422TE61 号

建筑设备工程制图与 BIM 应用

出版发行	冶金工业出版社	电　话	(010)64027926
地　　址	北京市东城区嵩祝院北巷 39 号	邮　编	100009
网　　址	www.mip1953.com	电子信箱	service@ mip1953.com

责任编辑　夏小雪　美术编辑　吕欣童　版式设计　郑小利
责任校对　范天娇　责任印制　禹　蕊
三河市双峰印刷装订有限公司印刷
2024 年 8 月第 1 版，2024 年 8 月第 1 次印刷
787mm×1092mm　1/16；17.25 印张；414 千字；261 页
定价 45.00 元

投稿电话　(010)64027932　投稿信箱　tougao@cnmip.com.cn
营销中心电话　(010)64044283
冶金工业出版社天猫旗舰店　yjgycbs.tmall.com
（本书如有印装质量问题，本社营销中心负责退换）

前　言

BIM 技术是一项应用于项目全生命周期的数字化技术，它以一种在整个生命周期都通用的数据格式，创建、收集该设施所有相关信息并建立起信息协调的信息化模型作为项目决策的基础和共享信息的资源。

我国的土木工程建设体量很大，BIM 技术推广应用工作正在如火如荼地开展。设计单位、施工单位、行业协会、科研院校等都在积极地开展 BIM 技术的推广和实践应用。对于土木工程建设领域的技术、管理人员而言，BIM 技术是必须掌握的技能。同时，在国家政策不断推动和行业内部需求不断增强的大环境下，BIM 也是未来行业创新的重要手段。

BIM 技术在建筑设备领域应用相对成熟，而且效益非常地明显，比如净空分析、管线综合、机电深化等。随着 BIM 技术的应用，建筑设备工程也迎来全新的改变，由于 BIM 模型的可视化与协同设计，使得建筑设备工程的效率得到了显著提高。为了促进建筑设备 BIM 技术发展，我们编写了这本书，以期满足设备类专业 BIM 学习的需求。

本书全面、系统地介绍了暖通空调、建筑给水排水、建筑电气工程、冷热源机房的制图和识图方法，以及 Revit 软件在建筑设备工程制图中的应用。全书共 11 章，其中，第 1、2、3、5 章由北京科技大学谢慧编写，第 4 章由北京科技大学刘兰斌编写，第 6 章由北京科技大学杨连枝编写，第 7 章由北京科技大学刘文超编写，第 8 章由北京科技大学谢慧、梁薇编写，第 9、10、11 章由北京科技大学梁薇编写，全书由谢慧、梁薇负责统稿。北京科技大学研究生朱振伟、宋扬对书稿进行了文字校对。

本书的出版得到了北京科技大学教材建设经费资助以及北京科技大学教务处的全程支持。本书在编写过程中，参考了相关标准、规范、教材和论著，在此谨向有关编者表示衷心的感谢。

　　由于 BIM 所涉及的问题比较复杂，加上编者水平有限，书中不妥之处，敬请广大读者批评指正。

编　者

2024 年 1 月

目　　录

1 建筑制图基本知识

工程图纸是现代工业生产重要的技术基础。它们不仅可以表达设计师的想法，还可以帮助制造者理解设计的要求，让使用者进一步了解机器的结构、相关性能和用途。由此可见，图纸是人们在技术上相互交流的重要工具，也被称为"工程的技术语言"。掌握建筑制图相关的知识和技能，可以为建筑工程图的绘制与识读打下坚实的基础。本章主要介绍了国家标准对图幅、图线、线型、工程字和尺寸标注的相关规定，建筑工程图的识读方法及建筑设备工程图的基本知识。

1.1 图 的 种 类

工程图是工程技术界交流的语言，其种类繁多，常用的工程图有如下 16 种。

（1）方案图：是简要表示产品或工程项目设计目的的图样。

（2）施工图：是指工程总平面布置图，建筑物、构筑物的外部形状、内部布局、结构、内部外部装饰、材料方法、设备、施工等所需的图样。

（3）竣工图：在施工完成后，记录具体施工细节的图样。

（4）平面图：建筑物、构筑物等在水平投影上所得的图形。

（5）总平面图/总布置图：是指某一特定区域内的地形和所有建筑物、构筑物的总体布局，以及具体描述周边环境的位置、朝向和基本概况的图样。

（6）立面图：在平行于建筑物和构筑物外立面的投影平面上通过正交投影得到的图形。

（7）剖面图：将物体用一个假设的剖切平面剖切开，移除位于观察者和剖切平面之间的部分，向投影面对于余下的部分做正投影从而得到的图样。

（8）断面图：用一个假设的剖切平面将物体对象剖切开，用正投影的方法，只将被剖切到的轮廓绘出得到的图样。

（9）详图：建筑物的细节部分或构件配件，其形状、尺寸、做法和材料，应当按照正投影法的绘制方法详细地表示出来的图样。

（10）局部放大图：将图样中所表示的物体的部分结构，采用大于原图形的比例绘制描述出的图样。

（11）安装图：表示设备、构件等安装要求的图样。

（12）流程图：表示生产事项相关的各个环节进行次序的简图。

（13）原理图：表示系统、设备的工作原理及其组成之间的相互关系的简图。

（14）系统图：是描述管道系统中介质流动方向、流经设备、管件连接方式和管件配置的图样。

（15）轴测图：用平行投影法将物体与坐标系一起以平行投影的形式，在不平行于坐标系的任何坐标平面的方向上投射到单个投影平面上得到的图形。

（16）电路图：用图形符号显示电路、设备和器件的组成和连接关系的图样。

1.2　图　　纸

1.2.1　图幅和图框

图纸尺寸是指图纸尺寸和画框尺寸。为了方便图纸的装订、查阅和保管，满足现代图纸管理的要求，图纸的尺寸和规格应尽量统一。

对于工程图纸的图框尺寸及幅面，应该符合表 1-1 的规定。其中，b 和 l 分别表示图幅的短边和长边的尺寸，a 与 c 分别表示图框线到图纸边的距离。以短边为垂直边的图称为横式，以短边为水平边的图称为立式。在同一个项目的设计中，每个学科使用的图纸最好不要超过两种（不包含表格所采用的 A4 幅面和目录）。一般情况下，图纸短边不能加长，长边可以加长，但应符合相应的规定。

表 1-1　图纸的幅面尺寸　　　　　　　　　　　　　　　（单位：mm）

幅面尺寸	幅面代号				
	A0	A1	A2	A3	A4
$b×l$	841×1189	594×841	420×594	297×420	210×297
c	10	10	10	5	5
a	25	25	25	25	25

1.2.2　图标

图纸的标题栏（简称图标）、会签栏及装订边的位置，如图 1-1 所示。

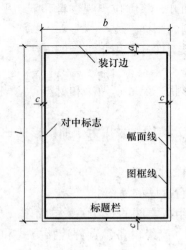

　　　　　　　a　　　　　　　　　　　　　　　　　　　b

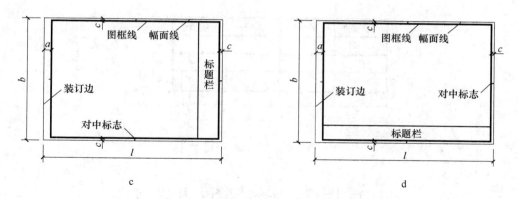

图 1-1 工程图纸的布置

a—A0~A4 立式幅面（一）；b—A0~A4 立式幅面（二）；c—A0~A3 横式幅面（一）；d—A0~A3 横式幅面（二）

标题栏尺寸、格式及分区可以根据项目的需要进行选择，可参考图 1-2 的布置。涉外项目标题栏应在中文主要内容下方附上译文，并在设计单位的上方或左侧加"中华人民共和国"的字样。

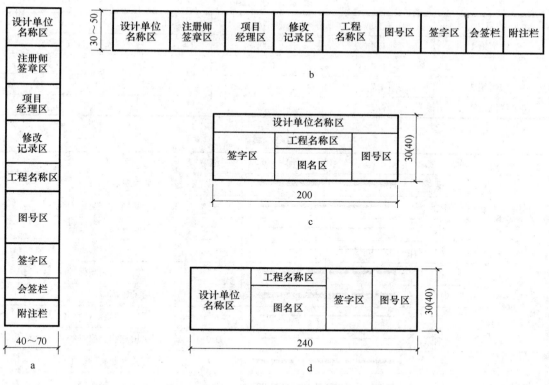

图 1-2 标题栏的布置

a—标题栏（一）；b—标题栏（二）；c—标题栏（三）；d—标题栏（四）

会签栏应包括实名列和签名列，如图 1-3 所示。在计算机制图文档中使用电子签名和认证的，依照国家电子签名法的规定执行。

图 1-3   会签栏的布置

1.3   图线、字体与图名和比例

1.3.1   图线

每个图样应该依据图纸性质和比例从表1-2中选定基本线宽和对应的线宽组，再根据图线意图表述的内容，在表1-3中选择合适的线型。

表 1-2   线宽组 （单位：mm）

线宽比	b（基本线宽）	$0.7b$	$0.5b$	$0.25b$
线宽组 1	1.4	1.0	0.7	0.35
线宽组 2	1.0	0.7	0.5	0.25
线宽组 3	0.7	0.5	0.35	0.18
线宽组 4	0.5	0.35	0.25	0.13

表 1-3   线型

名　称		线　型	线宽	用　途
实线	粗		b	主要可见轮廓线
	中粗		$0.7b$	可见轮廓线、变更云线
	中		$0.5b$	可见轮廓线、尺寸线
	细		$0.25b$	图例填充线、家具线
虚线	粗		b	见有关专业制图标准
	中粗		$0.7b$	不可见轮廓线
	中		$0.5b$	不可见轮廓线、图例线
	细		$0.25b$	图例填充线、家具线
单点长画线	粗		b	见有关专业制图标准
	中		$0.5b$	见有关专业制图标准
	细		$0.25b$	中心线、对称线、定位轴线等
双点长画线	粗		b	见有关专业制图标准
	中		$0.5b$	见有关专业制图标准
	细		$0.25b$	假想轮廓线、成型前原始轮廓线

续表 1-3

名 称	线 型	线宽	用 途
折断线	 ———／\\———	$0.25b$	断开界线
波浪线	 ∿∿∿∿	$0.25b$	断开界线

图线绘制的基本要求有：（1）对于平行线，间隙不应小于粗线的宽度，且不应小于 0.2 mm；（2）虚线与实线、虚线与虚线、虚线与单（双）虚线、单（双）点线与实线、单（双）点线和单（双）点线相交，一般应相交在线段上；（3）绘图线不得与文字、数字和符号重叠或混淆。在不可避免的情况下，首先应确保文字清晰。

1.3.2 字体

字体是指图中文字、字母、数字的书写形式。图纸上所写的文字、数字、符号应当清晰、整齐，标点符号应当清晰、正确。

当采用中文矢量字体时，字高从下列选用：3.5 mm、5 mm、7 mm、10 mm、14 mm、20 mm。当采用"True type"或者"非中文矢量"字体时，字高应从下列序列中选择：3 mm、4 mm、6 mm、10 mm、14 mm、20 mm。如需书写更大的字，其高度应按 $\sqrt{2}$ 的比值递增。

图中的汉字宜优先采用"True type"中的宋体字型，字高与字宽的比例宜为1；在使用矢量字体时，也应使用长仿宋的字体。长仿宋字体的高宽比约为 10：7（或 3：2）。同一幅画中汉字的字型不得超过两种。

拉丁字母及数字（包括阿拉伯数字、罗马数字及希腊字母）宜采用"True type"中的 Roman 字型。它分为两种：一般字体和窄字体，其中又有两种区分：直体和斜体。如果需要用斜体字书写，则从字的底线起逆时针向上的斜度为 75°，且斜体字的高度和宽度应与对应的直字型相等。拉丁字母、阿拉伯数字和罗马数字的高度不得小于 2.5 mm。

分数、百分比和比例应使用阿拉伯数字和数学符号书写，例如：3/4、25%、1：20。数字小于 1 时，必须写出个位的"0"，例如：0.01。

1.3.3 图名和比例

图纸的比例是图纸对应的线性尺寸与实物的比例。比例尺应写在标题右侧，文字基准应平直；比例的字符高度应比图名的字符高度小一号或二号，如图 1-4 所示。绘制的比例尺应当根据图样的目的和绘制对象的复杂程度，从表 1-4 中选用，并优先选用常用比例。

平面图 1:100　　⑦ 1:20

图 1-4　图名和比例的书写

表 1-4　绘图比例

常用比例	1：1、1：2、1：5、1：10、1：20、1：50、1：100、1：150、1：200、1：500、1：1000、1：2000、1：5000、1：10000、1：20000、1：50000、1：100000、1：200000
可用比例	1：3、1：4、1：6、1：15、1：25、1：30、1：40、1：60、1：80、1：250、1：300、1：400、1：600

1.4 定位轴线

定位轴线是用来确定主要承重构件（墙、柱、梁）位置的线，如用来确定建筑间隔或柱间距、深度或跨度的线。除定位轴线外的所有网格线都称为定位线，用于确定模块化组件的尺寸。定位轴线是一条细点线。轴的编号标记在轴末端的圆圈中。用细实线（0.25b）画圆，直径 8~10 mm。定位轴线的编号应标注在图的下方和左侧。横墙或横墙的数量为阿拉伯数字，从左至右；垂直或垂直的墙的数目应从下到上用拉丁字母表示，如图 1-5 所示。

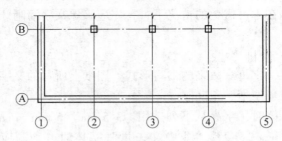

图 1-5　定位轴线的编号

两个定位轴线之间需要附加定位轴线的，可以用分数表示，并按下列规定编制：

（1）对于两轴之间的附加轴，分母应表示前一轴的个数，分子应表示附加轴的个数，这个数字应该用阿拉伯数字书写。例如，①/₃ 表示 3 号轴线之后附加的第 1 根轴线，①/꜀ 表示 C 号轴线之后附加的第 1 根轴线。

（2）1 号轴线或 A 号轴线之前附加轴线的分母应以 01 或 0A 表示。例如，②/₀₁ 表示 1 号轴线之前附加的第 2 根轴线，②/₀ₐ 表示 A 号轴线之前附加的第 2 根轴线。

当某一详图用于多个轴时，应同时标明每个轴的编号；通用详图中的定位轴应为圆形，不得标明轴号，如图 1-6 所示。

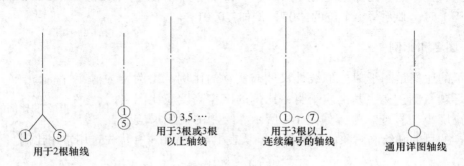

图 1-6　详图的轴线编号

复杂组合平面中的位置轴线也可以按分区编号，编号的表示法应为"分区编号-分区编号"，如图 1-7 所示。分区号由阿拉伯数字或大写拉丁字母表示。

圆弧平面图中定位轴的径向轴线应按角度定位，编号数字应从左下角开始用阿拉伯数

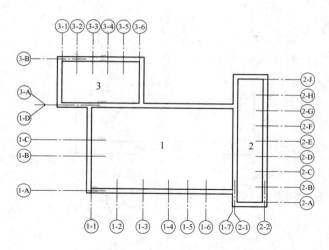

图 1-7 定位轴线的分区编号

字逆时针书写；环向轴线应按从外到内的顺序用大写英文字母书写，如图 1-8 和图 1-9 所示。圆弧和圆平面图的圆心应用大写英文字母编号（I、O、Z 除外）。当平面图中有多个圆心时，可在字母后加上阿拉伯数字以区分，如 P1、P2、P3。

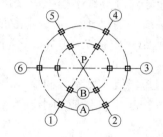

图 1-8 圆形平面定位轴线编号

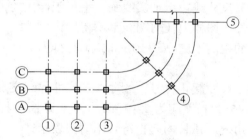

图 1-9 弧形平面定位轴线编号

折线平面图中的定位轴线编号可以按照图 1-10 所示进行编写。

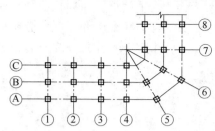

图 1-10 折线形平面定位轴线编号

1.5 标　　注

无论图纸中的图形是放大还是缩小，其大小都要根据对应对象的实际大小进行标注，而不考虑图纸所用的比例尺。尺寸图是图纸的重要组成部分，没有尺寸图的图纸不能作为施工的依据。

1.5.1　尺寸的组成

图样上的尺寸标注包括尺寸界线、尺寸线、起止符号和尺寸数字，如图 1-11 所示。

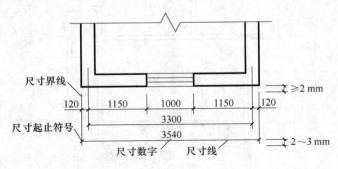

图 1-11　尺寸的组成

（1）尺寸界线：用细实线绘制，垂直于要标注的长度，其一端距离图样轮廓不应小于 2 mm，另一端应超出尺寸线 2~3 mm。如有必要，可以将图样轮廓、中心线和轴线用作标注边界。

（2）尺寸线：用细实线画，平行于标注的长度，垂直于尺寸界线，但不应该超出尺寸界线以外。图样上任何图线都不得用作尺寸线。图样轮廓线外的尺寸线与图样最外侧轮廓线之间的距离不应小于 10 mm，平行排列的尺寸线之间的距离应在 7~10 mm 之间，并应一致。

（3）尺寸起止符号：尺寸线与尺寸界线交点处画中粗短斜线。倾斜方向应与尺寸界线顺时针 45°，长度应为 2~3 mm。在等距图中标注尺寸时，起止符号应为小圆点。半径、直径、角度、弧长的起止符号用箭头表示。

（4）尺寸数字：图样上的尺寸应以尺寸数字大小为准，不能直接从图纸上测量。图纸实际尺寸用阿拉伯数字标注，单位为毫米（mm）。图上尺寸数字不再注写单位。尺寸数字通常标注在尺寸线的中间。尺寸数字的书写方向如下：1）对于水平尺寸，尺寸数字应写在尺寸线的顶部，字体朝上；2）对于垂直尺寸，尺寸数字应写在尺寸线的左侧，字头朝左；3）对于倾斜方向的尺寸，尺寸数字的方向应按图 1-12 的规定注写。

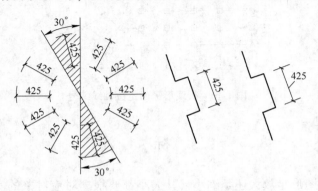

图 1-12　尺寸数字的书写方向

图样轮廓线外的延伸线与图纸最外侧轮廓线的距离不应小于 10 mm，平行排列的尺寸线之间的距离应在 7~10 mm 之间，整个图应一致。整体尺寸的尺寸界线应靠近点，中间的尺寸界线可短一些，但长度应相等，如图 1-13 所示。

如果尺寸编号标记位置不够，可将两侧尺寸标注在尺寸界线外侧，中间相邻尺寸可错开，如图 1-14a 所示。尺寸应标注在图样轮廓外，不得与图纸线条、文字、符号相交，如图 1-14b 所示。

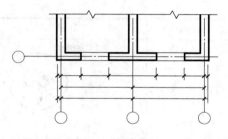

图 1-13　尺寸排列

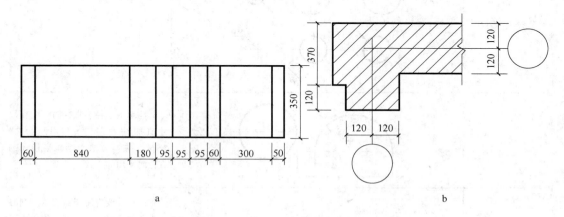

a

b

图 1-14　尺寸数字的注写位置

a—尺寸标注在尺寸界线外侧；b—尺寸标注在图样轮廓外

1.5.2　常见图形的尺寸标注

圆、球、圆弧等常见图形的尺寸标注见表 1-5。

表 1-5　尺寸标注示例

标注内容	示　　例	备　　注
半径（一般）	*R*40	半径的尺寸线应从圆心的一端开始，并在另一端画一个箭头指向圆弧。半径符号"*R*"应加在半径数字之前
半径（较大）	*R*300　*R*320	
半径（较小）	*R*32　*R*32　*R*20　*R*6	

标注内容	示　例	备　注
直径（一般）		圆的尺寸前标注直径符号"φ"，圆内标注的尺寸线应穿过圆心，并在两端画箭头指向圆弧
直径（较小）		
球		标注球的半径、直径时，应在尺寸前加注符号"S"，即"SR""Sφ"，注写方法与圆弧半径和圆直径时采用的一致
角度		角的尺寸线应用圆弧表示。圆心应为角的顶点，角的两个边应为尺寸界线，起止符号应为箭头。如果没有足够的位置来画箭头，可以用圆点代替。角度应按水平方向书写
弧长		在标记圆弧的弧长时，尺寸线为与圆弧同心的圆弧线，尺寸界线垂直于圆弧的弦，起止符号用箭头表示。圆弧符号"⌒"应加注在弧长数字上方或前方
弦长		在标记圆弧的弦长时，尺寸线应平行于弦的直线，延长线应垂直于弦，起止符号用中粗斜短线表示
坡度		坡度符号为单面箭头，箭头指向下坡的方向

1.5.3　尺寸的简化标注

一般的单线图（如管线图、桁架简图、钢筋简图），可沿构件或管道一侧标注构件尺寸或管道长度，如图 1-15 所示。

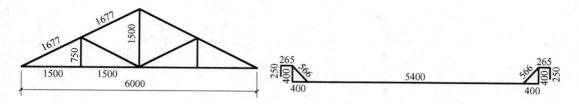

图 1-15　单线图尺寸标注方法

当等距尺寸连续排列时，可以使用"等距尺寸×数量＝总长度"，如图 1-16 所示。当构件中的结构元素相同时，可以只标记其中的一个，如图 1-17 所示。

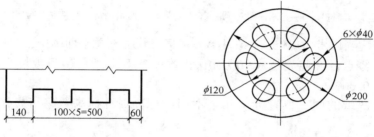

图 1-16　等长尺寸简化标注　　　　图 1-17　相同要素尺寸标注

用对称省略号画对称零件和配件时，尺寸线应略超过对称符号。只有尺寸线的一端应标有起止符号。尺寸图应按整体全尺寸标注，标注位置应与对称符号对齐，如图 1-18 所示。

如果两个零件的个别尺寸不一样，可以在一个零件图样的括号内标注不同的尺寸，并在相应的括号内标注零件的名称，如图 1-19 所示。

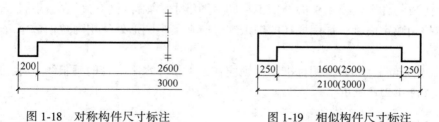

图 1-18　对称构件尺寸标注　　　　图 1-19　相似构件尺寸标注

1.5.4　标高

标高是另一种尺寸形式，用来标记建筑各部分的高度。个别建筑物图纸上的标高符号应以等腰直角三角形表示，并以细实线绘制。如果标记位置不够，可以按图 1-20a 所示方法绘制。总平面图上的室外地坪标高符号宜涂黑表示，如图 1-20b 所示。

标高符号的尖端应指向所标记高度的位置。尖端一般应该朝下或朝上。标高数字应当写在标高符号的上边或者下边，如图 1-20c 所示。

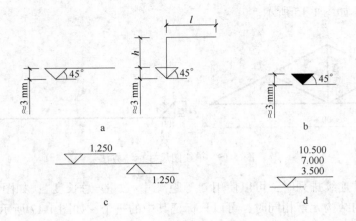

图 1-20　标高符号

a—个体建筑标高符号；b—总平面图室外地坪标高符号；c—标高的指向；d—同一位置注写多个标高

标高数字应当以米为单位，写在小数点后第三位。在总平面图中，它可以写在小数点后的第二位。零点标高应注写成±0.000，正数标高不注"+"，负数标高应注"−"，例如：3.000、−0.600。

当需要在图纸的同一位置标出几个不同的标高时，标高数字可按图 1-20d 的形式注写。

1.5.5　索引符号与详图符号

1.5.5.1　索引符号

如果图样中的零件或组件需要在详图中显示，则应该用索引符号对其进行索引。指标符号用细实线绘制，由直径 10 mm 的圆、水平直径、出线和编号组成，如图 1-21a 所示。

如果电缆引出的详图与标引图在同一图纸中，则在标引符号的上半圆内应以阿拉伯数字标明详图编号，在下半圆内应画一条水平细实线，如图 1-21b 所示。

如果生成的详图与要索引的图纸不在同一图纸中，则详图编号应在索引符号的上半圆形处用阿拉伯数字表示，详图所在的图纸编号应在下半圆形处使用阿拉伯数字表示，如图 1-21c 所示。

索引出的详图，如果使用标准图，则应在索引符号水平直径的延长线上标记标准图集的编号，如图 1-21d 所示。

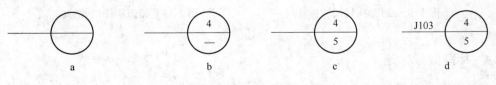

图 1-21　索引符号

1.5.5.2　详图符号

详图的位置和编号应当用详图符号标明，详图符号是一个直径为 14 mm 的粗实线圆。详图与索引图在同一图中，详图编号应在详图符号中用阿拉伯数字表示，如图 1-22a

所示。如详图与被索引图样不在同一图中，应在详图符号中用细实线画出水平直径，详图编号应在上半圆注明，被索引图纸编号应在下半圆注明，如图 1-22b 所示。

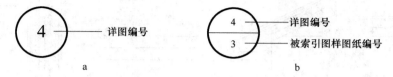

图 1-22　详图符号

a—详图与被索引图在同一图纸中；b—详图与被索引图不在同一图纸中

1.5.6　引出线

当无法标记图样某些部分的具体内容或要求时，通常用引出文字说明或详图索引符号。引线应画成细实线，宜采用水平方向的直线，或水平方向为 30°、45°、60°、90°的直线，然后通过上述角度折成水平线。文字说明写在水平线的上方或端部，如图 1-23a 和 b 所示。索引、详图的引出线应与水平直径线相连接，如图 1-23c 所示。

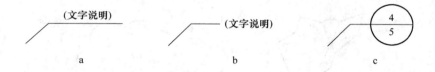

图 1-23　引出线

a—文字说明在水平线的上方；b—文字说明在水平线的端部；c—索引、详图符号的引出线图示

同时引出几个相同部分的引出线宜相互平行，如图 1-24a 所示；也可画成集中于一点的放射线，如图 1-24b 所示。

图 1-24　共用引出线

a—引出线相互平行；b—引出线为放射线

多层结构或多层管道共用的引出线应穿过被引出的层。解释的顺序应从上到下，并与解释的级别一致。如果层次是横向排列的，从上到下的描述顺序应与从左到右的层次顺序一致，如图 1-25 所示。

1.5.7　其他符号

在建筑平面图的第一层，通常有指北针，指示建筑的方向。指北针的形状如图 1-26 所示，它的圆直径为 24 mm，用细实线绘制；指针尾部宽度应为 3 mm，指针头部应标记"北"或"N"。当绘制直径较大的指北针时，指针尾部的宽度应为直径的 1/8。

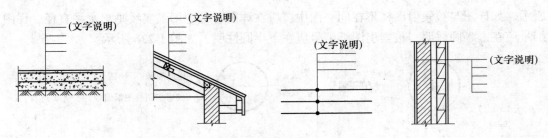

图 1-25　多层构造引出线

风玫瑰图（见图 1-27）是在总平面图上用来表示该地区每年风向频率的符号。实线表示各方向吹风次数的百分比值，虚线表示夏季的主要风向，风从外部吹向区域中心。指北针与风玫瑰结合时，应采用相互垂直的直线，垂直点应以风玫瑰为中心。

图 1-26　指北针

云线应使用为图纸局部变更，并应注明修改后的版本，如图 1-28 所示。变更云线的线宽应该按 $0.7b$ 进行绘制，修改版次符号宜为边长 0.8 cm 的正等边三角形。

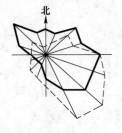

图 1-27　风玫瑰　　　　　　　图 1-28　变更云线

连接符号（见图 1-29）应以折断线表示需连接的部分。如果两部分相距过远，应在图纸侧面用大写英文字母标明断线两端以表示连接编号，连接的两张图样用相同字母编号。

对称符号（见图 1-30）应由对称线和两端两对平行线组成。用单点长线画对称线，线宽应为 $0.25b$；平行线用实线绘制，长度 6~10 mm，间距 2~3 mm，线宽 $0.5b$；对称线应垂直分为两对平行线，两端应在平行线外 2~3 mm 处。

图 1-29　连接符号　　　　　　　图 1-30　对称符号

1.6　图　样　画　法

1.6.1　视图配置

房屋建筑物的视图应该按照正投影法和第一角画法绘制，各视图的位置宜按图 1-31

所示的顺序进行配置。绘制时，根据实际情况，选择一些必要的视图。每个视图都应标有图片名称，每个视图的命名应主要包括平面图、立面图、剖面图或剖面图和详图。同一视图的多个图像应该在它们的名称之前编号，以区分它们。平面图应当按楼层编号，包括地下二层平面图、地下一层平面图、一楼平面图和二楼平面图。标高应在图纸两端用轴线编号，截面或截面图应使用截面编号，详图应使用索引编号。图形名称应标记在视图的底部或侧面，并应在图形名称下绘制一条水平线。使用详图符号作为图形名称时，不要在符号下绘制线。

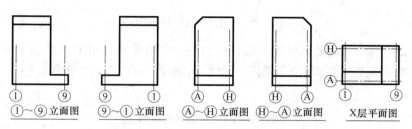

图 1-31　视图配置

建筑物的某些部分，如果和投影面不平行（如折线形、圆形、曲线形等），在画立面图时，可将该部分展至与投影面平行，再以正投影法绘制，并应在图名后注写"展开"字样。

建筑吊顶（吊顶）的灯具、出风口等的设计和绘制布置图时，应采用反射到地面的镜面图，不得采用仰视图。

1.6.2　剖面图

将物体与剖切面（平面或曲面）进行假想的分割，去掉观察者与剖切面之间的部分，将物体的剩余部分投射到投影平面上所得到的图形称为剖面图。被剖切面切割部分的轮廓线应用粗实线绘制，未被剖切面切割到、但沿投影方向可见的部分应用中粗实线绘制。

剖视的剖切符号由剖切位置线和投射方向线组成，如图 1-32 所示。剖切位置线为长 6~10 mm 的粗实线。投射方向线为粗实线，应垂直于剖切位置线，长度为 4~6 mm。剖切符号不能与其他图线相交。

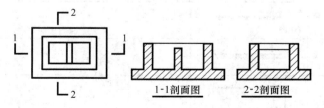

图 1-32　剖切符号与剖面图名称

剖切符号的编号采用粗阿拉伯数字，应从左至右、从下至上连续编排，并应在剖视方向线的端部标明。要转折的剖切位置线，应在转角的外侧用与该符号相同的编号标记。

剖面图名称应与其对应的剖切符号编号一致，并在剖面图名称下画一条对应长度的粗实线。通常情况下，剖面图的图名为"×-×剖面图"，如图 1-32 所示。

索引剖视详图时，应在待剖切处画出剖切位置线，并由引出线引出索引符号。引出线所在的一侧应为投射方向，如图 1-33 所示。

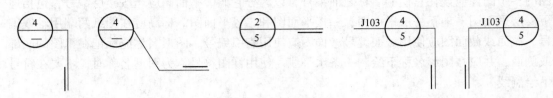

图 1-33   用于索引剖视详图的索引符号

被剖切面切到的区域要画剖面线或材料图例，常用建筑材料图例见表 1-6。当图纸中只使用一个图例或图形太小无法绘制建筑材料图例时，可以不绘制图例，但应当增加文字说明。

表 1-6   常用建筑材料图例

名称	图例	说 明
多孔材料		包括水泥珍珠岩、沥青珍珠岩、泡沫混凝土、软木、蛭石制品等
金属		(1) 包括各种金属； (2) 图形较小时，可填黑色或深灰色
混凝土		(1) 包括各种强度等级、骨料、添加剂的混凝土； (2) 在剖面图上画钢筋时，不要绘制插图线；
钢筋混凝土		(3) 断面图形较小，不易画出图例线时，可填黑色或深灰色
木材		(1) 上图为横断面，左上图为垫木、木砖或木龙骨； (2) 下图为纵断面
自然土壤		
夯实土壤		
砂砾土、碎砖三合土		
石材		
砂、灰土		

1.6.3 断面图

断面图只需画出剖切面切到的部分，一般用粗实线绘制。断面图是"面"的投影，而剖面图是"体"的投影。

断面的剖切符号只用粗实线绘制剖切位置线，长度宜为 6~10 mm。

断面剖切符号的编号宜从左至右、从上至下采用阿拉伯数字连续编排，编号所在的一侧为该断面的投射方向。

剖切符号编号与其相应的断面图名称一致，并在图名下画相应长度粗实线。通常，断面图的图名只写"×-×"，而不写"断面图"三个汉字。断面图与剖面图的区别如图 1-34 所示。

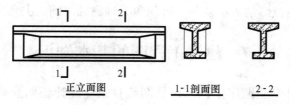

正立面图　　　1-1剖面图　　　2-2

图 1-34　剖面图与断面图的区别

1.6.4 轴测图

GB/T 50001—2017 推荐房屋建筑轴测图，应使用以下四种轴测投影绘制：正等测（见图 1-35）、正二测（见图 1-36）、水平斜等测和水平斜二测、正面斜等测和正面斜二测（见图 1-37）。

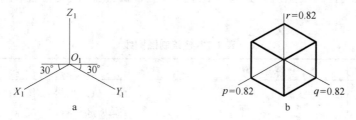

图 1-35　正等测画法
a—轴间角；b—轴向伸缩系数

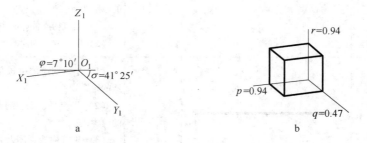

图 1-36　正二测画法
a—轴间角；b—轴向伸缩系数

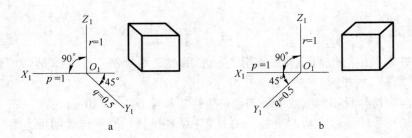

图 1-37   正面斜二测画法

a—轴间角；b—轴向伸缩系数

轴测图中，轴向伸缩系数可分别用 p、q、r 表示 O_1X_1 轴、O_1Y_1 轴、O_1Z_1 轴，用轴向伸缩系数来控制轴向投影的大小变化。轴间角为轴测轴之间的夹角。

1.7   建筑工程图的基本知识

工程图纸应按学科专业顺序排列，包括图纸目录、设计说明、总图、建筑图、结构图、给排水图、暖通空调图、电气图等。各学科的图纸应根据图纸内容的主次关系和逻辑关系进行分类，以实现有序排列。

本节重点介绍建筑工程图绘制的基本知识。建筑工程图主要用于表达建筑的规划位置、外部造型、内部房间布置、内部和外部装饰、结构和施工要求，包括建筑总平面图、建筑平面图、建筑立面图、建筑剖面图、详图和结构图。

建筑专业制图的图线宽度 b，应根据图样复杂程度和比例选用。绘制较简单的图样时，可采用两种线宽的线宽组，其线宽比宜为 b：$0.25b$。建筑专业制图采用的各种图线见表 1-7。

表 1-7   建筑制图图线

名称	线型	线宽	用途
粗实线		b	（1）平、剖面图中被剖切的主要建筑构造的轮廓线； （2）建筑立面图或室内立面图的外轮廓线； （3）建筑构造详图中被剖切的主要部分的轮廓线； （4）建筑构配件详图中的外轮廓线； （5）平、立、剖面的剖切符号
中粗实线		$0.7b$	（1）平、剖面图中被剖切的次要建筑构造的轮廓线； （2）建筑平、立、剖面图中建筑构配件的轮廓线； （3）建筑构造详图及建筑构配件详图中的一般轮廓线

名称	线 型	线宽	用 途
中实线	————————	$0.5b$	小于 $0.7b$ 的图形线、尺寸线、尺寸界限、索引符号、标高符号、详图材料做法引出线、保温层线等
细实线	————————	$0.25b$	图例填充线、家具线等
中粗虚线	— — — — — — —	$0.7b$	（1）建筑构造详图及建筑构配件不可见的轮廓线； （2）平面图中的起重机（吊车）轮廓线； （3）拟建、扩建建筑物轮廓线
中虚线	– – – – – – –	$0.5b$	投影线，小于 $0.5b$ 的不可见轮廓线
细虚线	- - - - - - - -	$0.25b$	图例填充线、家具线等
粗单点长画线	—— · —— · ——	b	起重机（吊车）轨道线
细单点长画线	—— · —— · ——	$0.25b$	中心线、对称线、定位轴线
折断线	——⁄\/———	$0.25b$	断开界线
波浪线	∿∿∿∿	$0.25b$	断开界线

注：地坪线宽可用 $1.4b$。

1.7.1 建筑总平面图

用水平投影法及相应图例为新建建筑及其周边环境一定范围内的建筑物、构筑物连同其周围的环境状况绘制的图纸，称为建筑总平面图，简称总平面图。它显示了新建筑的平面形状、位置、朝向和标高，以及与周围环境的关系，如原建筑、道路、绿化等。因此，总平面布置图是新建建筑施工定位和场地规划布局的依据，也是其他学科专业（如水、暖、电等）管道总平面布置图的依据。

1.7.1.1 建筑总平面图的图示特点

建筑总平面图的图示特点如下：

（1）比例。由于总平面图包含的实际面积较大，国家制图标准规定总平面图的比例尺应为 1：300、1：500、1：1000、1：2000 进行绘制。

（2）计量单位。总平图中的坐标、标高、距离以米为单位；坐标以小数点后三位数标注，不足的以"0"补齐；标距离以小数点后两位数标注，不足的以"0"补齐。

（3）建筑物定位。新建建筑物的位置可以通过定位尺寸或坐标来确定，定位尺寸应标明与相邻原建筑物或道路中心线的距离。地形图上以南北方向为 X 轴，东西方向为 Y 轴，以 100 m×100 m 或 50 m×50 m 的细网格线称为测量坐标网。在这个坐标网络中，房屋的平面位置可以通过三个墙角的坐标来定位。当房屋的两个主要方向与坐标轴平行时，标记一对墙角的坐标就足够了。

当房屋的两个主要方向与测量坐标网不平行时，通常采用建筑坐标网进行定位，以方便施工。方法是：在图中选取合适的位置作为坐标原点，以垂直方向为 A 轴，水平方向

为 B 轴，同样以 100 m×100 m 或 50 m×50 m 进行分格，这就是建筑坐标网格。只要在图纸上标明房屋相对两个墙角的 A、B 坐标值，就可以确定它的位置，也可以计算出房屋的总长度和宽度，如图 1-38 所示。

在总平面图上同时绘制测量坐标网和建筑坐标网的，应注明两种坐标系的换算公式。

（4）尺寸标注与标高标注。总平面图中的尺寸标注包括：新建筑的总长度和宽度，新建筑与原建筑或原道路的距离，新道路的宽度等。

总体规划中标明的标高为绝对标高。所谓绝对标高，是指以青岛以外黄海海平面为零点测量的高度维度。标明相对标高的，应当标明换算关系。

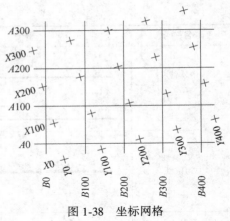

图 1-38　坐标网格

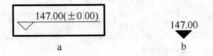

图 1-39　总平面图标高的标注
a—室内地坪标高；b—室外地坪标高

新建建筑物应标明室内和室外地面的绝对标高，如图 1-39 所示。标高和坐标尺寸应以"米（m）"为单位并保留至小数点后两位，室外标高也可以采用等高线标注。

（5）指北针与风玫瑰。新建房屋的方位和风向可以通过在图纸的适当位置绘制指北针（见图 1-26）或风向频率玫瑰图（见图 1-27）来表示。

（6）名称与编号。总平面图上的建筑物、构筑物应注写名称，名称宜直接标注在图上。当图样比例小或图面无足够位置时，也可将编号列表标注在图中。

（7）图例。由于比例较小，故总平面图上的房屋、道路、桥梁、绿化等都用图例表示。总平面图中常用图例见表 1-8。在复杂的总平面图中，如使用表 1-8 以外的图例，应在图纸的适当位置加以说明。

表 1-8　总平面图常用图例

名　称	图　　　例	备　　注
新建建筑物	$X=$　$Y=$　① 12F/2D　H=57.00 m	（1）新建建筑物以粗实线表示与室外地坪相接处±0.00 外墙定位轴线轮廓线； （2）建筑物一般以±0.00 高度处的外墙定位轴线交叉点坐标定位； （3）可用▲表示出入口，在图形内右上角用点数或数字表示层数； （4）地下建筑物以粗虚线表示其轮廓； （5）建筑上部（±0.00 以上）外挑建筑用细实线表示

名称	图例	备注
原有建筑物	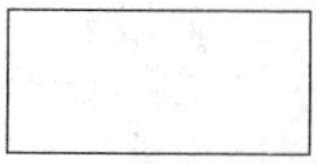	用细实线表示
计划扩建的预留地或建筑物		用中虚线表示
拆除的建筑物		用细实线表示
建筑物下面的通道	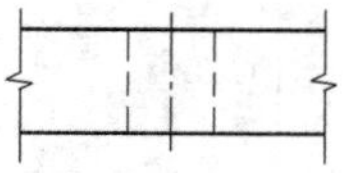	
围墙及大门	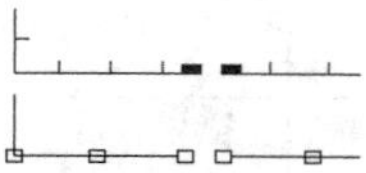	上图为实体性质围墙，下图为通透性质围墙
敞棚或敞廊	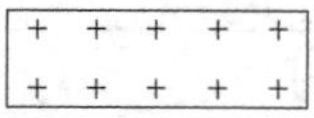	
铺砌场地	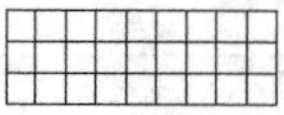	
散状材料露天堆场	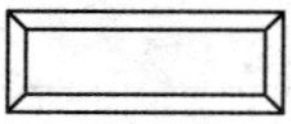	需要时可注明材料名称
其他材料露天堆场或露天作业场	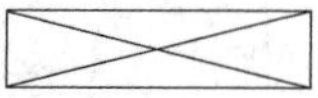	需要时可注明材料名称
挡土墙	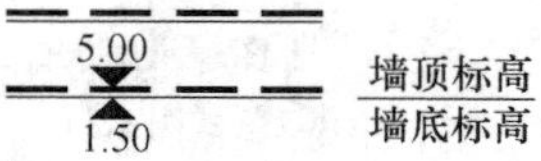 5.00 墙顶标高 / 1.50 墙底标高	挡土墙根据不同设计阶段的需要标注
围墙及大门	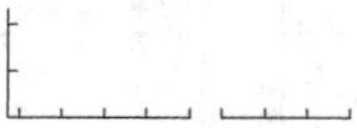	
烟囱	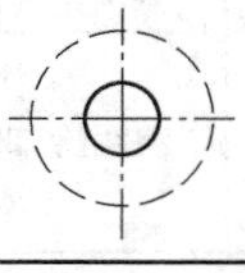	实线为烟囱下部直径，虚线为基础

名称	图 例	备 注
地形测量坐标系	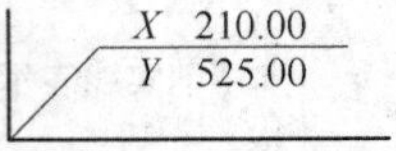 X 210.00 Y 525.00	
建筑坐标系（自设坐标系）	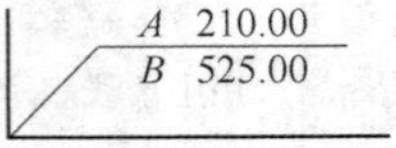 A 210.00 B 525.00	
方格网点交叉点标高	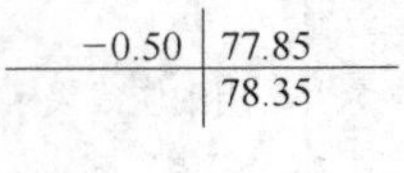 −0.50 | 77.85 78.35	"78.35"为原地面标高，"77.85"为设计标高；"−0.50"为施工高度，"−"表示挖方（"+"表示填方）
台阶及无障碍坡道	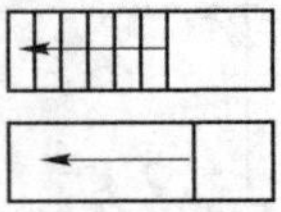	上图表示台阶（级数仅为示意），下图表示无障碍坡道
填挖边坡	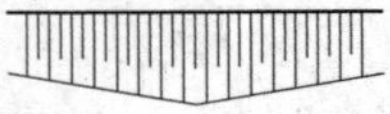	
盲道		
地下车库入口	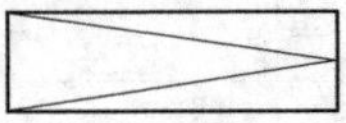	
地面露天停车场	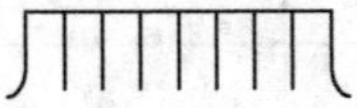	
露天机械停车场	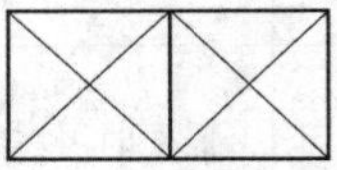	
雨水口	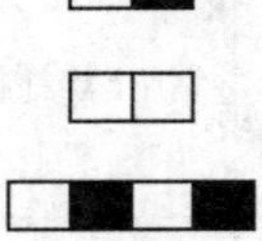	上图表示雨水口，中图表示原有雨水口，下图表示双落式雨水口
消火栓井		
冷却塔（池）	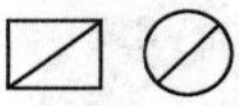	注明冷却塔或冷却池

续表 1-8

名称	图 例	备 注
水塔、贮罐	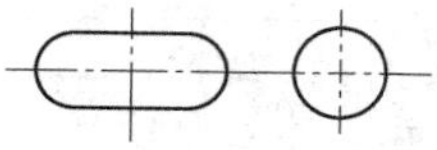	左图为卧式贮罐，右图为水塔或立式贮罐
水池、坑槽		可以不涂黑
新建道路	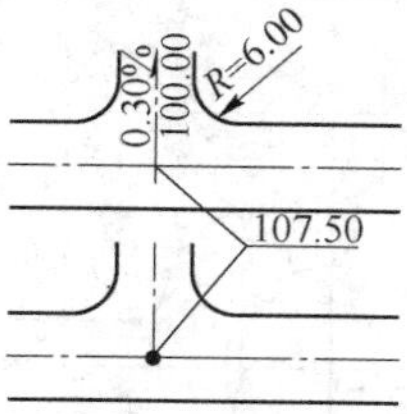	"$R=6.00$" 表示道路转弯半径；"107.50" 为道路中心线交叉点设计标高，两种表示方法均可，统一图样采用一种方法；"100.00" 为变坡点之间距离，"0.30%" 表示道路坡度，箭头表示坡向
原有道路		
计划扩建的道路		
拆除的道路	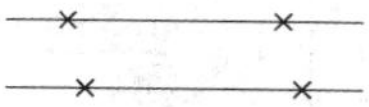	
人行道	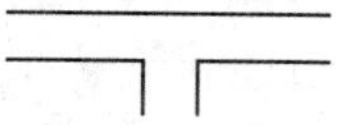	

1.7.1.2 某住宅小区总平面图

某住宅小区的总平面图如图 1-40 所示，设计说明这里略去。总平面图的阅读要点包括：（1）查阅图样的比例、图例及相关的文字说明；（2）了解项目的性质、用地范围、地貌及周边环境；（3）了解地形高度、建筑物的朝向和风向；（4）明确新建建筑物所处的地形地貌和准确位置。

该总平面的比例为 1∶1000。通往小区的路由西南方向进入。在图 1-40 中，新建住宅楼一层平面轮廓线用粗线绘制，小黑点数量表示楼层数。新建住宅楼共有 3 栋（G、I、L），均为六层。由等高线可以看出，小区的西南部地势较低，而东南部地势较高；因此，每栋建筑内 ±0.000 标高的绝对标高值是不同的，G 楼最高为 132.8 m，L 楼为 132.5 m，最低为 I 楼 132.3 m。原有住宅楼（A、C、D、H、J、K）和一栋待拆除建筑物用细实线绘制，计划扩建的建筑物（B、E、F）用中虚线绘制。该图采用建筑坐标系，新建建筑平面定位均以外墙角（西南角）坐标（A、B）为基础数值确定。每栋楼的长宽尺寸和建筑面积没有在该图中显示，可以从每栋楼的建筑平面图获取。从右下角的风玫瑰可以看出，小区全年南风最多。

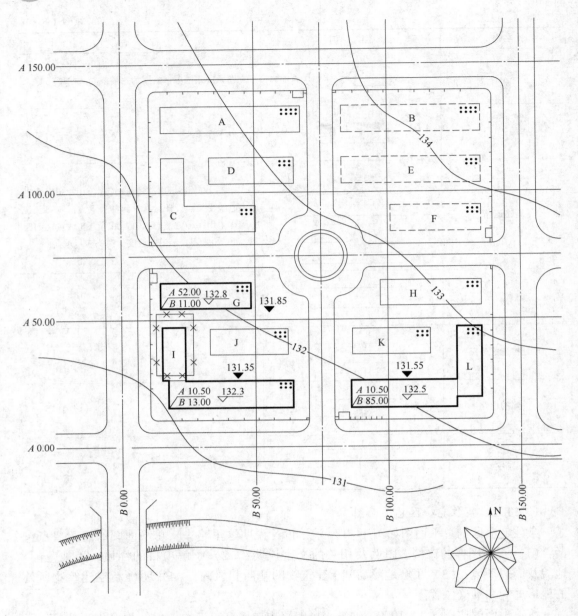

图 1-40   某住宅小区总平面图 (1∶1000)

1.7.2 建筑平面图

建筑平面图是指在略高于窗台的位置（距地面约 1.2 m），用一个假想的水平面剖切建筑，去掉上部，将其余部分投影到水平面上，得到的剖面图称为建筑平面图，简称平面图。建筑平面图是施工放线、砌墙、安装门窗、室内外装修及编制工程预算的重要依据，也是建筑施工中的重要图纸。

建筑平面图反映了新建建筑的平面形状，房间的位置、大小和关系，墙壁的位置、厚度、材料，柱的截面形状和大小，门窗的位置和类型。除了表达该楼层的内部情况，建筑平面图还应表达下一层平面图中没有反映的可见建筑构件（如雨篷），一楼平面图还应表达出户外台阶、散水、明沟、花坛等。

一般来说，建筑物有几层，就要画几张平面图，并在平面图下面写上对应的图名和比例。由于多层住宅中间楼层的结构和布局基本相同，可以用同一平面图来表示相同的楼层，称为标准层平面图。屋顶平面图是建筑物从上到下的平面投影，主要表示建筑物屋顶的布置和屋顶排水方式。

1.7.2.1　建筑平面图的图示特点

A　图名与比例

楼层平面图以楼层编号来区分，例如一层平面图、二层平面图等。比例是根据建筑的大小和复杂程度决定的，建筑平面图常用比例为 1∶50、1∶100、1∶150、1∶200。

B　图例及编号

由于绘制建筑平面图的比例较小，平面图中的一些建筑结构、配件、卫生用具不能按真实投影绘制，应按照国家标准中规定的图例绘制。建筑工程图中常用的图例见表1-9。

表 1-9　建筑制图常用图例

名称	图　　例	名称	图　　例
墙体	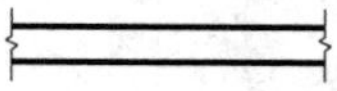	墙的预留洞、槽	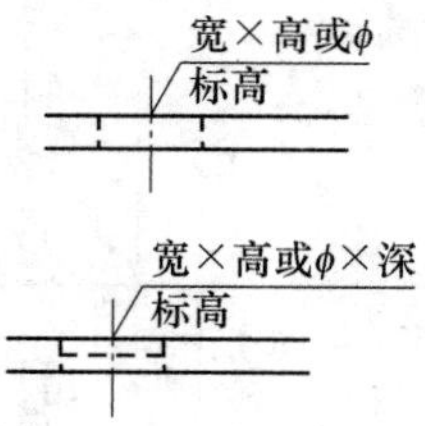 宽×高或φ 标高 / 宽×高或φ×深 标高
栏杆			
检查孔		单面开启单扇门（包括平开或单面弹簧）	
楼梯	下 / 上 / 上		
台阶	下	双层单扇平开门	
烟道	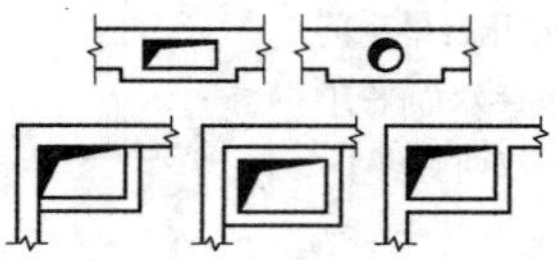		

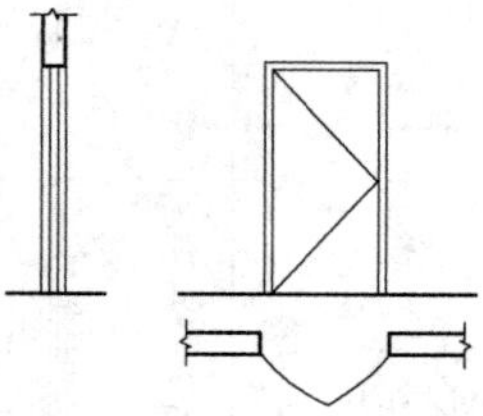

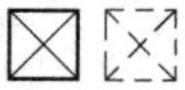

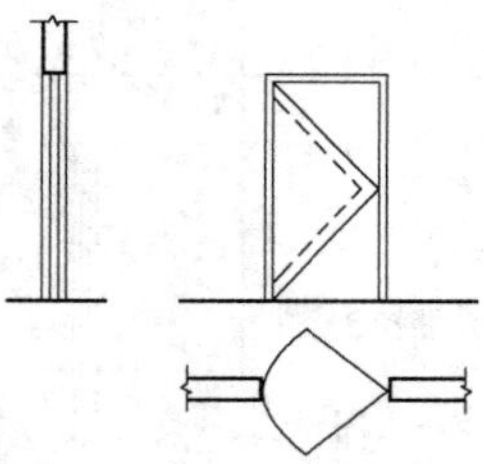

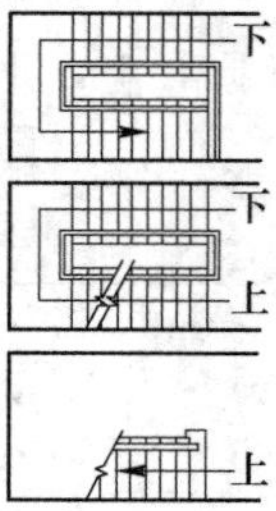

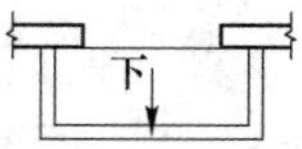

名 称	图 例	名 称	图 例
墙中双扇推拉门		高窗	$h=$
双面开启双扇门（包括双面平开或双面弹簧）		隔断	
		坑槽	
		孔洞	
固定窗		门口坡道	
中悬窗		长坡道	
单层外开平开窗		风道	
		空门洞	$h=$
单层推拉窗		双面开启单扇门（包括双面平开或双面弹簧）	

名称	图 例	名称	图 例
单面开启双扇门（包括平开或单面弹簧）	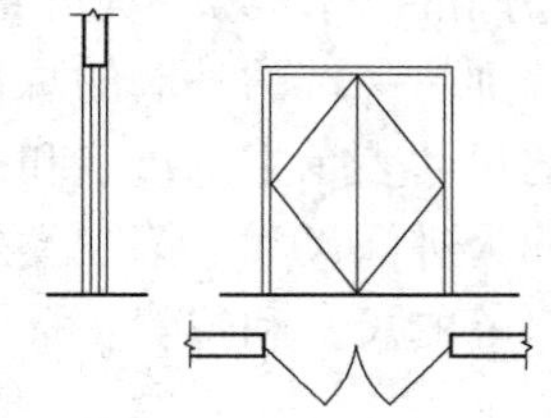	下悬窗	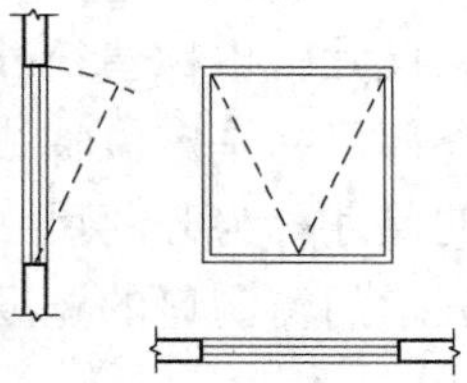
折叠门	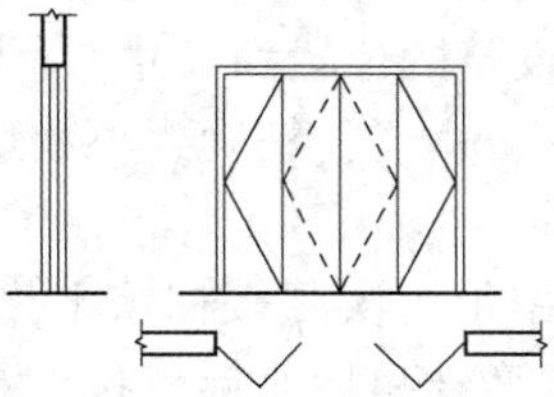	单层内开平开窗	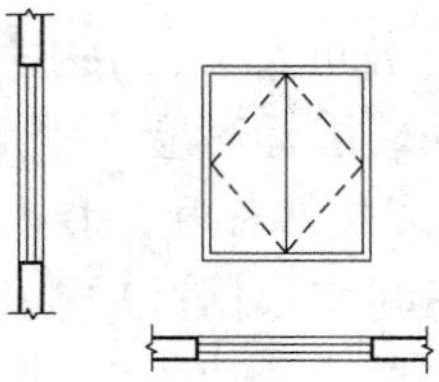
旋转门	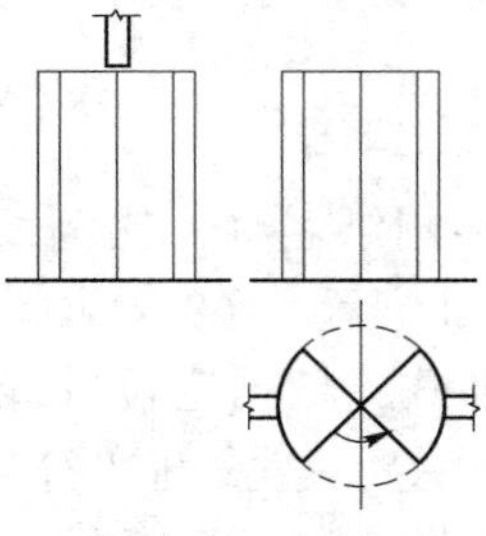	双层推拉窗	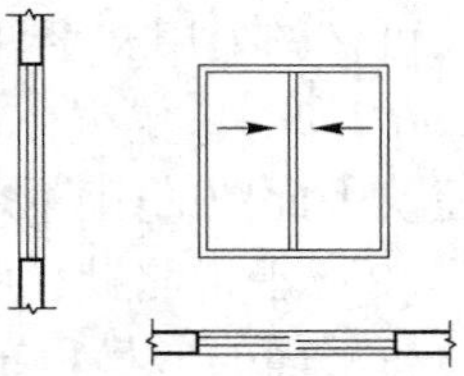
上悬窗	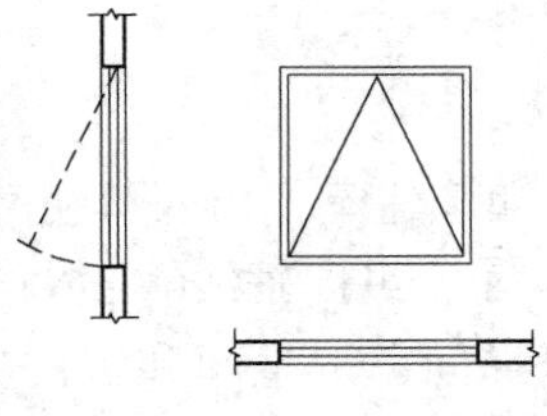	电梯	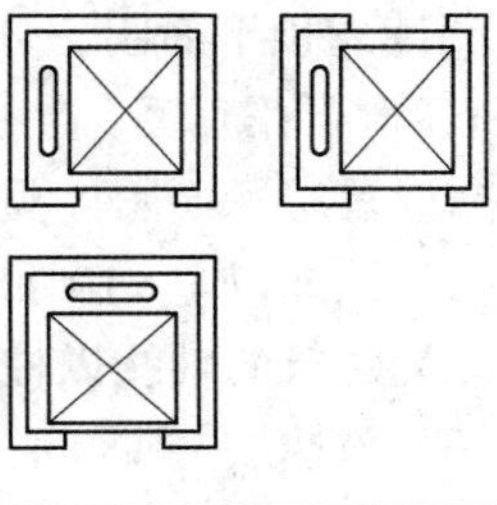

　　平面图中的门、窗均按以上图例画出。门的名称代号为"M"；平面图中，下为外，上为内，门开启线为90°、60°或45°；立面图中，开启线实线为外开，虚线为内开，开启线交角的一侧为安装合页的一侧；剖面图中，左边是外部，右边是内部。窗口的名称代码为"C"；在平面图中，下部为外侧，上部为内侧；在标高上，开口线实线向外，虚线向内，开口线交角的一侧为铰链安装的一侧；在截面视图中，左边是外部，右边是内部。所有的门窗都用阿拉伯数字编号。同类型、同大小的门窗，编号相同。为了便于工程预算、订货和处理，通常需要有一份详细的门窗清单。

　　C　定位轴线

　　定位轴线的绘制方法和编号已在1.4节中详细说明。定位轴线决定了房屋各承重构件的定位和布局，也是其他建筑构配件的尺寸基线。

D   尺寸与标高

平面图的尺寸包括外部尺寸和内部尺寸，主要包括：

（1）外部尺寸包括三类，通常标注在图的下方和左侧。第一类外部尺寸是建筑物外廊的总尺寸，也称建筑外包尺寸，即从一端的外墙到另一端的外墙的总长度和总宽度。第二类外部尺寸是定位轴线之间的尺寸，轴线之间的尺寸表示主承重墙和柱的间距；横向墙轴线的尺寸称为开间尺寸，纵墙轴线之间的尺寸称为进深尺寸。第三类外部尺寸为细部尺寸，表示门窗洞口的宽度和位置，以及阳台、墙垛等的尺寸和位置；标注此尺寸应基于定位轴线。

（2）内部尺寸是指外墙内的所有尺寸，主要用于指示内墙门窗开口的位置和宽度、壁厚、房间大小、卫生用具、灶具、脸盆等固定设备的位置和尺寸。不同楼层标高的房间和室外楼层标高应在平面图中标明，单位为"米（m）"，精确到小数点后两位。

E   剖切符号、指北针、房间名称及其他符号

房间应根据其功能命名或编号。楼梯间是使用带有实际楼梯水平投影的图例绘制的，同时也显示了"上"和"下"之间的关系。剖切符号和指北针仅标记在底部。当详图表示平面图的一部分时，应绘制索引符号。对于部分用文字更能表示清楚，或者需要说明的问题，可在图上用文字说明。

1.7.2.2   某学生公寓楼平面图

建筑平面图的阅读要点包括：（1）阅读项目和图纸名称、比例、图例及相关的文字说明。（2）看指北针，明确建筑朝向和主要出入口位置。（3）从底层（或一层）到顶层，分析平面的形状和布局，分析楼梯的位置和形式；依据定位轴线分析房间开间、进深、墙厚、房间面积、地坪或地面标高、门窗尺寸等；查找剖切符号和详图索引符号。（4）阅读屋顶平面图，分析屋顶（含屋檐）结构及做法和屋面排水。

A   首层平面图

阅读首层平面图（见图1-41），从图中可知：

（1）该图以1∶100的比例绘制；由指北针可知该建筑主出入口朝南，次入口朝东。

（2）建筑的轴线以柱中心定位，横向轴线①~⑳，纵向轴线Ⓐ~Ⓝ。

（3）该楼层共18间宿舍，东西两侧均设置楼梯间、卫生间和盥洗室，此外还有洗衣间、配电室、清洁工休息室、管理员室、门卫室、小卖部、会客室。

（4）图中所示尺寸为结构表面未加装饰的尺寸。平面图中外侧三道尺寸线从外到内，分别是建筑外包总尺寸、轴线之间的尺寸（柱间距）以及门窗洞口的尺寸。建筑总长度和总宽度分别为60730 mm和21300 mm。相邻横向定位轴之间的尺寸称为开间，相邻纵向定位轴之间的尺寸称为进深；例如，宿舍的开间为3600 mm，进深为6700 mm。门窗洞口尺寸包括开洞尺寸及定位尺寸等；例如，每间宿舍正门（M1）的开洞宽度为900 mm，门洞距离两侧轴线的间距均为1350 mm，阳台宽度为2640 mm。由内部尺寸可知，外墙厚为480 mm，内墙厚为240 mm。此外，入口台阶的宽度均为300 mm，室外散水的宽度为900 mm。

（5）首层室内地面标高±0.000，室外地坪标高-0.600 m，主入口标高-0.020 m，洗衣间、盥洗室标高-0.020 m，阳台标高-0.050 m。

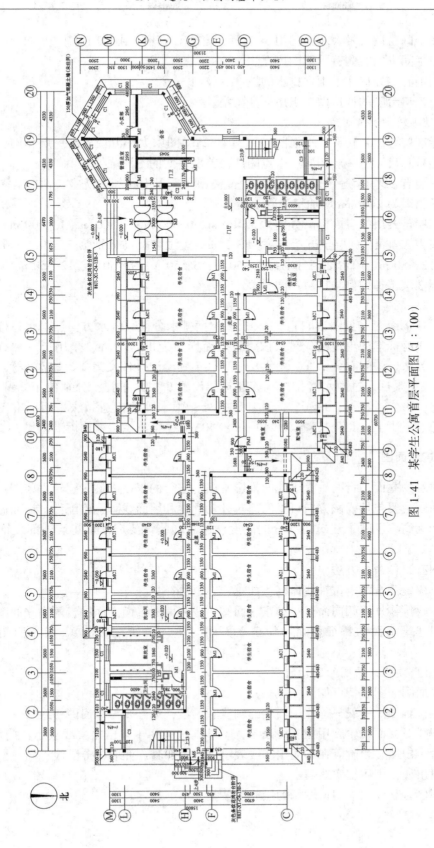

图 1-41　某学生公寓首层平面图（1∶100）

（6）图中门窗用代号表示，门用 M 表示，窗用 C 表示，阳台门窗用 MC 表示。

（7）卫生间进门右侧有预留的风道。

（8）图中有四处标注了雨水排水的坡度和坡向 $\xrightarrow{i=4\%}$。

（9）出入口台阶的构造做法引用标准图集。

B　标准层平面图

阅读标准层（二～五层）平面图（见图 1-42），图中大部分内容与一层相同，所有定位轴线的编号和尺寸与一层相同。重点阅读与首层平面的不同之处：

（1）每层有 22 间宿舍；东西两侧均设置楼梯间、卫生间和盥洗室；西侧有一间活动室，活动室内墙为 240 mm 厚加气混凝土墙。

（2）二层至五层的室内标高分别为 3.400 m、6.600 m、9.800 m、13.000 m，由此可知一层层高为 3.4 m，二层至五层层高为 3.2 m；盥洗室标高分别为 3.380 m、6.580 m、9.780 m、12.980 m，阳台标高分别为 3.350 m、6.550 m、9.750 m、12.950 m。

（3）标准层楼梯图例与首层不同。

C　屋顶平面层

阅读屋顶平面图（见图 1-43），主要反映屋面排水分区、排水方向、雨水口位置和尺寸，以及采用的标准图集规范代号。该建筑屋面标高为 16.200 m，采用了一种有组织二坡挑檐排水方法，中间有分水线。雨水从屋顶收集到檐沟（坡度为 2.3% 或 2%），檐沟排水坡度为 1%，最后通过雨水管排出。该建筑共设置 9 根雨水管，分别位于 ②Ⓜ、⑦Ⓜ、⑫Ⓚ、⑮Ⓚ、⑲Ⓖ、⑱Ⓐ、⑫Ⓐ、⑦Ⓒ和 ②Ⓒ处，雨水管的构造做法采用标准图集。此外，屋顶还设置了上人孔，长×宽为 940 mm×840 mm，构造做法采用标准图集。

1.7.3　建筑立面图

在与建筑物立面平行的垂直于地面投影平面上进行的正投影称为建筑立面图，简称立面图。立面图主要包括投影方向可见的建筑外轮廓线和墙面线脚、构配件、墙面做法及必要的尺寸和标高，反映了建筑各部分的高度、外观和装饰要求，是建筑外部装饰的主要依据。

立面图有三种命名方法：

（1）以建筑两端的定位轴线命名：如①～⑦立面图。

（2）以建筑物外墙朝向命名：如东立面图、西立面图、南立面图、西南立面图等。

（3）以建筑墙面的特征命名：如正立面图（主入口所在墙面）、背立面图、侧立面图。

1.7.3.1　建筑立面图的图示特点

建筑立面图的图示特点如下：

（1）定位轴线。一般只标注图两端的轴线和编号，编号要与平面图一致。

（2）图线。立面的轮廓用粗实线表示；室外地板线用 1.4 倍粗实线表示；门窗开洞、飞檐、阳台、雨篷、台阶等在中间用实线表示；其余部分，如墙体分隔线、门窗格栅、雨水管道和引出线，则用细实线表示。

（3）图例。立面图上门窗图例的绘制应按相关标准规定。

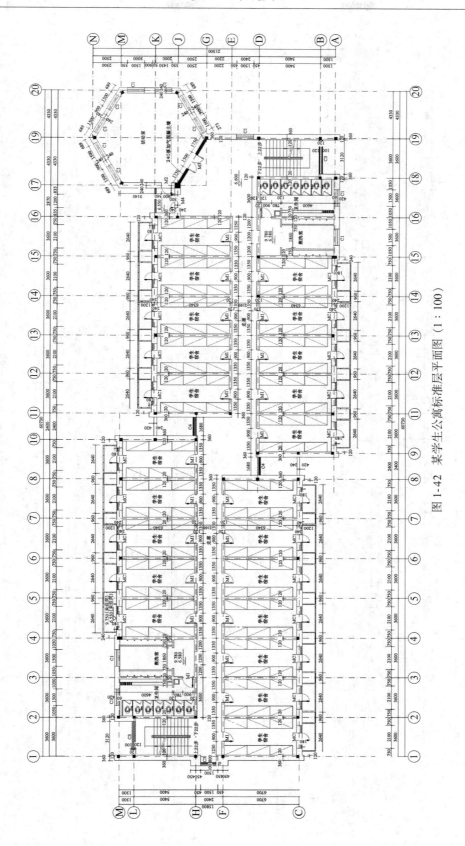

图 1-42 某学生公寓标准层平面图（1：100）

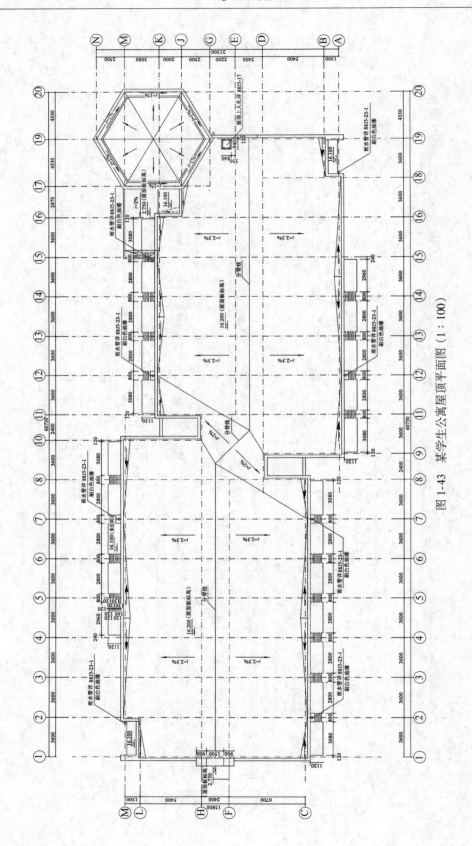

图1-43　某学生公寓屋顶平面图（1:100）

（4）尺寸标注。立面图上的高度尺寸主要用标高表示，一般应标明室内外地坪、一层地面、窗户开洞的上下开口、女儿墙的压顶面、进口平台面和雨棚底面的高度。

（5）外墙装修做法。外墙可根据设计要求选择不同的材料和方法；在图面上，应用文字说明外墙各部位所用的面材及色彩。

1.7.3.2　某公寓楼立面图

本小节详细介绍某学生公寓楼的立面图，建筑立面图的阅读要点包括：（1）看图名，明确投影方向；（2）分析图形外轮廓线，明确立面造型；（3）对照平面图，分析外墙门窗的种类、形式、尺寸、数量；（4）分析其细部构造，例如阳台、台阶、雨篷等；（5）阅读文字说明、各种符号、装饰线条以及索引的详图或标准图集。

图 1-44 为某学生公寓的正立面（主入口所在的立面）图，又称南立面图或⑳~①立面图，比例与平面图相同为 1：100，立面图反映了建筑的外观特点和装饰风格。该公寓楼地上共五层，屋顶主要为平屋面，仅西侧活动室的屋顶为坡屋面。公寓主出入口在南立面，有四级台阶；朝南的宿舍有阳台、一扇外门和一扇外窗，活动室南外墙有 4 扇窗户，卫生间和盥洗室各有一扇外窗；南外墙有 4 根雨水管。从图两侧的标高和尺寸标注可以看出，平屋面的高度为 17.1 m，坡屋面最高处为 22 m；建筑室外地面比室内±0.000 低 0.6 m；活动室、卫生间和盥洗室外窗的高度均为 1.5 m，宿舍阳台高度为 1.0 m，每层窗户的具体位置也可以从图中得到。外墙装饰以红色釉面砖为主，阳台、窗台为白色凹凸花纹涂料，坡屋面为灰色水泥瓦。

图 1-45 为学生公寓的东立面图，又称Ⓝ~Ⓐ立面图，比例与平面图相同为 1：100。公寓次出入口（门高 2.4 m）在东立面，有四级台阶。该立面图左侧两列窗户为活动室外窗（窗户高 1.5 m），中间为走廊东外窗，左右两侧均为宿舍阳台。外墙装饰以红色釉面砖为主，阳台为白色凹凸花纹涂料，坡屋面为灰色水泥瓦。

1.7.4　建筑剖面图

假设用一个或多个垂直地面的切割平面切割建筑物，所得到的图称为建筑剖面图。建筑剖面图是用来表达建筑内部结构、竖向分层、每层楼地面、屋顶结构以及相关尺寸和标高的，剖切的位置往往是楼梯间、门窗开洞处和复杂结构等典型部分。剖面图的数量取决于房屋的复杂程度和施工的实际需要，剖面图名称必须与一层平面图上标明的剖切位置和方向一致。

1.7.4.1　建筑剖面图的图示特点

建筑剖面图的图示有以下特点。

（1）定位轴线：应注意每一处被剖切的承重墙的定位轴线应与平面图的轴线编号和尺寸一致。

（2）图线：室内外地坪线用加粗实线表示；地面以下部分应与基础墙体断开，并在另外的结构施工图中显示；剖面的比例尺应与平面、立面的比例尺一致。一般情况下，剖面图中不绘制材料图例符号。被剖切平面切割的墙、梁和板的等高线用粗实线表示，未被剖切平面切割的可见部分用细实线表示，被剖切面切割的钢筋混凝土梁和板可涂成黑色。

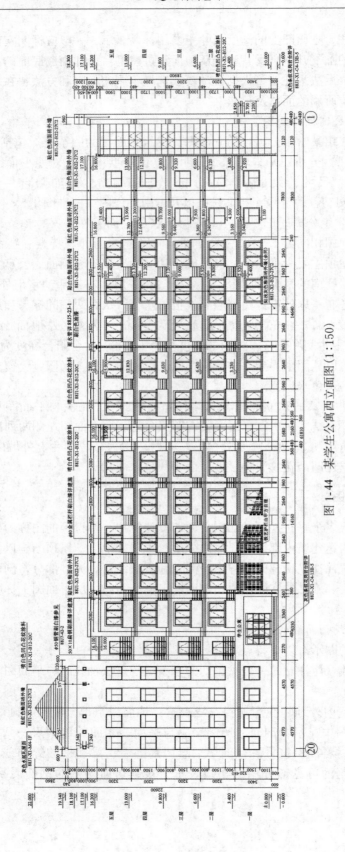

图 1-44　某学生公寓西立面图（1∶150）

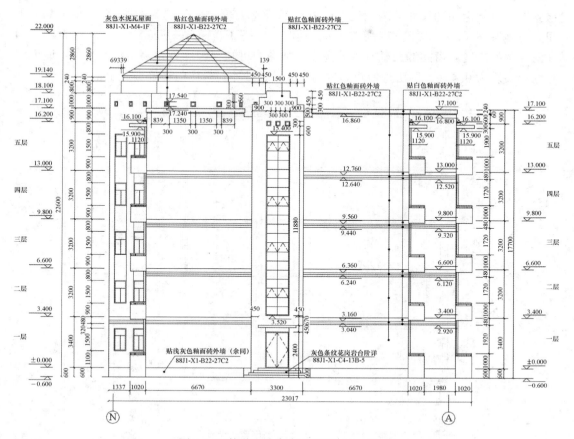

图 1-45　某学生公寓东立面图 （1∶100）

（3）尺寸标注：在剖面图中，应标明垂直方向的分段尺寸与标高。垂直分段尺寸一般分为三道：1）最外层为总高度尺寸，代表从室外地面到建筑物顶部女儿墙抹灰后顶面的总高度；2）中间为层高尺寸，主要表示各楼层高度；3）最里面的是门窗开洞的高度、窗间墙及勒脚等的高度。

应该标记被剖切到的外墙门窗洞口的标高、室外地面标高、檐口、女儿墙顶部标高和每层楼地面标高。

1.7.4.2　某住宅楼剖面图

本小节介绍某住宅楼剖面图，建筑剖面图的阅读要点包括：（1）阅读图纸名称和轴线编号，并与底层平面图上的剖切符号进行比对，确定切割位置和投影方向；（2）分析建筑内部的空间布局和结构，了解建筑从地面到屋顶各部分的结构形式，了解墙、柱、梁、板之间的关系，找出建筑材料和工程做法；（3）阅读剖面图上的尺寸及其他标注。

图 1-46 中 1-1 剖面图的剖切位置在底层平面图（这里略去）上，位于轴⑤和轴⑥之间，向左投影观察。该剖面图主要展示了客厅、餐厅、厨房以及地面、每层楼和屋顶。该住宅地上六层，有半地下室，屋顶是带有挑檐的平屋面。图中左侧标高尺寸表示每层客厅外窗的上下沿标高和半地下室外窗的上下沿标高，中间的标高尺寸表示每层楼的地面标高，右侧的标高尺寸表示每层厨房外窗的上下沿标高、半地下室外窗的上下沿标高以及屋

顶标高。右侧标注的尺寸分为三道,最外面的为总高度尺寸,建筑总高度为 20.4 m;中间一道是层高尺寸,地下室层高 2.4 m,其他六层高 3.0 m;最里面的一道尺寸表达了门和窗开洞的高度、窗间墙及勒脚等的高度。从图中可知,客厅外窗高度为 2.4 m,地下室外窗户高度为 0.4 m,厨房外窗户高度为 1.8 m。另外,入户门高度为 2.1 m。

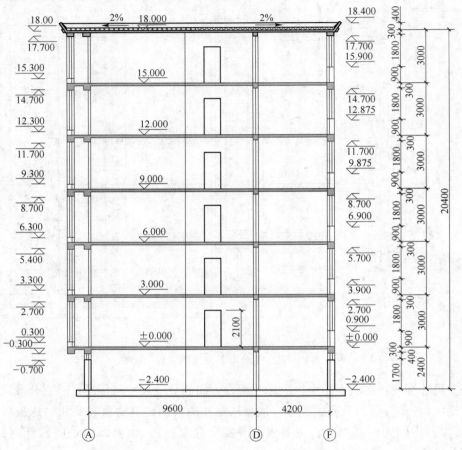

图 1-46　某住宅楼 1-1 剖面图(1∶100)

1.7.5　建筑详图

　　建筑平面图、立面图和剖面图表达了建筑的布局、外部形状和主要尺寸,但由于所反映的内容范围大、比例小,很难将建筑的细节结构表达清楚。为了满足施工要求,建筑的细节结构用更大的比例表达得更详细,这样的图纸称为建筑详图,简称详图,有时也称为大样图。有时细节可以再次索引,甚至可以多次嵌套。

　　1.7.5.1　建筑详图的图示特点

建筑详图的图示特点有:

　　(1)门窗详图。特殊情况下新设计的非标准门窗,必须绘制门窗详图,表达须正确,图纸须完整,尺寸须齐全,便于按图施工。只要是在门窗表中注有图集号的门窗就是标准门窗。

　　(2)墙身详图。如果墙身做法在标准图中也找不到合适的,那么也须绘制墙身详图。

（3）楼梯详图。楼梯主要由楼梯板（楼梯段）、休息平台和扶手（或栏板）组成，楼梯详图主要显示楼梯的类型、结构形式、各部分的尺寸和装饰方法。

楼梯平面图是每层楼梯的水平剖面图，其切割位置在该层休息平台下方、窗台上方的区域，多层住宅至少应该有"底层""中间层"和"顶层"三层楼梯平面图。

楼梯平面图应标有楼梯间的轴线编号、水平长度尺寸和宽度尺寸、标高，上下行指示箭头、两层之间的台阶数。底层应有楼梯的剖切位置符号，具体结构应以索引符号另索详图。

（4）建筑构配件详图。各种构件和配件的形状、尺寸（大小）、材料、位置和连接方式必须通过详细的图纸详细表达出来，其他各种详图都类似。

详图的特点是比例尺大，内容反映的详尽，常用比例有 1：50、1：20、1：10、1：5、1：2、1：1 等。

1.7.5.2 某住宅楼建筑详图

建筑详图的阅读要点包括：（1）根据详图索引符号查找相应的详图（包括新设计图纸和标准图纸）；（2）根据投影基础和表达方法比对图形，想象出构配件的形体构造；（3）根据图中尺寸分析构配件的尺寸；（4）根据图纸中的符号或文字说明，明确各部件的材质及其连接关系；（5）把理解的构件放在原索引处，想象它们与整个建筑的关系。

A　墙身节点详图

某住宅楼的墙身节点详图如图 1-47 所示，图中主要结构为钢筋混凝土挑檐、屋面板、楼板、过梁、砖墙和基础。图中所示为北外墙详图。

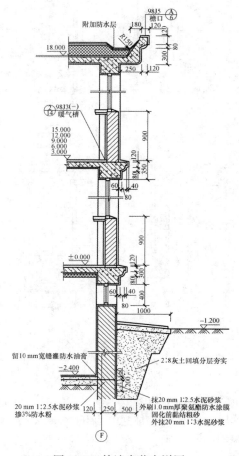

图 1-47　外墙身节点详图

从上往下四个节点分别是檐口、中间部分、墙脚和地下室。

（1）檐口：屋面、挑檐与墙体、窗框连接、屋面环梁的形状、尺寸、材料和结构情况。

（2）中间部分：楼板与外墙的关系，以及楼板层、门窗过梁、环梁的形状、尺寸、材料和结构。

（3）墙脚：散水、防潮层、勒脚、地面的形状、尺寸、材料及其构造情况。

（4）地下室：地下室地面与外墙的关系，以及地面的做法。

此外，图 1-47 中有两处二次索引分别是檐口和暖气槽，其详图见标准图集 98J5 和 98J3。

B　楼梯节点详图

某住宅楼的楼梯详图如图 1-48 所示，该图由楼梯平面图和楼梯剖面图组成。

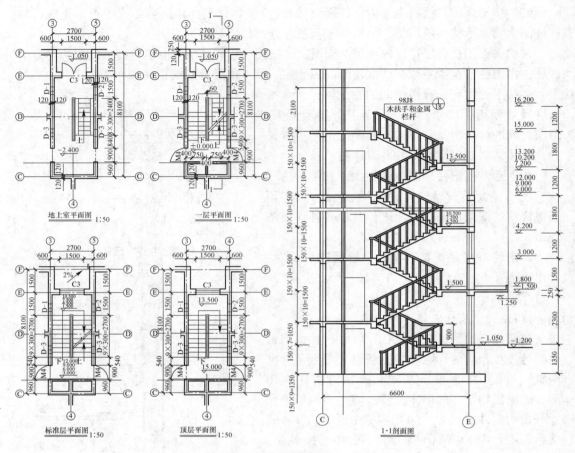

图 1-48 楼梯详图

从楼梯平面图可以看出：（1）楼梯间的开间、进深、墙体的厚度、门窗的位置；（2）楼梯段、楼梯井和休息平台的平面形式、位置、踏步的宽度和数量；（3）楼梯的方向（如图中箭头所示）、上下楼梯的起始位置、两侧平台的起步尺寸以及楼梯段各平台的标高；（4）在底层平面图中标注楼梯剖面图的剖切位置及剖视方向。

从楼梯剖面图可以看出：（1）楼梯的构造形式；（2）楼梯在竖向和进深方向的具体尺寸；（3）楼梯段、平台、栏杆、扶手等的构造和用料说明；（4）被剖切楼梯段的踏步数。

此外，楼梯栏杆、台阶、扶手的做法一般采用标准图集。楼梯剖面图中有一处二次索引详图是标准图集 98J8 中第 18 页的 1 号详图，表达了木扶手和金属栏杆的形状、尺寸和材料等，此处从略。

1.8 建筑设备工程图的基本知识

建筑设备工程的内容非常广泛，主要包括建筑给排水、建筑采暖、空调通风、燃气工程、冷热源、建筑电气等。建筑设备工程图应正确、清楚地表达设计意图，用统一的图形符号和简单的文字说明，指导建筑设备工程的施工。

1.8.1 基本规定

1.8.1.1 制图标准

建筑设备工程涉及多门学科的交叉。为使图纸基本统一、清晰简洁，提高制图效率，满足设计、施工、存档等要求，满足工程建设需要，国家及相关行业制定了以下标准：

（1）《暖通空调制图标准》（GB/T 50114—2010）；

（2）《建筑给水排水制图标准》（GB/T 50106—2010）；

（3）《建筑电气制图标准》（GB/T 50786—2012）；

（4）《电气简图用图形符号》（GB/T 4728—2018）；

（5）《供热工程制图标准》（CJJ/T 78—2010）。

1.8.1.2 图线

根据每幅图的复杂程度和比例选择基本线宽和相应的线宽组，然后根据线条要表达的内容选择合适的线条类型，见表 1-3。

1.8.1.3 比例

建筑设备工程中平面图的比例应尽可能与工程项目设计的主导学科相一致，其余可参考表 1-10 选用。

表 1-10　建筑设备制图常用比例

图　名	比　　例
剖面图	1∶50、1∶100、1∶150、1∶200，可用比例 1∶300
局部放大图、管沟断面图	1∶20、1∶50、1∶100，可用比例 1∶30、1∶40
详图	1∶1、1∶2、1∶5、1∶10、1∶20，可用比例 1∶3、1∶4、1∶15

1.8.1.4 图例

建筑设备工程中的许多设备、配件、附件等，不必在图纸上反映实物的具体形象和结构，但应当用国家规定的统一符号来表示。要看懂建筑设备的相关图样，首先要了解相关的图例，这些图例将在接下来的各专业章节中介绍。

1.8.2 主要图样

建筑设备工程图一般包括：

（1）图样目录。为了便于图样管理和对整个工程概貌的了解，必须提供所有图样的目录清单。图样目录的范例如图 1-49 所示，目录中提供的图纸清单应充分反映本阶段整个项目的全貌。对于通风工程，常采用"风施"；对于采暖工程，经常使用"暖建"；对于燃气工程，常采用"燃施"；给排水工程，常采用"水施"；对于冷热源工程，常用"动施""设施"或"热施"；对于电气工程，经常使用"电施"；对于空调工程，经常使用"设施""风施"或"暖施"。

（2）设计施工说明。设计说明是工程设计的重要组成部分，包括对整个设计的总体说明（如设计条件、方案选择、安装调试要求、实施标准等），以及对设计图纸中未表述或表述不清内容的补充说明。

（3）主要设备材料表。主要设备材料表可编写于平面图的标题栏上方，如图 1-50 所

××× 设计院	工程名称				设计号	
	项目名称				共 页	第 1 页
序号	图别-图号	图名	采用标准图或重复使用图		图样尺寸	备注
			图集编号或工程编号	图别-图号		

图 1-49   图样目录范例

示。这时，项目名称写在下面，并从下到上编号。设备清单一般应包括序列号（编号）、设备名称、型号规格、数量和备注栏；材料清单应包括序号（编号）、材料名称、规格、单位、数量和备注栏。设备和材料清单也可以单独成图，如图 1-51 所示。

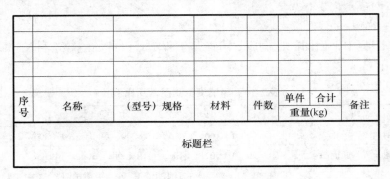

图 1-50   设备材料明细栏范例

序号	设备材料名称	性能参数	单位	数量	备注

图 1-51   设备材料表单独成图范例

（4）原理图（流程图、系统图）。原理图是工程设计图纸中的重要制图，它表示系统的工艺流程，应该显示设备与管道之间的相对关系和工艺顺序。它不是按照比例和投影规则绘制的。一般来说，尺寸大的设备画大一点，尺寸小的设备画小一点。图纸上的设备和管道布局主要考虑图纸上的线条清晰、布局均衡，与实际物理空间中的设备和管道布局没有投影对应关系。当系统简单，轴测图能清楚地表达系统的流动或位置关系时，可省略原理图。

（5）平面图。平面图包括采暖、通风、空调系统、照明及电气系统平面图、空调机房平面图、冷热源机房平面图等，平面图应显示建筑轮廓、主轴轴号、轴线尺寸、室内外地面标高、房间名称以及设备安装平面位置、风管、通风口、水管、配电线路与建筑平面的对应关系。

（6）剖面图。绘制剖面图是为了说明规划中难以表达的内容，它与平面图相同，采用正投影法绘制，图纸所描述的内容必须与平面图一致。空调机房剖面图、冷冻机房剖面图、锅炉房剖面图等在建筑设备工程中比较常见，当说明立管复杂、构件多、设备、管道、通风口交错时，用这些剖面图来说明垂直方向上的定位尺寸，图纸中设备、管道、建筑物之间的线型设置规则与平面图相同。当系统较简单，轴测图能清楚地表达系统的流动或位置关系时，可全部或部分省略剖面图。

（7）系统轴测图。系统轴测图包括系统中设备和配件的型号、尺寸和数量以及与各设备在空间上连接的曲折、交叉、走向和尺寸等，系统编号也应在系统轴测图上标明。建筑设备工程中的系统轴测图可以用单线或双线绘制。一般采用45°投影法，单线按比例绘制，比例尺与平面图一致，常见的有采暖水系统轴测图、空调风系统轴测图、空调冷冻水系统轴测图、冷却水系统轴测图等。

（8）详图。建筑设备工程中常用的详图包括：设备节点详图、管道安装节点详图，如热力入口大样详图、散热器安装详图；设备及管道的加工详图；设备及部件的基础结构详图，如泵基础、冷水机组基础等。

2　冷热源工程图

冷热源是供热空调系统的"心脏"。冷热源机房一般有大量的设备，如泵、制冷机、换热器等，这些设备通过大量的管道和附件连接成一个完整的系统，用于供热制冷。这些设备、管道和附件在空间上纵横交错，增加了冷热源机房工程图绘制和识读的难度。冷热源机房工程图样主要包括系统原理图、设备平面及剖面图、管道平面及剖面图、管道系统轴测图、大样详图、设备基础图，本章主要介绍这些图样的表达内容、绘制方法和阅读方法。

2.1　基　本　规　定

应根据图纸的比例、类别和使用方式确定图线的基本宽度 b 和线宽组。基本宽度 b 宜选用 0.5 mm、0.7 mm 或 1.0 mm。冷热源工程图中常用的线型和线宽见表 2-1。

表 2-1　冷热源工程图中常用的线型和线宽

名称	线　型	线宽	用　途
粗实线		b	单线表示的供水管线
中粗实线		$0.7b$	专业设备轮廓线，双线表示的管道轮廓线
中实线		$0.5b$	建筑物轮廓，尺寸、标高、角度等标注线及引出线
细实线		$0.25b$	建筑布置的家具、绿化等，非专业设备轮廓
粗虚线		b	回水管线、凝结水管线及单根表示的管道被遮挡部分
中粗虚线		$0.7b$	专业设备及双线表示的管道被遮挡的轮廓
中虚线		$0.5b$	地下管沟、改造前风管轮廓线，示意性连接线
细虚线		$0.25b$	非本专业虚线表示的设备轮廓
中波浪线		$0.5b$	单线表示的软管
细波浪线		$0.25b$	断开界线
单点长画线		$0.25b$	中心线、轴线
双点长画线		$0.25b$	假想或工艺设备轮廓线
折断线		$0.25b$	断开界线

冷热源机房平面图的比例应与项目设计的主导专业一致，其他图样的比例可参考表2-2选用。

表2-2 冷热源工程图比例

图　　名	常用比例	可用比例
剖面图	1∶50、1∶100	1∶150、1∶200
局部放大图、管沟断面图	1∶20、1∶50、1∶100	1∶25、1∶30、1∶150、1∶200
索引图、详图	1∶1、1∶2、1∶5、1∶10、1∶20	1∶3、1∶4、1∶15

2.2 管 道 表 达

2.2.1 管道画法

管道有单线和双线两种表达方式（见图2-1），常用单线表达。折断符号可以表示一段管道，也可以用来标明省略一段管道。注意：省略管道应该位于直线管道上，折断符号应该成双对应。

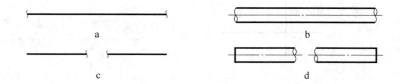

图2-1 管段的表示和省略

a，c—单线绘制的管道；b，d—双线绘制的管道

冷热源机房的管道系统比较复杂，管道遮挡、重叠、分支的单线表达和说明见表2-3。

表2-3 管道的表达

名称	单线表示	说　　明
管道空间交叉		管道空间交叉时，上面或前面的管道应连通；在下面或后面的管道应断开
管道交叉（四通）	A向	管道空间交叉时，各个方向的管段交于一点，互相连通

名称	单线表示	说明
管道跨越	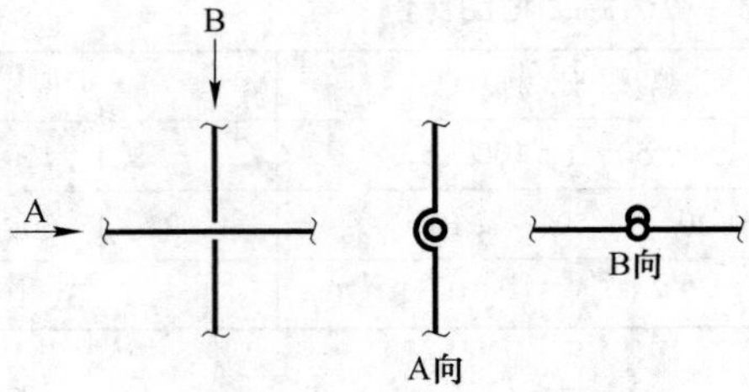 B ↓ A → A向　B向	
管道分支	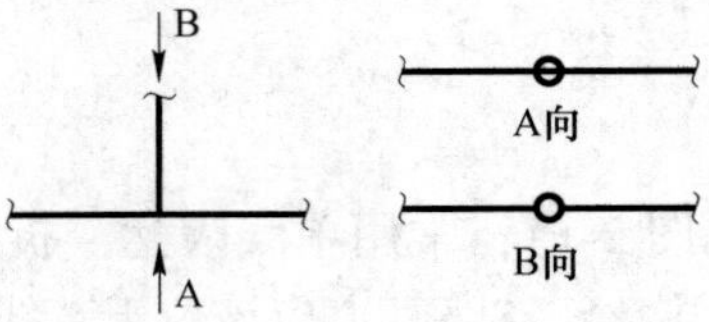 B ↓ A ↑ A向　B向	
管道重叠 与断开	a　a b　a　a　b	管道重叠时，若需要表示下面或后面的管道，可将上面或前面的管道断开 同一管道的两个折断符号在一张图中，折断符号的编号用小写英文字母表示
	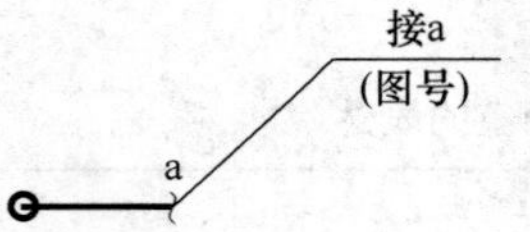 接a (图号) a	当管道在本图中断，转至其他图面表示（或由其他图中引来）时，应注明转至（或来自）的图样编号
管道转弯	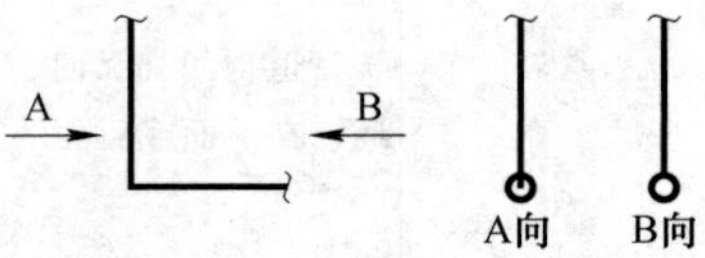 A →　← B A向　B向	

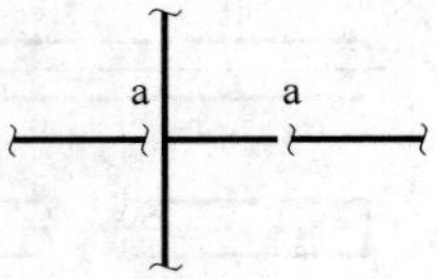

2.2.2　管道规格

标注管道规格时应符合以下规定：

（1）低压流体输送焊接管道规格应标明公称通径或压力。公称通径的标记应由字母"*DN*"后跟一个以毫米表示的数值组成；公称压力的代号应为"*PN*"。

（2）用于流体输送的无缝钢管、螺旋缝或直缝焊钢管、铜管和不锈钢管，应用"D（或 ϕ）外径×壁厚"表示；在没有误解的情况下，也可以使用公称通径表示。

（3）塑料管外径应用"de"表示。

管道规格标注位置应符合以下规定：

（1）水平管道的规格应在管道上方标明，竖向管道的规格应在管道左侧标注；用双线表示的管道，其规格可标注在管道轮廓线内，如图2-2所示。

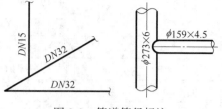

图2-2　管道管径标注

（2）多条管线的规格标注，如图2-3所示。

（3）斜管道尺寸按图2-4所示方向标注，且标注尺寸应在图中30°范围外；不可避免时，可采用水平或90°引出线进行标记。

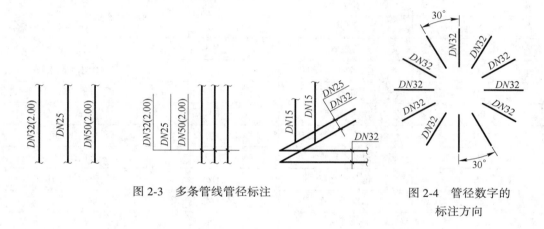

图2-3　多条管线管径标注

图2-4　管径数字的
标注方向

2.2.3　管道标高

标高符号为直角等腰三角形，标高单位为 m。当标准层数较多时，只能标明该层与楼板面（地面）的相对标高，如图2-5所示。

水、汽管道未注明标高时，一般为管中心标高。水、汽管道采用管底或顶标高时，数字前应加上"底"或"顶"字样。

图2-5　管道相对标高标注

平面图中无坡度要求的管道标高，可在管道截面尺寸后的括号内标注。

2.2.4　管道代号

水、汽管道可用线型区分，也可用代号区分。常用的水、汽管道代号，见表2-4。

表2-4　水、汽管道代号

代号	管道名称	代号	管道名称
RG	采暖热水供水管	LG	空调冷水供水管
RH	采暖热水回水管	LH	空调冷水回水管

续表 2-4

代号	管道名称	代号	管道名称
KRG	空调热水供水管	J	给水管
KRH	空调热水回水管	SR	软化水管
LRG	空调冷、热水供水管	CY	除氧水管
LRH	空调冷、热水回水管	GG	锅炉进水管
LQG	冷却水供水管	JY	加药管
LQH	冷却水回水管	YS	盐溶液管
n	空调冷凝水管	XI	连续排污管
PZ	膨胀水管	XD	定期排污管
BS	补水管	XS	泄水管
X	循环管	YS	溢水（油）管
LM	冷媒管	R_1G	一次热水供水管
YG	乙二醇供水管	R_1H	一次热水回水管
YH	乙二醇回水管	F	放空管
BG	冰水供水管	FAQ	安全阀放空管
BH	冰水回水管	O1	柴油供油管
ZG	过热蒸汽管	O2	柴油回油管
ZB	饱和蒸汽管	OZ1	重油供油管
Z2	二次蒸汽管	OZ2	重油回油管
N	凝结水管	OP	排油管

2.3 常用图例

2.3.1 水、汽管道常用图例

冷热源机房中常用水、汽管道阀门、附件及设备图例，见表 2-5。

表 2-5 管道阀门、附件及设备图例

名称	图例	名称	图例
截止阀		平衡阀	
球阀		定压差阀	
蝶阀			
旋塞阀		集气罐放气阀	
浮球阀		调节止回关断阀	

名称	图例	名称	图例
排入大气或室外		快开阀	
角阀		三通阀	
漏斗		定流量阀	
明沟排水		自动排气阀	
变径管			
固定支架		节流阀	
活动支架		膨胀阀	
可屈挠橡胶软接头		安全阀	
疏水器			
直通型（或反冲型）除污器		底阀	
补偿器		地漏	
套管补偿器			
弧形补偿器		法兰封头或管封	
伴热管		活接头或法兰连接	
爆破膜		导向支架	
节流孔板、减压孔板		金属软管	
介质流向		Y 形过滤器	
水泵		减压阀	
板式换热器		除垢仪	
闸阀		矩形补偿器	
柱塞阀		波纹管补偿器	
止回阀			

续表 2-5

名称	图例	名称	图例
球形补偿器	 ◎	快速接头	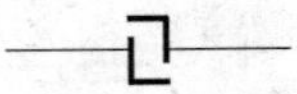 ⌐⌐
保护套管	 ▭	坡度及坡向	i=0.003
阻火器	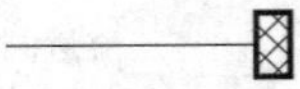 ▨	手摇泵	 ⌀

对于泵、热交换器等设备，表 2-5 中的图例主要用于绘制原理图。在平面图和剖面图中，一般依据设备外轮廓按比例绘制。

对于阀门、接头等管道附件，可以采用表 2-5 中的图例进行绘制。图例大小应与阀门的实际尺寸大致相符，即大阀门绘制得大一些，小阀门绘制得小一些。

阀门与管道的三种连接方式见表 2-6（以阀门的通用符号为例），一般连接图形符号适用于不需要在一张图中区分连接方式的情况。

表 2-6　管道与阀门的连接

名称	图例	名称	图例
通用连接	 ▷◁	焊接连接	 ●▷◁●
法兰连接	 ‖▷◁‖	螺纹连接	 ▷◁

2.3.2　调控仪表图例

冷热源机房管路系统常用调节控制装置及仪表的图例，见表 2-7。

表 2-7　调控装置及仪表图例

名称	图例	名称	图例
温度传感器	T	弹簧执行机构	 ⌇
压力传感器	P	记录仪	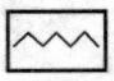 ∿
流量传感器	F	电动（双位）执行机构	□
流量开关	FS	气动执行机构	⌒
温度计	 ‖	数字输入量	DI
流量计	 F.M	模拟输入量	AI

续表2-7

名称	图 例	名称	图 例
湿度传感器	H	重力执行机构	⌐□
压差传感器	ΔP	电磁（双位）执行机构	⊠
烟感器	S	电动（双位）调节机构	○
控制器	C	浮力执行机构	⟋
压力表	⌀	数字输出量	DO
能量计	E.M	模拟输出量	AO

2.4　供热工程制图标准

供热工程制图标准主要适用于供热锅炉房、热力站、热网工程的制图，它与暖通空调制图标准在具体细节的表达上有一些差别。对于供热系统涉及的供热锅炉房、热力站和室外热力管网，应执行供热标准；而对于一般的空调冷热源，应以暖通空调标准为主，而该标准中未涉及的内容，可参照供热标准中的规定执行。本节重点介绍供热标准与暖通标准的不同之处。

2.4.1　一般规定

供热工程制图的基本宽度 b 宜选用 0.5 mm、0.7 mm、1.0 mm、1.4 mm 或 2.0 mm，线宽可分为粗、中、细三种，线宽比采用 $b:0.5b:0.25b$。

剖视符号应表示出剖切位置、剖视方向，并应标注剖视编号，如图2-6所示。标注方法符合下列要求：（1）剖切位置应采用粗实线表示，其长度宜为 4~6 mm；（2）剖视方向应采用箭头表示；（3）剖视编号应在箭头尾部附近用数字或字母标出，任何方向和角度的剖视符号编号均应水平标记；（4）当剖切位置的转折处不会与其他绘图线混淆时，可以不标记编号。

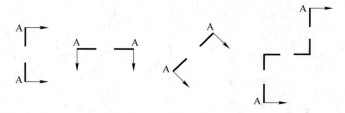

图2-6　剖视符号

2.4.2　设备和主要材料表

设备和主要材料表的格式如图2-7所示，设备表的格式参考如图2-8所示，材料或零部件明细表的格式参考如图 2-9 所示。

序号	编号	名称	型号及规格	材质	单位	数量	质量（kg）		备注
							单件	总计	

图 2-7   设备和主要材料表范例

序号	编号	名称	型号及规格	单位	数量	质量（kg）	备注

图 2-8   设备表范例

序号	编号	图号或标准图号及页号	名称及规格	材质	单位	数量	质量（kg）		备注
							单件	总计	

图 2-9   材料或零部件明细表范例

设备和主要材料表单独成页时，表头应设置在表的上方，序号列中的数字顺序应从上到下排列，续表均应排列表头。当图纸附有设备表和材料或零部件明细表时，如表头在上面，序号列中的编号顺序应从上到下排列；如果表头在下方，则序号列中的数字顺序应从下往上排列。

2.4.3   管道标注

不同的管道应采用代号及管道规格来区分。供热工程常用管道代号，见表 2-8。

表 2-8   供热工程管道代号

代号	管道名称	代号	管道名称
HP	供热管线（通用）	PB	定期排污管
S	蒸汽管（通用）	SL	冲灰水管
S	饱和蒸汽管	H	供水管（通用），采暖供水管
SS	过热蒸汽管		
FS	二次蒸汽管	HR	回水管（通用），采暖回水管
HS	高压蒸汽管		
MS	中压蒸汽管	H1	一级管网供水管
LS	低压蒸汽管	HR1	一级管网回水管
ER	省煤器回水管	H2	二级管网供水管
CB	连续排污管	HR2	二级管网回水管

代号	管道名称	代号	管道名称
AS	空调用供水管	OF	溢流管
AR	空调用回水管	SP	取样管
P	生产热水供水管	D	排水管
PR	生产热水回水管（或循环管）	V	放气管
		CW	冷却水管
DS	生活热水供水管	SW	软化水管
DC	生活热水循环管	DA	除氧水管
M	补水管	DM	除盐水管
CI	循环管	SA	盐液管
E	膨胀管	AP	酸液管
SI	信号管	CA	碱液管
C	凝结水管（通用）	SO	亚硫酸钠溶液管
CP	有压凝结水管	TP	磷酸三钠溶液管
CG	自流凝结水管	O	燃油管（供油管）
EX	排气管	RO	回油管
W	给水管（通用），自来水管	WO	污油管
PW	生产给水管	G	燃气管
DW	生活给水管	A	压缩空气管
BW	锅炉给水管	N	氮气管

供热工程图样中，管道规格标注在管道代号之后。管道规格的单位应为 mm，通常省略不写。管道规格的标注要求如下：

（1）水平管道可在管道上方标注，垂直管道可在管道左侧标注，斜向管道可在管道斜上方标注，如图 2-10a 所示。

（2）单线绘制的管道可在管线断开处或标注在管线上方标注，如图 2-10b 所示。

（3）双线绘制的管道可在管道轮廓线内标注，如图 2-10c 所示。

（4）多管并列时，与管道垂直的细实线可作为公共引出线，由公共引出线可作几条间隔相同的横线，横线上方应注明管道规格；管道规格的标注顺序应与图纸上的排管顺序一致；当标注位置不够时，公共引出线可以采用折线，如图 2-10d 所示。

供热工程图样中，管道规格变化处应采用异径管图形符号表达，并在图形符号前后标明管道规格；对于若干分支且不变径的管道，应在起始管段和结束管段处标明管道规格；不变径管道过长或分支较多时，应在中间增加 1~2 个管径规格，如图 2-11 所示。

2.4.4 管道画法

供热工程中管道交叉、分支、重叠、转弯的表达，见表 2-9。采用单线绘制管道时，被遮挡管道的轮廓在暖通标准中为完整的圆，而在供热标准中为不完整的圆。

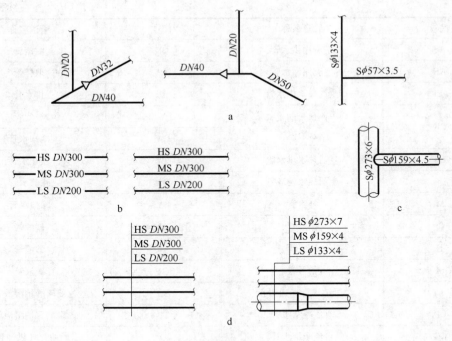

图 2-10　管道规格的标注

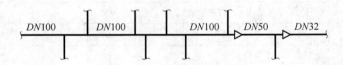

图 2-11　分出支管和变径时管道规格的标注

表 2-9　管道画法

名　称	单 线 表 示	双 线 表 示
管道交叉		
管道分支		

名　称	单 线 表 示	双 线 表 示
管道重叠		
90° 弯头 正视图一（弯头朝向观测者）		
正视图二（弯头背向观测者）		
正视图三（左视图，与正视图一对应）		
俯视图		
非 90° 弯头 正视图一（弯头朝向观测者）		
正视图二（弯头背向观测者）		
正视图三（左视图，与正视图一对应）		
俯视图		

名　称		单线表示	双线表示
管道接续	同一管道的两个折断符号在同一张图样中	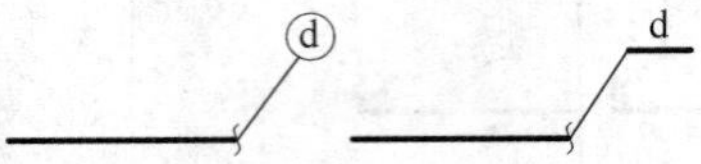	—
	同一管道的两个折断符号不在同一张图样中	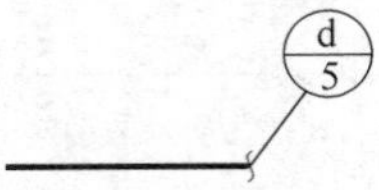	—

2.4.5　阀门画法

　　供热工程管道图中常用阀门的画法见表 2-10，阀体长度、法兰直径、手轮直径、阀杆长度按比例用细实线绘制。阀杆尺寸应该是其全开位置的通径，阀杆方向应与设计一致。电动、气动、液压和自动阀门一般按比例绘制，并简化实物外观、附属驱动装置和信号传递装置。

表 2-10　常用阀门绘制

名称	俯视图	仰视图	主视图	侧视图	轴侧投影图
截止阀	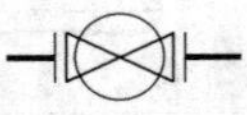		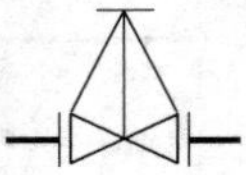		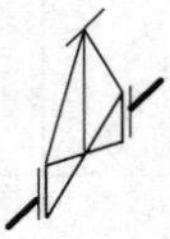
闸阀	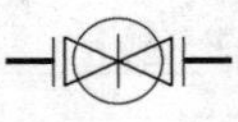		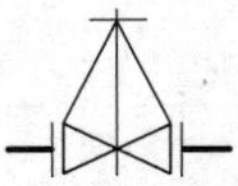	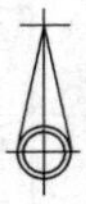	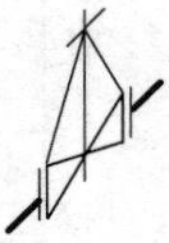
蝶阀		—	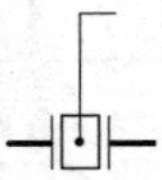		
安全阀	—	—		—	

2.4.6 图例符号

供热标准中设备、阀门、附件的图例符号分类比暖通标准更细。暖通标准中没有规定的图形符号见表2-11，与暖通标准表达方式不同的图形符号见表2-12。

表 2-11 暖通标准没有规定的图形符号

名 称	图 例	名 称	图 例
换热器（通用）		调速水泵	
套管式换热器		真空泵	
管壳式换热器		闭式水箱	
容积式换热器		开式水箱	
螺旋板式换热器		安全水封	
水喷射器/蒸汽喷射器		水封/单级水封	
分汽缸/分（集）水器		多级水封	
电磁水处理器		取样冷却器	
热力除氧器/真空除氧器		离子交换器（通用）	
自力式流量控制阀		斜板锁气器	
自力式压力调节阀		锥式锁气器	
自力式温度调节阀		电动锁气器	
自力式压差调节阀		转子流量计	
液面计		视镜	

表 2-12 与暖通标准不同的图形符号

名　称	图　例	名　称	图　例
板式换热器		疏水阀	
止回阀（通用）		除污器（通用）	
调节阀（通用）		过滤器	
流量计（通用）		热量计	

2.5　图样绘制

冷热源机房一般有大量的设备，如泵、制冷机、换热器等。这些设备通过大量的管道和附件连接成一个个完整的系统，用于供热和制冷。这些设备、管道和附件在空间上纵横交错，在制图表达时有一定的难度。

冷热源机房图样包括图纸目录、设计与施工说明、设备与主要材料、系统原理图、设备平面和剖面图、管道平面和剖面图、管道系统轴测图、大样详图等。在同一套工程设计图纸中，图样线宽组、图例、符号等应一致。

在一幅图内绘制平面、剖面等多个图时，应按平面图、剖面图、详图等由上至下、由左至右依次进行排列；若一幅图有多层的平面图，则应按建筑层从低到高、从下往上依次排列。

2.5.1　图样目录

图样目录一般单独成图，可采用 A4/A3 图幅，具体格式可参考图 1-49。

2.5.2　设备和材料表

设备、材料表可单独成图，也可注写于平面图的标题栏上方。空调冷热源工程的设备材料表可参考图 1-50 和图 1-51，供热系统涉及的锅炉房、热力站可参考图 2-7~图 2-9。

2.5.3　设计施工说明

设计说明是工程设计的重要组成部分，包括对整个设计的总体描述（如设计条件、方案选择、安装和调试要求、执行的标准），以及对设计图样中没有表达或表达不清晰内容的补充说明等。冷热源机房设计施工说明包括：

（1）遵循的设计、施工验收规范；

（2）设计的冷热负荷；

（3）冷热源设备的型号、台数和控制运行要求；

（4）冷热源机组的安装和调试要求；

（5）泵的安装要求；

（6）管道的材料、连接形式、防腐、隔热要求；

（7）管道系统的泄水、排气、排污、支吊架等要求；

（8）管道系统的工作压力和试压要求。

2.5.4 管道系统图、原理图

系统图又称原理图，在供热标准中也称为流程图，是工程设计图纸中的重要图样。管道系统图或原理图用于表达系统的工艺流程，应显示设备与管道之间的相对关系以及过程的先后顺序。

原理图可根据工程规模和实际情况，绘制热力系统原理图、燃料供应系统原理图等。对于使用电制冷机、电动热泵、电锅炉，或者蒸汽、热水型溴化锂制冷机的冷热源项目，原理图一般只包括热力系统原理图；对于使用燃油燃气锅炉、直燃型制冷机的冷热源项目，除了热力学系统原理图外，还有燃油燃气系统原理图，这些可根据复杂程度单独绘制，也可在一张原理图上绘制。

绘制管道系统图或原理图的基本原则如下：

（1）绘制系统图或原理图无需按比例和投影规则绘制，但基本要素应与平面图、剖面图相对应。

（2）表示出与系统工艺流程有关的设备和构筑物，并标注设备编号或名称；应绘出管道和阀门等管路附件，标注管道代号和规格以及介质流向。

（3）管线采用粗实线单线绘制，设备采用中实线绘出，管道附件采用细实线绘制。管线不宜交叉，当有交叉时，应使主要管线连通、次要管线断开。重叠密集的管道可以通过断开画法来绘制，断开的地方用相同的小写拉丁字母表示，或者用细虚线连接。

（4）管道与设备的接口方位宜与实际情况相符。

（5）应绘出管路系统中的测控仪器仪表。

2.5.5 设备平面图、剖面图

冷热源机房的设备平面图、剖面图主要表达设备的布置和定位情况，是施工安装的重要依据。设备平面图应采用正投影法按比例绘制，绘制的基本原则如下：

（1）设备平面图应按照假想除去上层楼板后俯视规则绘制。

（2）设备是突出表达的对象，设备轮廓用粗实线绘制，一般只绘制设备的可见轮廓线；建筑是设备定位的参考系，用细实线绘制建筑轮廓线和门、窗、梁、柱、平台等建筑构配件，并注明定位轴线编号、房间名称等。

（3）设备平面图、剖面图中不绘制管线。

（4）平面图应标注出设备定位（中心、外轮廓等）线与建筑定位（轴线、墙边、柱边、柱中心）线之间的关系；通过定位尺寸标注，确定设备与建筑的位置关系。剖面图上标注设备中心线或某表面的标高。

（5）标注设备的名称或编号。

2.5.6 管道和设备布置的平面图、剖面图

管道和设备的平面布置图、剖面图主要表达管道的空间布置，即管道与设备、建筑的位置关系，应当采用正投影法直接绘制。绘制管道和设备布置平面图、剖面图的基本原则

如下：

（1）管道是重点表达的内容，可以采用单线（粗实线）或双线（中粗线）绘制。一般较粗的管道可以用双线，而细管道用单线。管道的遮挡、分支、重叠参考表 2-3 和表 2-9 绘制。

（2）标注管道的规格和代号，以及介质流向；标注管道的定位尺寸，一般标注管道中心线与建筑、设备或管道间的距离。

（3）剖面图上标注设备中心线或某表面的标高，以及水平管道（一般为管道中心线）的标高。

（4）阀门等管道附件宜用细实线绘制。

2.5.7　管道系统轴测图

为了将管路系统表达清楚，可绘制管道系统轴测图，既可以减少剖面图的绘制，还可以减小冷热源机房工程图识读的难度。轴测图一般采用正等轴测法或正面斜二测法绘制，管道系统轴测图的绘制原则如下：

（1）按比例绘制设备和管道。

（2）设备用中粗线绘制，应标注设备名称或代号，可见轮廓线用实线，被遮挡部分可用中粗虚线绘制。

（3）管线一般采用粗实线，单线绘制；应标注管道规格、代号，水平管道应标注标高、坡度和坡向。

（4）阀门应按照供热工程制图标准或暖通空调制图标准进行绘制，还应绘制管路系统中的测控仪器仪表。

（5）如果系统较为复杂，可以将一个系统断开为几个子系统分别绘制，断开处要标识相应的折断符号；也可将系统断开后平移，使前后管道不聚集在一起，断开处绘制折断线或用细虚线相连。

2.5.8　大样详图

冷热源机房的大样详图主要包括以下三类。

（1）加工详图：设计的设备需要单独定制时，需绘制加工图，如水箱、分/集水器等；

（2）基础图：如水泵、换热器等设备的基础；

（3）安装节点详图：如供热管网节点详图。

2.6　冷热源工程图案例

2.6.1　识读方法

2.6.1.1　系统原理

对于一个冷热源机房项目，原理图表达了系统的工艺流程，因此应首先阅读。原理图的阅读要点如下：

（1）结合设计说明和设备表了解项目概况，明确设备的名称和用途。在冷热源机房中，一般有冷水机组、锅炉、换热器、泵、水处理设备、水箱等。

（2）根据介质种类和系统编号对系统进行分类。一般地，将系统分为供冷系统、供热系统和热水供应系统，然后再对每个系统进行细分。例如，制冷系统可细分为冷冻水系统、冷却水系统、补水系统。

（3）以冷热源主机为中心，查看各系统的流程。例如，以制冷机组为中心，冷冻水系统流程一般为：用户回水→集水器→除污器→冷冻水循环泵→制冷机蒸发器→分水器→去用户；冷却水系统流程为：出冷却塔→冷却水泵→制冷机冷凝器→去冷却塔；补水系统流程一般为：原水箱（自来水）→水处理系统（软化和除氧）→补水箱→补水泵，然后接到需补水的系统。

（4）弄清楚系统中所有介质的流程后，明确各管段的尺寸，了解各个阀门的功能和运行操作。

2.6.1.2 设备和管道布置

设备和管道布置方法如下：

（1）设备布置。阅读设备的平面图和剖面图，主要是了解设备的定位布局。在查看图纸时，结合设备清单，了解每台设备的名称、分布位置、定形尺寸、定位尺寸和标高。

（2）管道布置。要清楚管道布置，一般需要查看管道平面图、剖面图和管道系统轴测图。如果有管道系统的轴测图，应首先阅读。阅读管路系统轴测图的方法与阅读原理图的方法类似。首先，将其划分为几个系统；然后，明确每个系统主要管道的走向，比如制冷系统中冷冻水的大致流程，并注意管道在空间上的布局和走向；最后，结合平面图和剖面图了解管道的具体尺寸和标高。

如果没有管道系统轴测图，阅读应以平面图为主，剖面图为辅，并结合原理图和设备表。根据管道的表达规则，特别是弯头转向和管道分支的表达方法，充分注意管道代号的作用，必要时根据管段的管径和标高，将平面图、剖面图上的各管段对应起来。待主要管道走向明确后，再根据管路表达规则仔细阅读设备的配管情况。

2.6.2 某空调冷热源机房施工图

本小节详细介绍某空调冷热源机房施工图。限于篇幅，图样目录和设计施工说明略去，图例见表 2-13。

表 2-13 某空调冷热源机房施工图图例

名称	图例	名称	图例
空调冷热水供水管	——LN1——	碟阀	⋈
空调冷热水回水管	——LN2——	流量计	▶
空调冷水供水管	——L1——	电动两通阀	Ⓜ
空调冷水回水管	——L2——	动态流量平衡阀	Ⓖ
凝结水管	——n——	动态平衡电动平衡阀	Ⓓ

名　称	图　例	名　称	图　例
压差传感器	⊣(ΔP)⊢	截止阀	⊣▷◁⊢
冷却水供水管	——LQ1——	止回阀	⊣↗⊢
冷却水回水管	——LQ2——	压力表	⊘
空调热水供水管	——N1——	温度计	⌐
空调热水回水管	——N2——	水流开关	⊣ K ⊢
手动调节阀	▷◁	温度传感器	Ⓣ

2.6.2.1　冷热源系统原理图

该空调冷热水系统的工作原理如图 2-12 所示，机房中主要设备的名称和规格型号直接标注在设备上。从图中可以看出，夏季由 2 台水冷冷水机组提供冷水（机组型号为19XR3132），冬季由市政热力管网经 2 台板式换热器提供热水。除了制冷机组和板式换热器，其他主要设备有：2 台冷却塔、3 台冷却水泵、电子水处理仪、分水器、集水器、3台空调热水循环泵、3 台冷冻水循环泵、软化水箱、钠离子交换器、2 台补水定压泵。

该冷热源系统包括冷冻水（简称冷水）系统、冷却水系统、热水系统和补水系统，通过四个阀门（A1、A2、B1、B2）的开关实现夏季和冬季冷热水管路的转换。各个水系统的工作原理如下：

（1）夏季阀门 A1、B1 开启、阀门 A2、B2 关闭，由冷冻水系统为空调用户提供冷水，其流程为：由空调用户回来的冷水汇集到集水器，从集水器出来的冷水（管路代号LN2）经过电动两通阀 A1（阀后管路代号 L2）后进入冷水机组，经机组蒸发器降温后的冷水（管路代号 L1）通过冷冻水循环泵（两用一备）送出，经过电动两通阀 B1（阀后管路代号 LN1）后进入分水器，通过分水器将冷水送到各空调用户。该冷冻水系统为一次泵变流量系统，在总供水管和回水管之间安装压差旁通阀（—▷◁M—），通过压差信号（—ΔP—）调节阀门改变流量。

（2）夏季通过冷却水系统将制冷机组冷凝器排出的热量带走，其流程为：从冷却塔出来的冷却水（管路代号 LQ1）经过电子水处理仪处理后，通过冷却水循环泵送入冷水机组，在机组冷凝器内换热后水温升高，冷却水（管路代号 LQ2）再回到冷却塔降温。

（3）冬季阀门 A2、B2 开启、阀门 A1、B1 关闭，由热水系统为空调用户提供热水采暖，其流程为：冬季从空调用户回来的热水汇集到集水器，从集水器出来的热水（管路代号 LN2）经过电动两通阀 A2（阀后管路代号 N2）后进入板式换热器，加热升温后的热水（管路代号 N1）通过空调热水循环泵送出，经过电动两通阀 B2（阀后管路代号 LN1）后进入分水器，最后由分水器将热水送到各空调用户。

（4）图中右下侧为补水系统，由冷冻水泵和热水泵的吸入口接入，对冷冻水系统和热水系统进行定压补水，其流程为：自来水经过钠离子交换器处理后，进入软化水箱，再通过补水定压泵对冷/热水系统进行补水，同时确保系统在一定的压力下稳定运行。

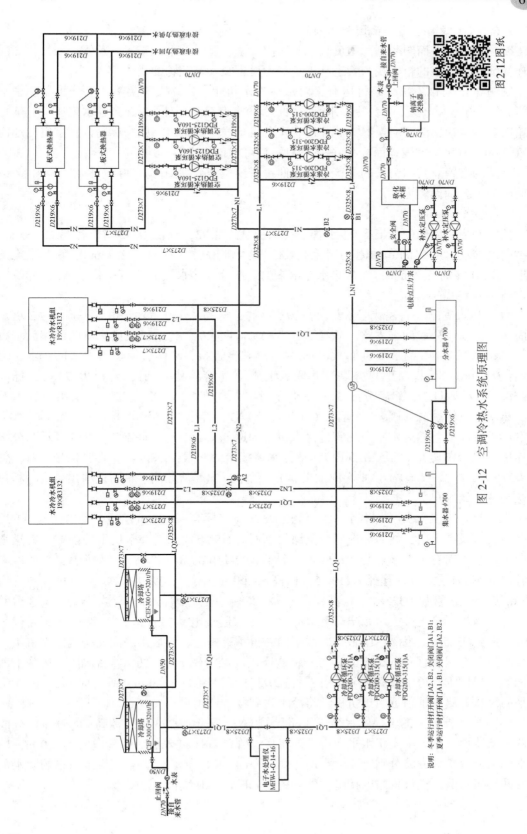

图 2-12 空调冷热水系统原理图

2.6.2.2　设备管道平面图和剖面图

冷热源机房平面图和剖面图反映了机房内设备、管道的平面布置以及管道与设备之间的连接情况，图中的粗实线为管道、细实线为设备及其基础轮廓线。

从图2-13可以看出，该机房有2台水冷冷水机组、2台板式换热器、分水器、集水器、3台冷却水循环泵、3台冷冻水循环泵、3台空调热水循环泵、2台补水定压泵、软化水箱以及全自动钠离子交换器，此外还有4台组合式空调机组。图中标高以首层室内地面为±0.000，有机房室内地面标高（−5.500 m）可知该机房位于地下。

管道的布置及其与设备的连接可以按照水系统类型分别阅读。在阅读图纸时，一般以平面图为主，剖面图为辅。

A　冷冻水系统

从空调用户回来的2根冷/热水管道（管路代号LN2，管径$D273×7$，标高−2.00 m）水平向左铺设，从北侧⑧轴附近引入机房，进入机房后垂直向下2.1 m与集水器连接（结合图2-14a的A-A剖面），从集水器出来的管道分成热水支路（管路代号N2）和冷冻水支路（管路代号L2）：

（1）热水支路（管路代号N2，管径$D273×7$，标高−2.00 m）经电动二通阀A2后水平向南铺设，再分成两个支路（管径$D219×6$）水平向左，到达板式换热器的前端后垂直向下（结合图2-14b的B-B剖面），再分别与换热器连接，从两台换热器出来的热水管道（管径$D219×6$）垂直向上再并联，并联后的管道（管路代号N1，管径$D273×7$，标高−2.50 m）水平向南，然后分成3个支路分别与3台热水循环泵连接，水泵出口管道并联，热水通过电动二通阀B2，管路（管路代号LN1，管径$D325×8$，标高−1.60 m）水平向右再垂直向上，然后水平向北跨过冷水机组到达分水器上空，垂直向下2.5 m后与分水器连接（结合图2-14a的A-A剖面），从分水器接出的2根供水管道（管路代号LN1，管径$D273×7$，标高−1.60 m）垂直向上2.5 m，后水平向北从北侧⑩轴附近引出机房，将热水送到各空调用户。

（2）冷冻水支路（管路代号L2，管径$D325×8$，标高−2.00 m）经电动二通阀A1后水平向右铺设再向南，然后分成两个支路（管径$D219×6$）到达冷水机组的前端，管道垂直向下再水平向右1.1 m后与机组连接（结合图2-14b的B-B剖面），从机组出来的冷冻水管道（管路代号L1，管径$D219×6$，标高−3.00 m）水平向左后并联，并联后的管道（管路代号L1，管径$D325×8$，标高−3.00 m）水平向南，然后分成3个支路分别与3台并联的冷冻水循环泵连接，水泵出口管道并联，冷水通过电动二通阀B1，管路（管路代号LN1，管径$D325×8$，标高−1.60 m）水平向右再垂直向上，然后水平向北跨过冷水机组到达分水器上空，垂直向下2.5 m后与分水器连接（结合图2-14a的A-A剖面），从分水器接出的2根供水管道（管路代号LN1，管径$D273×7$，标高−1.60 m）垂直向上2.5 m，后水平向北从北侧⑩轴附近引出机房，将冷水送到各空调用户。

（3）分水器出来的1根供水管（管路代号LN1，管径$D273×7$，标高−1.60 m）分成了两个支路，其中1个支路水平向南进入机房，管路LN1进入机房后垂直向上1.0 m，后水平向南分成4个支路分别给4台空调机组（Kd-1~Kd-4）供水，空调机组出来的回水汇合后回到集水器。空调机组的接管位置如图2-14d的D-D剖面。

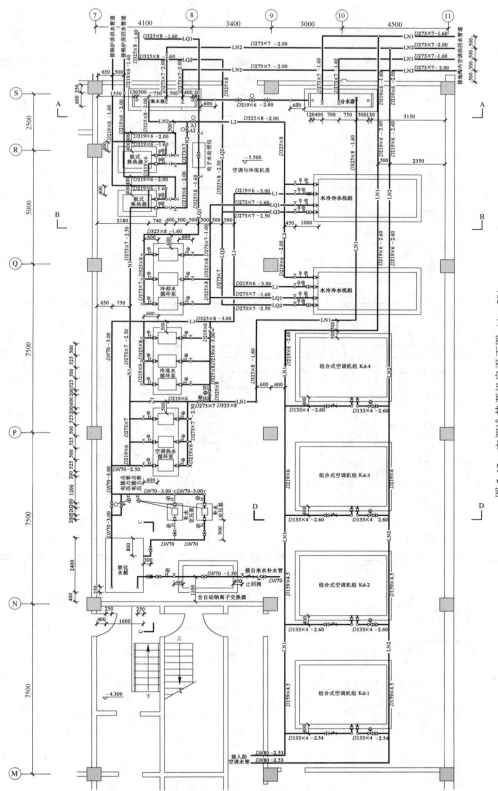

图 2-13 空调冷热源机房平面图（1∶50）

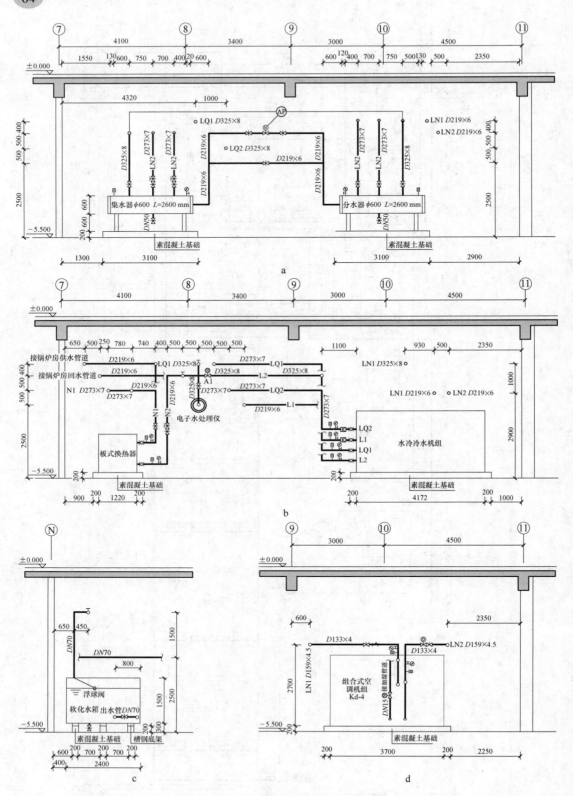

图 2-14　空调冷热源机房剖面图

a—A-A 剖面图（1∶50）；b—B-B 剖面图（1∶50）；c—C-C 剖面图（1∶50）；d—D-D 剖面图（1∶50）

B　冷却水系统

从冷却塔出来的冷却水从机房北侧⑧轴附近引入机房（管路代号LQ1，管径$D325×8$，标高-1.60 m），进入机房后水平向南，在进入电子水处理仪之前，管道垂直向下1.4 m后与水处理仪连接（结合图2-14b），从水处理仪出来的冷却水管道垂直向上1.4 m后，继续水平向南铺设，然后分成3个支路分别与3台冷却水循环泵连接，水泵出口管道汇合后再分成两个支路（管路代号LQ1，管径$D273×7$，标高-1.60 m），管道水平向右分别到达2台冷水机组的前端，然后垂直向下再水平向右1.1 m后与机组连接（结合图2-14b）。从机组出来的冷却水管道（管路代号LQ2，管径$D273×7$，标高-2.50 m）水平向左后汇合，汇合后的管道（管路代号LQ2，管径$D325×8$，标高-2.50 m）水平向北穿出机房，与室外的冷却塔连接。

C　补水系统

自来水从Ⓝ轴和⑨轴相交处引入，管道（管径$DN70$）水平向左与全自动钠离子交换器连接，交换器出口管道（管径$DN70$，标高-1.50 m）水平向左再垂直向下2.2 m进入软化水箱（结合图2-14c），水箱右侧下部接出水管（管径$DN70$），分成2个支路分别与2台补水定压泵连接，水泵出水管并联后的管道（管径$DN70$，标高-3.0 m）与水箱顶部出水管（管径$DN70$，标高-3.0 m）汇合后，接入冷热水系统，进行补水定压。

此外，板式换热器的高温侧与锅炉房相连接，来自锅炉房的供回水管在机房北侧⑦轴附近引入。

2.6.3　某地源热泵机房施工图

本小节详细介绍某地源热泵机房施工图，限于篇幅，图样目录和设计施工说明略去，管道代号和主要设备见表2-14和表2-15。

表2-14　地源热泵机房施工图管道代号

管道名称	代　号	管道名称	代　号
蒸发器供水管（出蒸发）	Z1	蒸发器回水管（蒸发进）	Z2
冷凝器供水管（出冷凝）	N1	冷凝器回水管（冷凝进）	N2
冷/热水供水管（一级）	H1	冷/热水回水管（一级）	H2
冷/热水供水管（二级）	LR1	冷/热水回水管（二级）	LR2
埋地热交换器供水管（出）	D1	埋地热交换器回水管（进）	D2
补水管	B		

表2-15　地源热泵机房主要设备表

编号	设备名称	单位	数量	编号	名称	单位	数量
①	热泵机组	台	3	⑧	集水器	台	1
②	热泵机组	台	1	⑨	分水器	台	1
③	板式换热器	台	3	⑩	补水泵	台	4
④	板式换热器	台	1	⑪	定压罐	个	2
⑤	地埋管循环泵	台	4	⑫	软化水箱	个	1
⑥	一级泵	台	4	⑬	全自动软水器	台	1
⑦	二级泵	台	4				

2.6.3.1 地源热泵系统原理图

该地源热泵系统的工作原理如图 2-15 所示，图中虚线右侧部分为机房内设备管道工作原理，虚线左侧部分为埋地热交换器工作原理。机房内的主要冷热源设备是热泵机组（设备编号①②）和板式换热器（设备编号③④）。该地源热泵系统包括：冷/热水系统、地埋管水系统和定压补水系统。夏季运行时，阀门 V1、V3、V5、V7 开启，阀门 V2、V4、V6、V8 关闭；冬季运行时，阀门 V2、V4、V6、V8 开启，阀门 V1、V3、V5、V7 关闭。下面介绍水系统工作原理。

A 冷/热水系统

冷/热水系统向用户提供冷水或热水以空调或采暖。由图 2-15 可知，该冷/热水系统为二次泵系统，板式换热器左侧为一次水系统（供水管代号 H1，粗实线表达；回水管代号 H2，粗点画线表达），右侧为二次水系统（供水管代号 LR1，粗实线表达；回水管代号 LR2，粗虚线表达）。

（1）夏季一次水流程为：从蒸发器出来的低温冷水（管路代号 Z1，管径 $DN150$ 或 $DN200$）通过阀门 V7 后汇入管路 H1（管径 $DN800$），经一次泵（设备编号⑥）提升压力后分成 4 个支路进入板式换热器（管路代号 H1，管径 $DN150$ 或 $DN200$），与二次水换热后的一次水回水从板式换热器出来后汇入管路 H2（管径 $DN800$），再分成 4 个支路通过阀门 V1、V3、V5、V7 后回到蒸发器（管路代号 Z2，管径 $DN150$ 或 $DN200$）。

（2）冬季一次水流程为：从冷凝器出来的高温热水（管路代号 N1，管径 $DN150$ 或 $DN200$）通过阀门 V6 后汇入管路 H1（管径 $DN800$），经一次泵（设备编号⑥）提升压力后分成 4 个支路进入板式换热器（管路代号 H1，管径 $DN150$ 或 $DN200$），与二次水换热后的一次水回水从板式换热器出来后汇入管路 H2（管径 $DN800$），再分成 4 个支路通过阀门 V2、V4、V6、V8 后回到冷凝器（管路代号 N2，管径 $DN150$ 或 $DN200$）。

（3）二次水流程为：用户侧水系统有 5 个环路，用户回水（管路代号 LR2，管径 $DN300$、$DN250$ 或 $DN200$）汇入集水器，从集水器出来的二次侧回水（管路代号 LR2，管径 $DN800$）经二级泵（设备编号⑦）提升压力后分成 4 个支路（管径 $DN150$ 或 $DN200$）进入板式换热器，与一次水换热后的二次水供水从板式换热器出来后汇入管路 LR1（管径 $DN800$），二次侧供水进入集水器后分成 5 个支路（管路代号 LR1，管径 $DN300$、$DN250$ 或 $DN200$）给空调用户供水。二次侧总供水管和总回水管之间安装压差旁通阀，通过压差信号调节阀门改变用户侧供水流量。

B 地埋管水系统

地埋管水系统的供水管代号 D1，细实线表达；回水管代号 D2，细虚线表达。

（1）夏季，冷凝器通过地埋管水系统将热量排放到土壤中，其工作流程为：埋地热交换器供水（管路代号 D1，管径 $DN300$）经由水泵（设备编号⑤）提升压力，通过阀门 V1 后进入冷凝器（管路代号 N2，管径 $DN150$ 或 $DN200$），将冷凝器排放的热量带走后，回水（管路代号 N1，管径 $DN150$ 或 $DN200$）通过阀门 V5 回到埋地热交换器（管路代号 D2，管径 $DN300$）。

（2）冬季，蒸发器通过地埋管水系统从土壤中取热，其工作流程为：埋地热交换器供水（管路代号 D1，管径 $DN300$）经由水泵（设备编号⑤）提升压力，通过阀门 V4 后进入蒸发器（管路代号 Z2，管径 $DN150$ 或 $DN200$），在蒸发器排出热量后，回水（管路

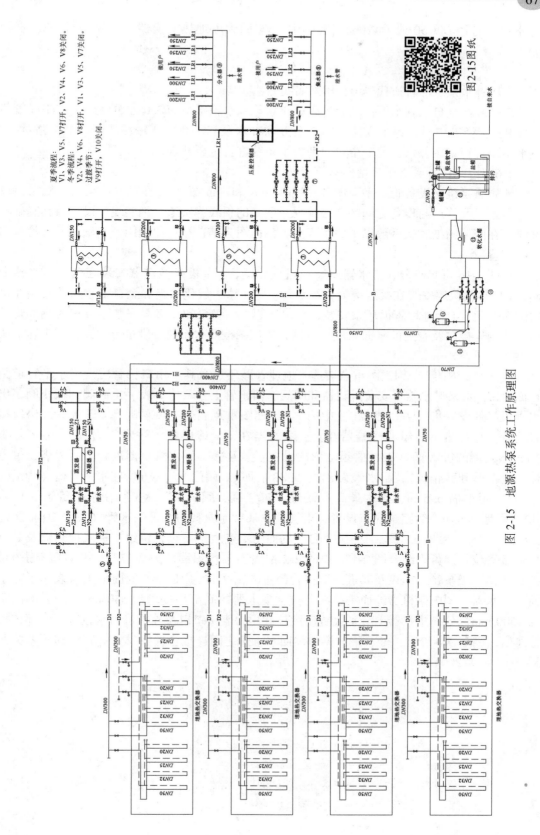

图 2-15 地源热泵系统工作原理图

代号 Z1, 管径 $DN150$ 或 $DN200$) 通过阀门 V8 回到埋地热交换器 (管路代号 D2, 管径 $DN300$)。

C　定压补水系统

定压补水系统的管道代号 B, 用细实线表达。

自来水经全自动软水器处理后进入软化水箱, 水箱出来的软化水分成 2 个支路 (管路代号 B, 管径 $DN70$), 每个支路包括 2 台并联补水泵和 1 个定压罐; 其中一个支路对冷/热水系统进行定压补水, 另一个对地埋管水系统进行定压补水。

2.6.3.2　设备管道平面图和剖面图

地源热泵机房设备管道平面图 (见图 2-16) 和剖面图 (见图 2-17) 反映了机房内设备的布置以及管道与设备之间的连接情况, 图中的粗线为管道、细实线为设备及其基础轮廓线。在阅读图纸时, 一般以平面图为主, 剖面图为辅, 结合原理图, 明确设备和管道的空间布置。

由图 2-16 可知, 分、集水器安装在机房北墙, 4 台板式换热器安装在分、集水器南侧, 4 台热泵机组安装在机房南侧, 补水泵、定压罐、软化水箱和全自动软水器安装在机房的东北角; 4 台地埋管循环泵安装在泵房南侧, 一级泵和二级泵安装在泵房西侧。管道与设备的连接以及管道的平面布置可以结合原理图按照水系统分别进行识读, 限于篇幅这里不再详述。

图 2-17a 中的 1-1 剖面图重点表达了地埋管循环泵及其进出口接管位置。水平管道距地面 4 m, 水泵进水管上安装过滤器和闸阀, 出水管上安装压力表、止回阀和截止阀, 出水管最高处设置集气罐。图 2-17b 中的 2-2 剖面图重点表达了热泵机组端部及其进出口接管位置。每台热泵机组的冷凝器在上、蒸发器在下, 冷凝器的进水管为 N2、出水管为 N1, 蒸发器的进水管为 Z2 (管道上依次设置了软连接、泄水管、温度计、压力表、过滤器、调节阀和截止阀)、出水管为 Z1 (在 Z2 后面)。阀门 V5、V6 所在水平管道 (管道代号 H1) 距地面 5.5 m, 管路最高点设置了集气罐; 阀门 V2、V3 所在水平管道 (代号 H2) 距地面 6 m, 管路最高点设置了集气罐; 来自地埋管的水平供水管 (代号 D1) 距地面 4 m、3.5 m 和 3 m。图 2-17c 中的 3-3 剖面图重点表达了热泵机组、板式换热器及其进出口接管位置, 可以结合图 2-17b 中的 2-2 剖面图进行识读。图 2-17d 中的 4-4 剖面图重点表达了一级泵、二级泵及其进出口接管位置。图 2-17e 中的 5-5 剖面图重点表达了分水器和集水器, 图中以机房地面为基准, 分、集水器的底部高度均为 550 mm, 两者的间距为 1500 mm; 分、集水器上分别设置温度计和压力表接口以及 6 根进出水接管, 底部连接泄水管 (管径 $DN125$); 分、集水器的供回水干管之间连接旁通管 ($DN150$) 和压差控制器 (管径 $DN200$)。

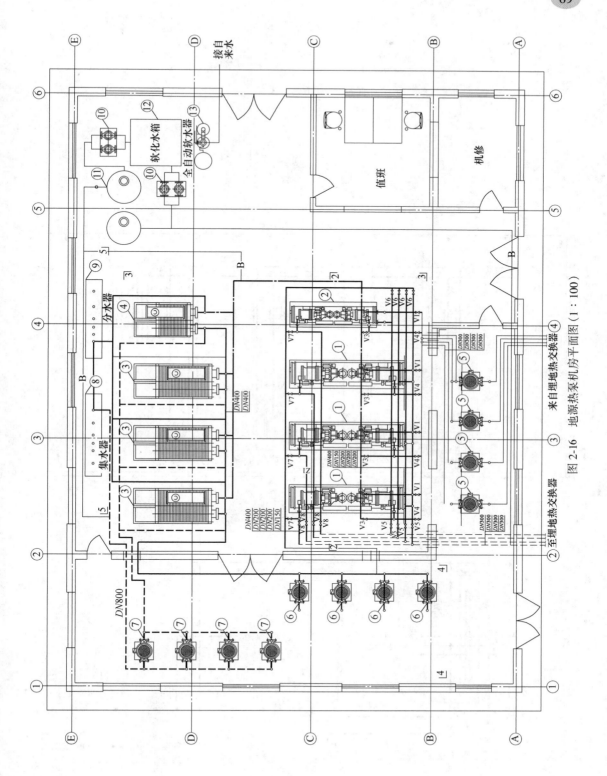

图 2-16　地源热泵机房平面图（1∶100）

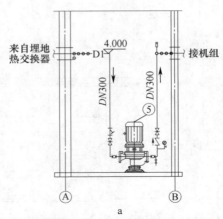

a

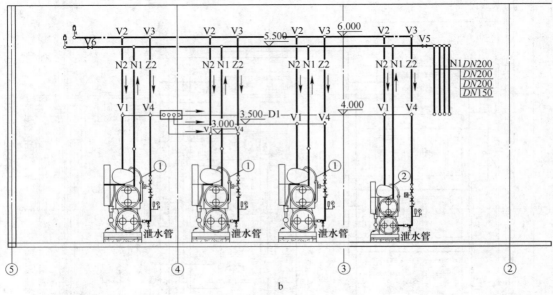

b

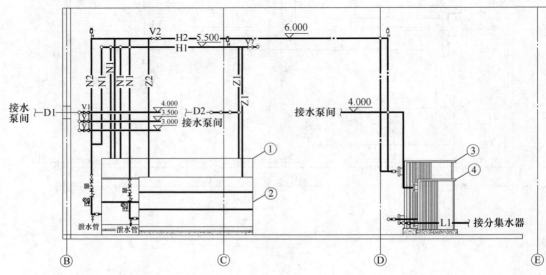

c

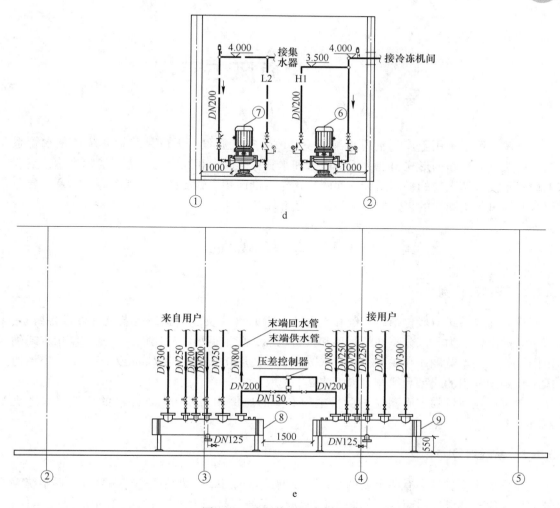

图 2-17　地源热泵机房剖面图

a—1-1 剖面图（1∶50）；b—2-2 剖面图（1∶50）；c—3-3 剖面图（1∶50）；

d—4-4 剖面图（1∶50）；e—5-5 剖面图（1∶50）

3 空调通风工程图

空调通风系统用于控制室内热湿环境和改善空气质量，无论是风管系统还是水管系统，一般都以环路的形式出现，这些风管和水管在空间上相互交错。为了清楚表达，空调工程图不仅包括大量的平面图和立面图，还包括剖面图、轴测图、原理图等，本章主要介绍空调通风工程图样的表达内容、绘制方法和阅读方法。

3.1 基 本 规 定

3.1.1 图线和比例

空调通风系统一般包括风系统和水系统，有时也涉及冷热源，特点是各种设备繁多、管道纵横交错。为了区分不同的管道和设备轮廓，应根据图纸的比例、类别和使用方式确定图纸线的基本宽度 b 和线宽组，基本宽度 b 宜选用 0.5 mm、0.7 mm 或 1.0 mm。空调通风工程制图常用的线型和线宽可参考表 2-1 选取。

空调通风项目的平面图应与项目主导专业的比例相一致，其他图样的比例可参考表 2-2 选用。

3.1.2 系统编号

当一个工程设计中有两个或两个以上不同的系统时，应对系统进行编号。空调系统编号由系统代号和顺序号组成，如图 3-1a 所示。系统代号用大写拉丁字母表示（见表 3-1），顺序号用阿拉伯数字表示。系统编号宜标注在系统总管处。当一个系统出现分支时，可采用图 3-1b 的画法。

表 3-1 系统代号

代号	系统名称	代号	系统名称
K	空调系统	J	净化系统
C	除尘系统	S	送风系统
X	新风系统	H	回风系统
P	排风系统	XP	新风换气系统
JY	加压送风系统	PY	排烟系统
P（PY）	排风兼排烟系统	RS	人防送风系统
RP	人防排风系统	L	制冷系统
R	热力系统	N	室内供暖系统

竖向布置的垂直管道系统，应标注立管编号，如图 3-2 所示。在不致引起误解时，可

只标注序号，但应与建筑轴线编号有明显区别。

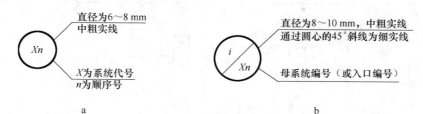

图 3-1 系统编号
a—空调系统编号（无分支）；b—空调系统编号（有分支）

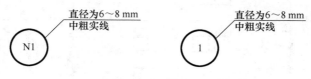

图 3-2 立管编号

3.2 管 道 表 达

空调通风工程中水、汽管道的表达可参考第 2 章，本节重点介绍风管的表达。

3.2.1 风管画法

根据工程图性质及其用途，风管可采用单线或双线表示，如图 3-3 所示。双线风管的画法见表 3-2。

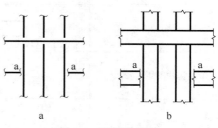

图 3-3 风管的画法
a—单线风管；b—双线风管

表 3-2 双线风管

名称	图 例	说 明
矩形风管	***×***	宽×高（mm×mm）
圆形风管	ϕ***	直径（ϕ，mm）
软风管		
送风管转向		

名　称	图　例	说　明
回风管转向		
风管向上		左边为双线图，右边为单线图
风管向下		左边为双线图，右边为单线图
风管上升摇手弯		
风管下降摇手弯		
天圆地方		左接矩形风管，右接圆形风管
带导流片的矩形弯头		
圆弧形弯头		

3.2.2 风管标注

圆形风管的截面定型尺寸以直径"ϕ"表示，直径单位为 mm。

矩形风管（风道）的截面定形尺寸以"$A×B$"表示。其中"A"为该视图投影面的长边尺寸，即风管截面长度尺寸；"B"为另一边长尺寸，即风管截面高度尺寸。A、B 单位均为 mm。

风管尺寸应就近标注在风管附近，一般水平风管应标注在风管上方，竖向风管宜在左侧，双线风管的规格可标注在管道轮廓线内，如图 3-4 所示。

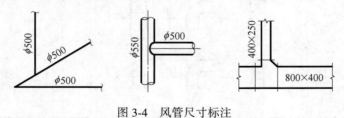

图 3-4　风管尺寸标注

一般圆形风管上注明标高时，表示管中心标高；矩形风管未指定时，表示管底标高。

单线风管标高的尖端可以直接指向被标注风管线。轴测图中单线风管的标高，也可以使用标高尖端指向单线风管的延长引出线，如图 3-5a 所示。

在平面图中需要标注风管标高时，可以在风管截面尺寸后的括号中标注标高，例如 $\phi500$ （+4.00）、800×400 （+4.00） （见图 3-5b）。在没有特别说明的情况下，标高基准通常用建筑物底层表示。当标准层数较多时，只能标出以该层楼（地面）为基准的相对标高，例如，B+2.00 表示楼层（地面）标高为 2.00 m。当各组建筑底层标高和室外地坪标高不同时，FL 为建筑底层标高，GL 为室外地坪标高。

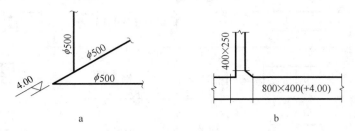

图 3-5　风管标高标注

a—轴测图；b—平面图

风口、散流器型号、数量、风量的标注方法如图 3-6 所示。

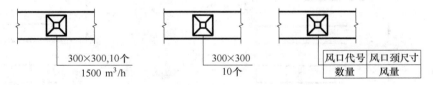

图 3-6　风口、散流器标注

空调通风工程图可根据需要对不同类型的风管进行编号，常用的风管代号见表 3-3。

表 3-3　风管代号

代号	管道名称	代号	管道名称
SF	送风管	HF	回风管
PF	排风管	XF	新风管
PY	消防排烟风管	ZY	加压送风管
P（Y）	排风排烟兼用风管	XB	消防补风风管
S（B）	送风兼消防补风风管		

3.3　常 用 图 例

空调工程中管路附件和设备繁多，水、汽管道阀门、附件、设备及调节控制装置图例可参考冷热源机房。风系统阀门及附件的图例见表 3-4，风口及附件代号见表 3-5，常用通风空调设备图例见表 3-6。

表 3-4　风管阀门和附件

名　称	图　例	名　称	图　例
消声器	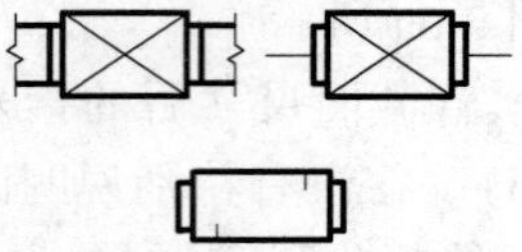	消声弯头	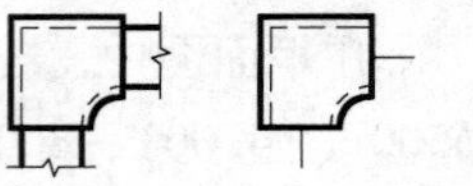
消声静压箱		风管软接头	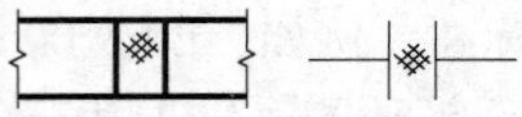
蝶阀	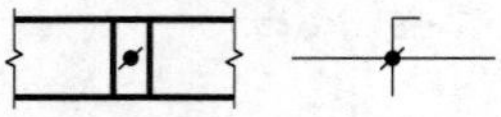	对开多叶调节风阀	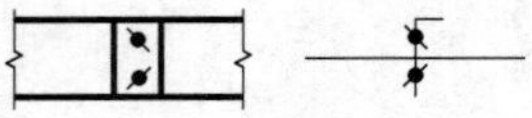
插板阀	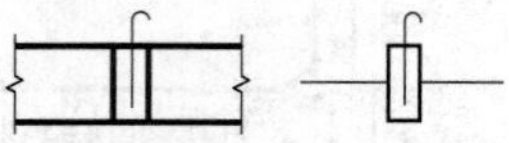	止回风阀	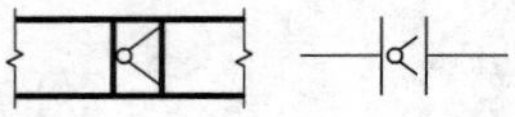
余压阀	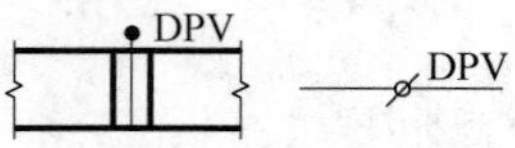 DPV　　DPV	三通调节阀	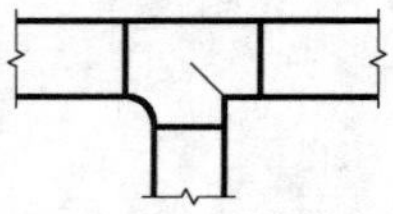
防烟、防火阀	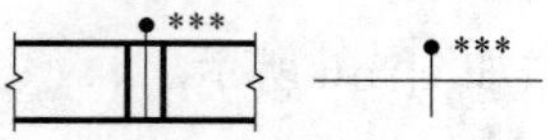 ***	方形风口	
条缝形风口		矩形风口	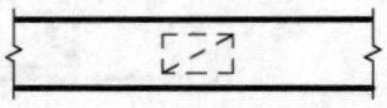
圆形风口	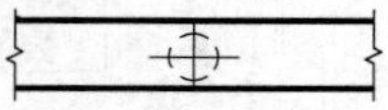	侧面风口	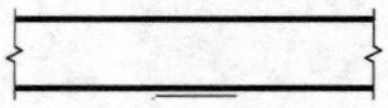
防雨百叶		检修门	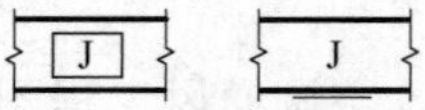 J　　J
气流方向		远程手控盒	B
防雨罩	 ↑		

表 3-5　风口和附件代号

代号	风口、附件名称	代号	风口、附件名称
AV	单层格栅风口，叶片垂直	H	百叶回风口
BV	双层格栅风口，前组叶片垂直	J	喷口
C*	矩形散流器，*为出风面数量	K	蛋格形风口
DS	圆形凸面散流器	L	花板回风口
DX*	圆形斜片散流器，*为出风面数量	N	防结露风口
E*	条缝形风口，*为条缝数	W	防雨百叶
FH	门铰形细叶回风口	D	带风阀

续表 3-5

代号	风口、附件名称	代号	风口、附件名称
AH	单层格栅风口，叶片水平	HH	门铰形百叶回风口
BH	双层格栅风口，前组叶片水平	SD	旋流风口
DF	圆形平面散流器	KH	门铰形蛋格式回风口
DP	圆盘形散流器	CB	自垂百叶
DH	圆环形散流器	T	低温送风口
F*	细叶形斜出风散流器，*为出风面数量	B	带风口风箱
G	扁叶形直出风散流器	F	带过滤网

表 3-6　通风空调设备

名　称	图　例	名　称	图　例
轴流风机	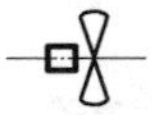	轴（混）流式管道风机	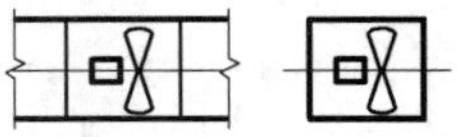
离心式管道风机	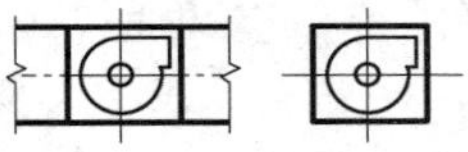	吊顶式排气扇	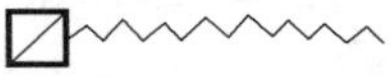
变风量末端	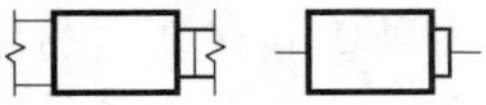	空调机组加热、冷却盘管	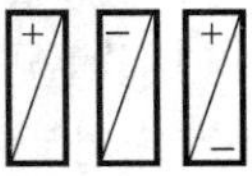
空气过滤器	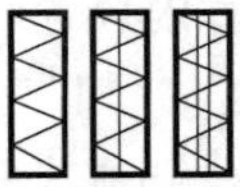	挡水板	
加湿器	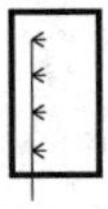	电加热器	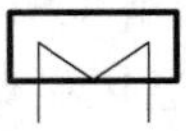
立式暗装风机盘管		立式明装风机盘管	
卧式暗装风机盘管	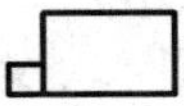	卧式明装风机盘管	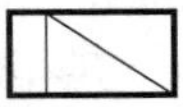
分体空调器	 室内机　　室外机	窗式空调器	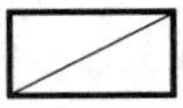
减振器	平面图　　剖面图	射流诱导风机	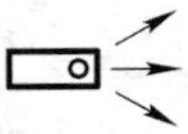

3.4　图　样　绘　制

　　空调通风系统的风管和水管系统在空间上纵横交错。为了表达清楚，空调通风工程图样一般包括图样目录、设计与施工说明、设备与主要材料、空调系统原理图、空调系统风管水管平面图、风管水管剖面图、风管水管轴测图、冷热源机房热力系统原理图、冷热源机房平面与剖面图、冷热源机房水系统轴测图和详图，每个项目的图纸可以增加或减少，但应按上述顺序排列。当设计简单、图纸内容较少时，可以将上面的一些图样进行合并绘制。

3.4.1　图样目录

　　为了便于图样管理和了解整个项目的概况，空调通风项目的图纸与其他项目的图样相同，必须提供所有图纸的清单。各个图样均应以相应的序号和图号进行区分，以便查阅，并应包括项目的阶段、专业、工程名称、项目名称、设计单位、设计日期等。图样目录的具体格式可参见图1-49。

3.4.2　设计施工说明

　　设计施工说明通常是在整个设计图纸的第二页，一些简单工程的设计说明可以与平面图等合并在一起。

　　（1）设计说明。设计说明是为了帮助工程技术人员了解项目的设计依据、引用的规范与标准、设计目的、设计主要数据与技术指标等内容，空调通风工程设计说明一般包括以下内容。

　　1）设计依据：设计引用的标准规范、设计任务书等；

　　2）工程概况：需要设计的空调通风工程范围概述（含建筑与房间）；

　　3）室内外计算参数：说明空调通风工程所在地点的气象条件以及空调通风工程需要实现的室内环境参数（如室内温湿度及控制精度、室内风速、新风量、换气次数、含尘浓度、洁净度等级、噪声级别等）；

　　4）空调设计说明：包括建筑总负荷及冷热源、冷热水系统、空调系统类型、系统划分、气流组织形式及空气处理机组等；

　　5）通风设计说明：包括送风系统、排风系统的类型及系统划分；

　　6）防火及防排烟设计说明；

　　7）空调自动控制设计说明。

　　（2）施工说明。施工说明是施工过程中应注意且用施工图表达不清楚的内容，施工说明各条款是工程施工过程中必须执行的措施依据，具有一定的法律效力。空调通风工程施工说明一般包括：

　　1）必须遵守的施工验收规范；

　　2）风管的材质、规格和风管、弯头、三通等制作要求；

　　3）风管的连接形式、支吊架以及管道附件的安装要求；

　　4）管道及设备除锈的要求和做法；

　　5）管道及设备保温的要求和做法；

　　6）机房各设备安装注意事项以及设备减振做法等；

　　7）系统试压、漏风量测定、系统调试、试运行等；

　　8）对于安装在室外的设备，说明其防雨、防冻保温等措施和具体做法。

3.4.3 主要设备材料表

主要设备和材料表是本项目所有系统的设备和主要材料的总结。这是业主在工程中投资的主要依据，也是设计单位贯彻设计理念的重要保障，还是施工方订货和采购的重要依据。设备和主要材料表中的设备应当包含整个空调通风项目所需的设备，除了风系统中的空调机组、风机盘管等设备之外，还应包括冷热源设备、换热器，以及水系统所需的水泵、水过滤器、自控设备等。风管与水管一般不在材料表中，具体的规格和数量应按后续图纸和施工说明由施工方决定。主要设备材料表的具体格式可参考图1-50和图1-51。

3.4.4 原理图

原理图也被称为流程图，它应能充分地体现该系统的工作原理以及工作介质的流程，并能很好地表达设计者的设计理念和设计方案。原理图不是按照投影规则画的，也不是按照比例画的。在原理图上，风管和水管一般按粗实线单线画出，而设备的轮廓则采用中粗线。该原理图是按照系统流程的说明要求，可以不受对象的实际空间位置限制，进行规划平面布置，从而简化图形的线型，明确系统的工作流程。空调通风工程原理图按照其所表现的内容可分为：空调风系统原理图、空调水系统原理图、空调机组原理图、冷热源流程图等。

3.4.4.1 风系统原理图

图3-7为某综合办公楼空调通风系统的原理图，采用分层组织构图的方法，使风系统的划分和输配过程非常清晰。图中，风管用粗实线表达，楼地面线、管道阀门、附件、空调通风设备以及竖向管井用细实线表达，并且标注设备编号、风管尺寸以及房间名称。楼地面线间距根据实际层高按比例绘制，并标注每层楼地面标高、屋顶标高以及屋顶进、排风口标高。

（1）该建筑采用了风机盘管加新风系统，原理图重点表达了新风机组、新风管和新风口，从左至右新风系统依次如下：

1）左侧一~五层办公室的新风系统。每层办公室安装一台新风机组（编号 X-0101 ~ X-0501），机组通过管井内设置的新风管（尺寸 1000 mm×800 mm）从屋顶（标高 16.400 m）获得新风，经机组处理后通过新风管（尺寸 800 mm×200 mm，并装有消声器）和一个送风口送至办公室。

2）中间一~四层餐厅的新风系统。每层餐厅安装一台新风机组（编号 X-0103 ~ X-0403），机组直接从该楼层室外获得新风，经机组处理后通过新风管（尺寸 630 mm×250 mm，并装有消声器）和 2 个送风口送至餐厅。

3）右侧一~七层办公室的新风系统。每层办公室安装一台新风机组（编号 X-0102 ~ X-0702），机组直接从该楼层室外获得新风，经机组处理后通过新风管（尺寸 500 mm×200 mm，并装有消声器）和一个送风口送至办公区。

（2）通风系统包括卫生间排风、餐厅排风、地下楼层的排风和送风，从左至右通风系统依次如下：

1）左侧一~五层卫生间排风系统。每层男女厕所设有 2 个排风口和水平排风管（尺寸 200 mm×200 mm），垂直排风管（尺寸 500 mm×400 mm）设置在管井内，五楼屋顶设

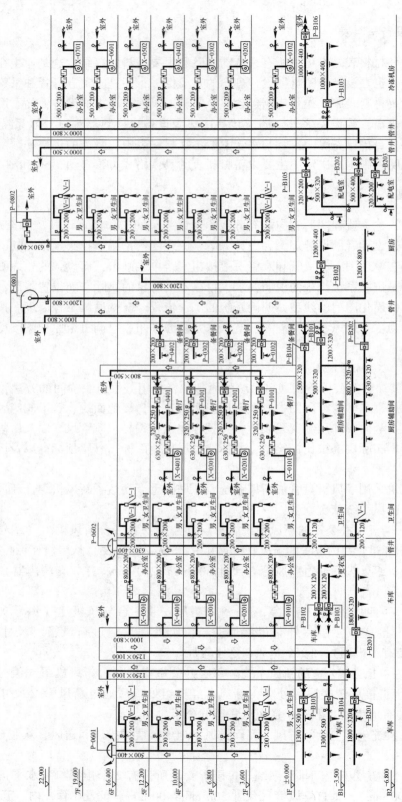

图3-7　某综合办公楼空调通风系统原理图

置排风机（编号 P-0601）。

2）地下车库排风系统。每层车库设置 3 个排风口和 1 台轴流排风机（编号 P-B101 和 P-B201），风机出口风管上安装止回阀，再与管井内垂直风管（尺寸 1250 mm×1000 mm）相接，将车库污浊空气从五层屋顶排出。火灾发生时，这两个排风系统也兼做排烟系统，风机兼做排烟风机（编号为 PY-B101 和 PY-B201）。

3）地下车库送风系统。地下一层设置 3 个送风口和 1 台轴流送风机（编号 J-B104），地下二层设置 4 个送风口和 1 台轴流送风机（编号 J-B201），通过管井内的风管（尺寸 1250 mm×1000 mm）将五层屋顶的室外新鲜空气引入地下车库。

4）地下一层更衣室设置了 2 个排风口和 2 台排风机（编号 P-B102 和 P-B103），将更衣室的空气就近排到室外。

5）地下二~五层卫生间排风系统。地下室卫生间分别设置 1 个排风口，一~五层男、女卫生间分别设置 2 个排风口，垂直排风管（尺寸 630 mm×400 mm）设置在管井内，通过五层屋顶排风机（编号 P-0602）把厕所空气排出。

6）一~四层餐厅通风系统。每层餐厅设有 2 个排风口和 1 台轴流排风机（编号 P-0101~P-401），风机进风管安装消声器，出风管和止回阀安装在出口风道上。垂直排风管（尺寸 630 mm×400 mm）设置在管井内，将餐厅空气从五层屋顶排出。

7）厨房辅助间和备餐间排风系统。每层备餐间设置 1 个排风口和 1 台轴流排风机（编号 P-0102~P-0402），地下一层辅助间设置 4 个排风口和 1 台轴流排风机（编号 P-B104），地下二层辅助间设置 5 个排风口和 1 台轴流排风机（编号 P-B202），各风机出口均安装止回阀，风机出口风管与管井内垂直风管（尺寸 1000 mm×800 mm）相连，从七层屋顶将室内空气排出。

8）地下厨房设置 2 个排风口，室内空气通过管井内风管（尺寸 1200 mm×800 mm），由七层屋顶设置的离心排风机（编号 P-0801）排出。

9）厨房及其辅助间送风系统。每层辅助间设置 4 个送风口和 1 台送风机（编号 J-B101）送风，地下厨房设置 2 个送风口和 1 台送风机（编号 J-B102），通过管井内的垂直风管（尺寸 1200 mm×800 mm）将五层室外空气引入送风机。

10）右侧一~七层卫生间排风系统。每层男厕、女厕各设置 1 个排风口，水平排风管（尺寸 200 mm×200 mm）与管井内设置的垂直排风管（尺寸 630 mm×400 mm）相接，通过屋顶的轴流排风机（编号 P-0802）将卫生间内空气排出，排风机入口风管上安装消声器。

11）地下配电室排风系统。每层配电室各设置 3 个排风口和 1 台轴流排风机（编号 P-B105 和 P-B203），风机出口均安装止回阀，再与管井内的垂直风管（尺寸 1000 mm×500 mm）相连，从七层屋顶将室内空气排出。

12）地下冷冻机房排风系统。设置 3 个排风口和 1 台轴流排风机（编号 P-B106），风机出口安装止回阀，就近将机房内空气排至一层室外。

13）地下配电室和冷冻机房送风系统。地下配电室设置 4 个送风口和 1 台送风机（编号 J-B202），冷冻机房设置 3 个送风口和 1 台送风机（编号 J-B103），通过管井内的垂直风管（尺寸 1000 mm×800 mm）将七层室外空气引入风机。

3.4.4.2 水系统原理图

图 3-8 和图 3-9 为图 3-7 对应的空调水系统原理图，仍然采用分层组织构图的方法，以清晰地描述水系统的划分和输配流程。

图 3-8 重点表达位于地下的空调系统冷热源，图中水管路用粗实线或粗虚线表达，楼地面线、管道阀门、附件、空调设备等用细实线表达，并且标注了设备编号和水管尺寸。楼地面线间距根据实际层高按比例绘制，并标注地下二层、地下一层和首层地面（±0.000）的标高。该冷热源系统包括冷冻水/热水系统、冷却水系统以及补水系统。夏季空调用冷水由制冷机组提供，冬天空调用热水由热交换站供应。

（1）冷冻水流程：来自空调用户的回水立管（立管编号 HL-1~HL-5）汇集到集水器上，从集水器出来的冷水回水总管（管道代号 L，管径 $DN250$，粗虚线）分成 3 个并联管路分别进入 3 台冷冻水循环泵（设备编号 B-1~B-3），水泵出水管并联后再分成 2 个支路（管道代号 L，管径 $DN200$，粗虚线）分别进入 2 台冷水机组（设备编号 L-1 和 L-2），经机组降温后的冷冻水通过供水总管（管道代号 L，管径 $DN250$，粗实线）进入分水器，分水器引出 5 根管路与空调用户的供水立管（立管编号 GL-1~GL-5）相连接，将冷水输配到室内空调末端。

（2）热水流程：来自空调用户的回水立管（立管编号 HL-1~HL-5）汇集到集水器上，从集水器出来的热水回水总管（管道代号 R，管径 $DN200$，粗虚线）与热交换站连接，经热交换站升温后的热水供水总管（管道代号 R，管径 $DN200$，粗实线）进入分水器，分水器引出 5 根管路与空调用户的供水立管（立管编号 GL-1~GL-5）相连接，将热水输配到室内空调末端。

（3）冷却水流程：降温后的冷却水从冷却塔（设备编号 T-1 和 T-2，安装在屋顶，见图 3-9）出来（管道代号 LQ，管径 $DN300$，粗实线），经水处理器（设备编号 SCL-1 和 SCL-2）后进入 3 台并联的冷却水泵（设备编号 b-1~b-3），水泵出水管并联后进入 2 台冷水机组（设备编号 L-1 和 L-2），经机组升温后的冷却水通过回水干管（管道代号 LQ，管径 $DN300$，粗虚线），返回冷却塔进行冷却。

（4）补水流程：自来水经全自动软水器处理后贮存于软化水箱内，再由 2 台补水泵（设备编号 Bb-1 和 Bb-2）进行补水，补水干管（管道代号 b，管径 $DN40$，粗实线）在冷冻水泵吸入口处接入。

图 3-9 重点表达室内冷/热水的输送和分配过程，管道代号为 LR，供水管为粗实线，回水管为粗虚线。

该办公楼采用风机盘管+新风系统，按照冷冻水供回水立管（与图 3-8 中立管编号对应）划分为 5 个子系统：

（1）立管 GL-1 为一~五层办公室的新风机组（每层 1 台，编号 X-0101~X-0501）供冷水，从机组出来的回水通过立管 HL-1 回到集水器。

（2）立管 GL-2 为一~五层办公室的风机盘管（每层 6 台，编号 F.C.）供冷水，从盘管出来的回水通过立管 HL-2 回到集水器。

（3）立管 GL-3 为一~四层餐厅的风机盘管（每层 2 台，编号 F.C.）供冷水，从盘管出来的回水通过立管 HL-3 回到集水器。

（4）立管 GL-4 为一~七层办公室的风机盘管（每层 8 台，编号 F.C.）供冷水，从盘

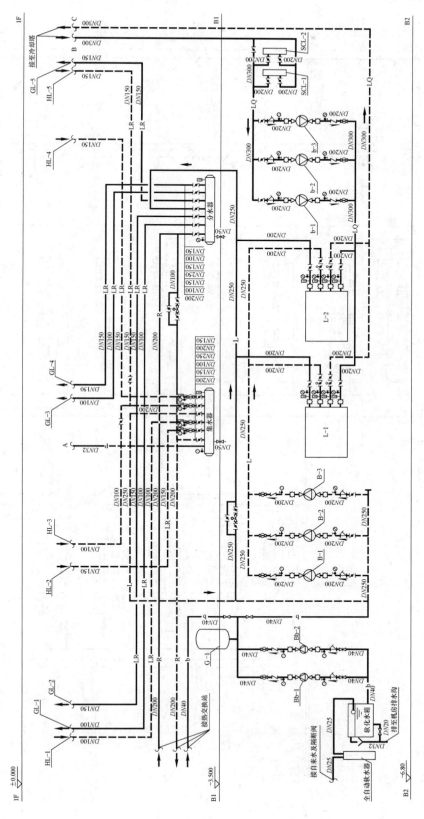

图 3-8 某综合办公楼空调水系统流程图（一）

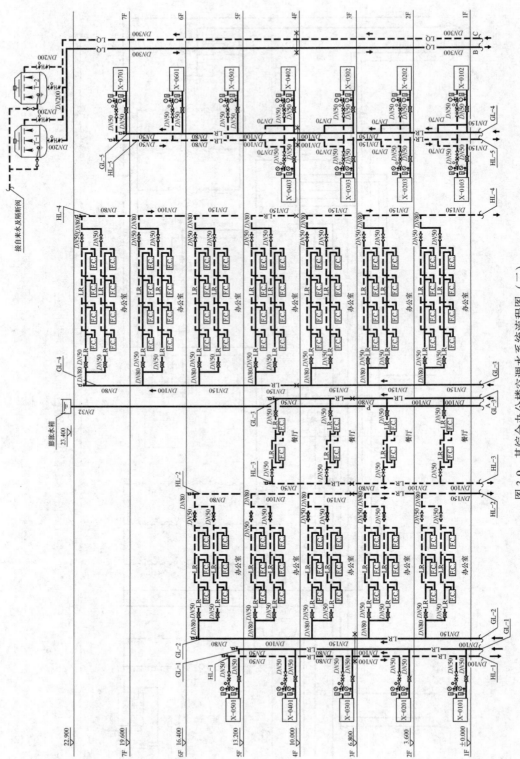

图 3-9　某综合办公楼空调水系统流程图 (二)

管出来的回水通过立管 HL-4 回到集水器。

（5）立管 GL-5 为一～七层办公室和一～四层餐厅的新风机组供冷水，从机组出来的回水通过立管 HL-5 回到集水器。办公室每层 1 台新风机组，编号 X-0102～X-0702；餐厅每层 1 台新风机组，编号 X-0103～X-0403。

每根立管顶部都装有自动排气阀，在立管的中间设有一个固定的支架。新风机组的进水管上按顺序安装球阀、压力表、温度计，从机组出水管上依次安装温度计、压力表、控制阀和闸阀，机组进出水管的管径均为 DN50。

3.4.4.3 空调系统原理图

空调系统原理图以一台空气处理机组及其服务区域为对象进行表达，某空调系统原理如图 3-10 所示。该系统为全空气一次回风系统，为 3 个房间服务（活动室、会议室、接待室），每个房间内标注了房间名称和室内环境参数要求。每个房间的气流组织均为上送上回。空气处理机组编号为 AHU-01，共有 6 个功能段。夏季，新风与回风混合后，依次进行粗效过滤、冷却除湿，经送风机升压后进行均流和中效过滤处理，最后经送风管输送到室内送风口。送风管、回风管和新风管用粗实线表达，并标注了风量。每个房间根据需要设置了排风口，经排风管从屋顶的风帽排出，排风管用粗虚线表达。表冷器的供水管（代号 CHWS）在下，回水管（代号 CHWR）在上，回水管上设置流量调节阀；加热器的供水管（代号 HWS）在下，回水管（代号 HWR）在上，回水管上设置流量调节阀；供回水管用粗实线表达。回风管上设置温度传感器 $\boxed{T}$，回水管上的调节阀根据回风温度对水流量进行调节，传感器信号线用细单点划线表达。

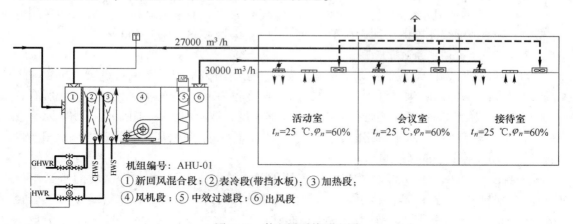

图 3-10 某空调系统原理图

3.4.5 平面图与剖面图

平面图应反映各设备、风管、风口、水管等安装平面位置与建筑平面的相互关系。平面图通常是以建筑专业提供的平面图为基础，用正投影方法绘制，所绘的系统平面图必须包含全部安装所需的平面位置定位尺寸。空调通风工程平面图按其系统特点一般可以分为风管平面图、水管平面图、空调机房平面图、冷冻机房平面图（参见第 2 章）等。风管与水管也可以绘制在同一平面图上。平面图中的水、汽管道均可单线绘制，风管不宜单线绘制。建筑平面图按分区绘制时，暖通专业平面图也可分区绘制，且分区位置应与建筑平面一致。

　　剖面图与平面图一样，采用正投影法绘制。常用的有空调机房剖面图、冷冻机房剖面图等，用于说明立管复杂、部件多以及管道、设备、风口等纵横交错的情况。在平面图、系统轴测图中能够清晰表示的部分可以不画剖面图。当剖面图与平面图在同一张图上时，一般将剖面图布置在平面图的上方或右侧。

3.4.5.1　空调风系统平面图

　　图 3-11 所示为某酒店一层风系统平面图（也称"风管平面图"），图中风管采用双线绘制。

　　该层主要采用了风机盘管加新风的空调系统形式。每个房间/区域根据空调负荷设置 1 台或多台风机盘管机组（图例 ▭ ），将室内回风与新风（由新风系统输配到回风口处）混合后进行热湿处理再送入房间/区域，室内气流组织均为上送上回（送风口图例 � ，回风口图例 ▤ ）。新风机组设置在东南角的新风机房内，机组编号为 1-K-1，室外空气由设置在东外墙的防雨百叶引入机房，机组出风管尺寸为 800 mm×320 mm，穿过西墙后接消声静压箱（尺寸 1000 mm×1000 mm×500 mm）。静压箱南侧出风管（尺寸 150 mm×150 mm）分成东西两个支管（尺寸 150 mm×150 mm），分别引入商务中心和消防控制室的风机盘管回风口处；静压箱西侧出风管（尺寸 300 mm×200 mm）直接为程控机房送新风；静压箱北侧出风管（尺寸 800 mm×250 mm）为一层大部分区域送新风，依次经过总服务台、商品部、大堂、酒吧、餐厅的风机盘管机组。所有末端新风管均设置蝶阀。此外，大堂入口处设置了 2 台空调机组（编号 1-K-2 和 1-K-3），将室内回风处理后通过静压箱和条缝送风口送风。

　　该层设置的通风系统包括：（1）楼梯间南侧设置的加压送风道和加压送风机（编号 1-SF-1）；（2）轴线④南侧房间设置了 2 台排气扇（编号 PQS，风量 400 m³/h）。

3.4.5.2　空调水系统平面图

　　图 3-12 为图 3-11 对应的空调水系统平面图，图中新风机组以及风机盘管的位置与风系统平面图一一对应。供水管代号为 L1，回水管代号为 L2，冷凝水管代号为 N；所有管线均采用实线绘制。各管段的管径、水平干管的坡度、坡向和标高均在图上标明。水平管路上设置了固定支架，水平支路的最高处设了自动排气阀，每台风机盘管和空调机组的供回水管上均安装截止阀。

　　来自冷源的供回水立管设置在电梯东侧的管井中，北侧 2 根立管引出的水平干管（供水管编号 L1，管径 DN70，相对于该楼层地面的标高为 3.40 m；回水管编号 L2，管径 DN70，标高 3.30 m，回水干管上设置平衡阀 ◁▷ ）向北敷设，在轴线⑤Ⓑ相交处分成东西两个支路；西向敷设支路（L1 和 L2 管径均为 DN70）依次为电梯前室、酒吧和餐厅的风机盘管供应冷水，西侧支路的最高点（轴线③Ⓒ相交处）设置了自动排气阀（图例 ⌷ ，L1 排气阀标高 3.50 m，L2 排气阀标高 3.40 m）；东向敷设支路（L1 和 L2 管径均为 DN50）依次为大堂、商品部、消防控制室和商务中心的风机盘管以及新风机组供应冷水，东侧支路的最高点（⑥Ⓑ处）设置了自动排气阀（L1 排气阀标高 3.50 m，L2 排气阀标高 3.40 m）。电梯东侧管井中南侧 2 根立管引出的水平干管（供水 L1 为管径 DN70，回水 L2 为管径 DN70）向东敷设，在程控机房分成两个支路，一个支路（L1 和 L2 的管径均为 DN50，标高均为 3.40 m）向东敷设进入新风机房，为新风机组供应冷水，另一个支路

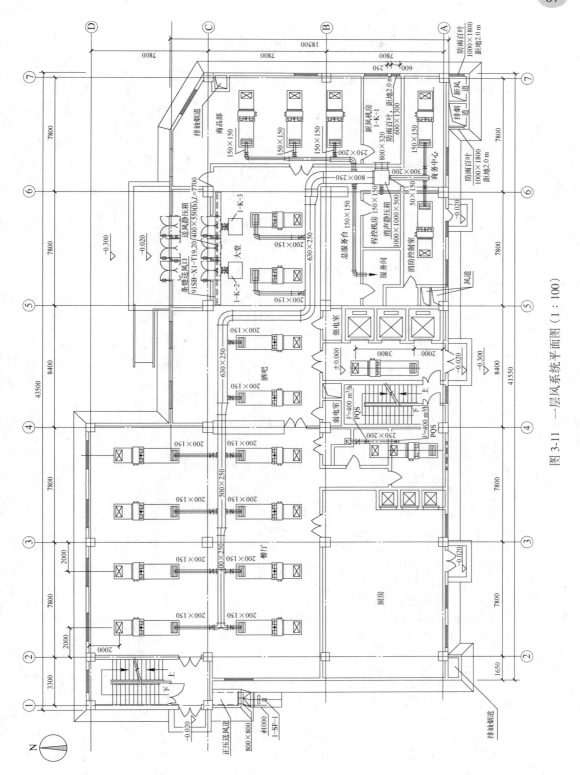

图 3-11 一层风系统平面图（1：100）

88

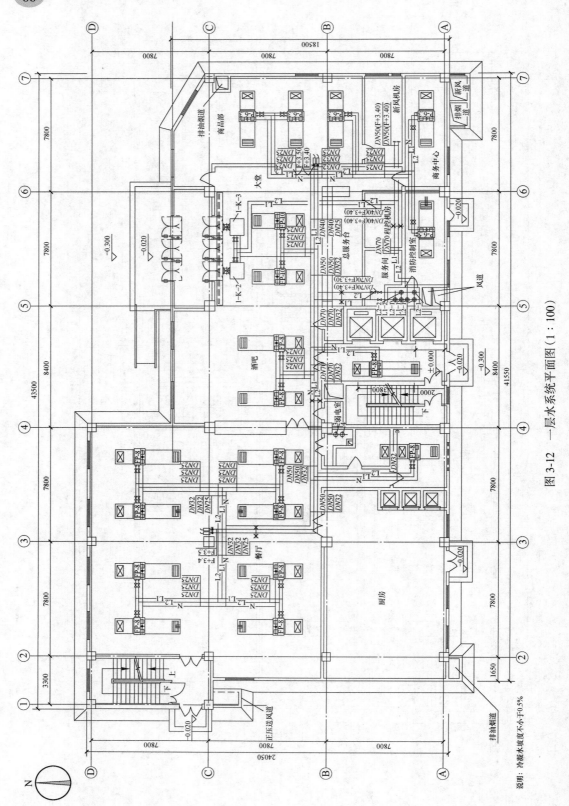

图 3-12 一层水系统平面图（1：100）

（L1 和 L2 的管径均为 $DN40$，标高均为 3.40 m）向北敷设到达大堂，为入口的 2 台空调机组供应冷水。除新风机组外其余机组引出的冷凝水管汇集后，在靠近轴线④的南侧房间排出。

3.4.5.3　空调通风平面图

图 3-13 为某办公楼五层空调通风平面图。该楼层空调采用 VRV 系统，共设置 30 台室内机（图例 ▦ ）；制冷剂管路用实线表达，制冷剂管路采用线式布管方式（图例 ◁ ）；冷凝水管路用单点划线表达。来自室外机的制冷剂立管设置在东侧楼梯间的管井内，最南侧立管引出的水平管路向北敷设，为办公室-08 的室内机供应制冷剂，另一根立管引出的水平管路分成南北两个支路为剩余室内机供应制冷剂。西侧 15 台室内机的冷凝水汇集到男卫生间排放，东侧 15 台室内机的冷凝水汇集到女卫生间排放。

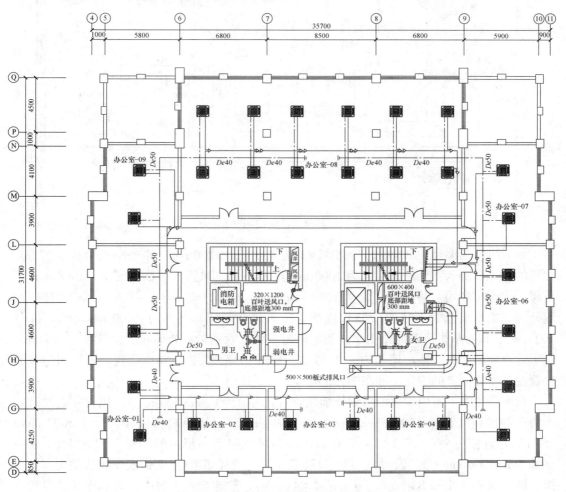

图 3-13　五层空调通风平面图（1∶100）

该楼层通风包括：（1）男、女卫生间分别设置 2 个送风口；（2）消防前室、防烟前室分别在风井设置电动百叶送风门；（3）南侧走廊设置 1 个板式排烟口，并通过风管排至防烟前室东南角的风井中。

3.4.5.4　空调机房平面图与剖面图

图 3-14 所示为某新风机房平面图。该机房位于建筑的地下三层，室内地面标高为 −11.950 m。图纸主要表达了新风机组的功能段和各部分的尺寸，以及排烟风机段的组成和各部分的尺寸。

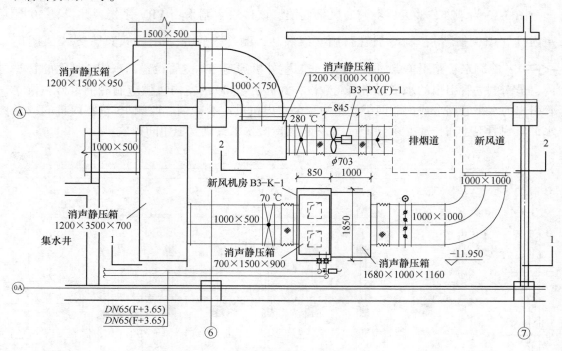

图 3-14　新风机房平面图（1∶50）

新风机组的编号为 B3-K-1，机组长×宽为 850 mm×1850 mm。室外空气由位于机房东北角的新风道引入，新风管尺寸为 1000 mm×1000 mm，风管上依次安装对开多页风量调节阀、软连接和消声静压箱（尺寸 1680 mm×1000 mm×1160 mm），进入新风机组进行热湿处理，机组出风管上依次安装软连接、防火阀和静压箱（尺寸 1200 mm×3500 mm×700 mm），最后从机房西北角引出。新风机组供回水管道沿南外墙布置，管径均为 DN65，水平管道标高相对该楼层地面均为 3.65 m，管道最高点安装自动排气阀。新风机组及其接管在高度方向上的变化，如图 3-15a 所示。

火灾发生时，室内烟气汇集到排烟风管（尺寸 1500 mm×500 mm），风管穿过北墙进入消声静压箱（尺寸 1200 mm×1500 mm×950 mm），静压箱出口风管（尺寸 1000 mm×750 mm）连接一个 90°弯头，风管穿墙进入新风机房后与消声静压箱（尺寸 1200 mm×1000 mm×1000 mm）连接，静压箱出口圆形风管（管径 φ703）上依次安装防烟阀、软连接、排烟风机（编号 B3-PY(F)-1，长度 845 mm）、软连接和止回阀，最后连接到设置在新风道西侧的排烟道，将室内烟气排至室外。排烟风机及其接管在高度方向上的变化，如图 3-15b 所示。

图 3-15a 中的 1-1 剖面图主要表达新风机组及其接管在高度方向上的变化。该楼层地面标高−11.950 m，梁下标高为−8.200 m，上层地面标高−7.500 m。新风机组高度为

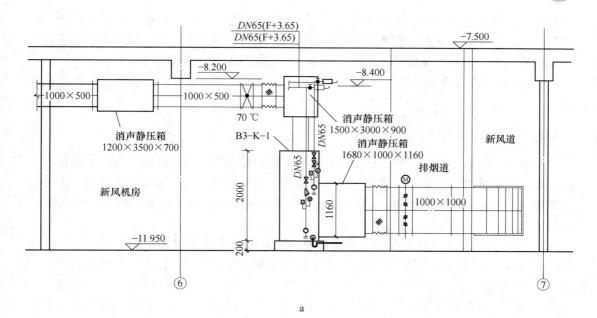

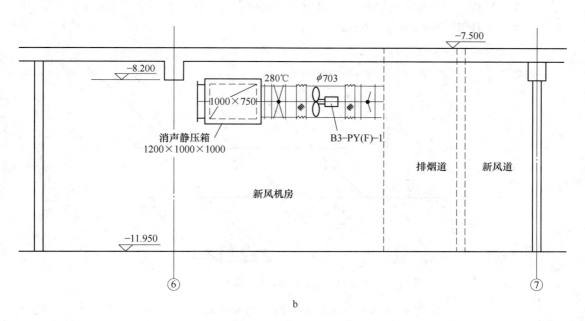

图 3-15 新风机房剖面图

a—1-1 剖面（1：50）；b—2-2 剖面（1：50）

2.0 m，安装高度距地面 0.2 m，进风管在机组右下侧，出风管在顶部。新风由右侧新风道引入，经新风机组处理后送出，送风管出机组后垂直向上接静压箱，静压箱出风管梁下水平向左布置出机房。冷水供回水管道从左侧进入后，与新风机组盘管连接，进水口在下部，出水口在上部。机组底部设置冷凝水排水管。水平供回水管道（管径均为 DN65，相对该层地面标高均为 3.65 m）端部安装自动排气阀（标高−8.400 m）。垂直供水管（左侧管路）依次安装截止阀、Y形过滤器、压力表、温度计和泄水丝堵，垂直回水管（右侧管路）依次安装截止阀、流量调节阀、压力表、温度计和泄水丝堵。图 3-15a 中还表达了风管截面尺寸、消声器尺寸、新风机组定位尺寸以及主要管道的安装标高。

图 3-15b 中的 2-2 剖面图主要表达排烟风机及其接管在高度方向上的变化，这里不再详述。

3.4.6 轴测图

一般空调输配系统与冷热源机房分开绘制，室内输配系统按介质可分为风系统和水系统。输配系统轴测图应表达介质经过的所有管道、附件和设备，并标注设备及相关构件名称或编号。轴测图一般采用 45°投影法，比例与平面图一致，管路用单线绘制，特殊情况除外。

图 3-16 为某新风系统单线轴测图，主要包括新风机组以及风管、新风口、送风口和阀门等部件，并标注风管的截面尺寸、标高以及主要设备的数量，图中主要设备和部件见表 3-7。整个新风系统的流程从图 3-16 中可以看出：室外空气从新风口引入新风机组，由电动风量调节阀控制新风风量，新风经机组过滤、热湿处理后，再通过送风管道输送到室内。风管末端均设有双层百叶送风口，采用侧面送风；电梯间设有一个方形散流器，采用顶部送风。所有风管标高均为 3.600 m。

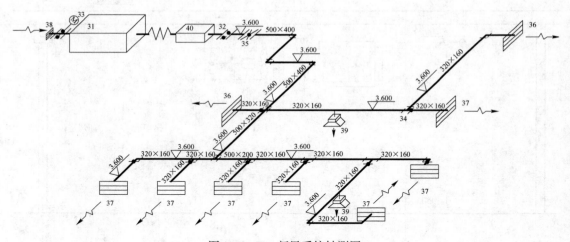

图 3-16 X-1 新风系统轴测图

表 3-7 X-1 新风系统主要设备明细表

设备编号	设备名称	设备型号及规格	单位	数量
31	新风机组（六排管）	ZK-DB6-2.5，G=2500 m³/h，Q=32.4 kW	台	1
32	对开多叶调节阀	500 mm×400 mm	个	1
33	电动风量调节阀	500 mm×400 mm	个	1
34	风管碟阀	320 mm×160 mm	个	8
35	防火阀	500 mm×400 mm，70 ℃	个	1
36	双层百叶送风口	FK-19，100 mm×400 mm	个	2

设备编号	设备名称	设备型号及规格	单位	数量
37	双层百叶送风口	FK-19，100 mm×250 mm	个	7
38	防雨百叶新风口	FK-19，500 mm×400 mm	个	1
39	方形散流器	FK-10，240 mm×240 mm	个	2
40	消声静压箱		个	1

图 3-17 为某住宅 A 户型空调水系统轴测图，采用 45°投影法绘制，重点表达了管道与设备的连接以及管道的空间布置。冷水管道代号 LR，供水管为实线，回水管为虚线；热水管道代号 R，供水管为实线，回水管为虚线；冷凝水管代号 n，用虚线表达。图中标注了管道的代号、管径、坡度和坡向以及标高。冷源为 1 台户式风冷冷水机组，室内安装 9 台风机盘管机组（编号 FP-×××）。夏季由风冷机组提供冷水（代号 LR），机组供水干管（管径 $DN40$，标高 2.42 m）上依次设置压力表、温度计、截止阀、过滤器、定压罐、补水点和调节阀，回水干管（管径 $DN40$，标高 2.50 m）上依次设置压力表、温度计、止回阀和调节阀；户内冷水管为 9 台风机盘管提供冷水，冷水供回水管的最高点（立式暗装风机盘管附近垂直管道顶端）设置集气罐。风机盘管的冷凝水就近引入冷凝水立管（编号 nL-5~nL-8）中。冬季由暖井中立管（供水 GL-1，回水 HL-1）引出户内热水管（代号 R，管径 $DN32$，标高 2.45 m）为 9 台风机盘管提供热水。

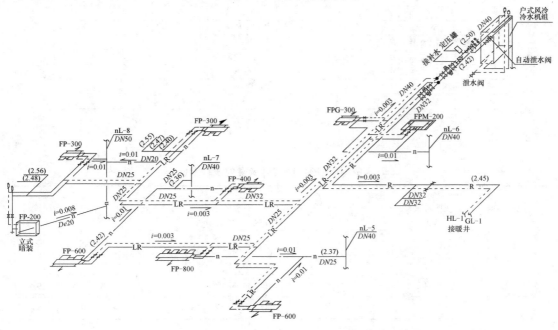

图 3-17　A 户型空调水系统轴测图

3.5　空调通风工程图案例

某洁净厂房净化空调工程包括部分厂房净化空调改造以及空调机房和冷冻站的改造，

该项目的图样目录如图 3-18 所示。限于篇幅，设计施工说明文字部分略去，仅摘录重要的表格，见表 3-8～表 3-11。该项目施工图包括平面图、系统图、剖面图和大样详图，这里重点选择一层 1~6 区空调系统以及冷热源系统的图样进行解读。

<table>
<tr><th colspan="5">图　样　目　录</th></tr>
<tr><th>序号</th><th>名　　称</th><th>图号</th><th>备注</th></tr>
<tr><td>1</td><td>设计说明、图例、图纸目录、采用标准图纸目录</td><td>空-01</td><td></td></tr>
<tr><td>2</td><td>主要设备材料表</td><td>空-02</td><td></td></tr>
<tr><td>3</td><td>一层净化空调送风平面图</td><td>空-03</td><td></td></tr>
<tr><td>4</td><td>一层净化空调回风平面图</td><td>空-04</td><td></td></tr>
<tr><td>5</td><td>一层通风、自净器布置平面图</td><td>空-05</td><td></td></tr>
<tr><td>6</td><td>二层通风、净化空调送风平面图</td><td>空-06</td><td></td></tr>
<tr><td>7</td><td>JK-1、JK-2 系统图、系统风管布置示意图</td><td>空-07</td><td></td></tr>
<tr><td>8</td><td>JK-3、S-1、P-1、4~6 系统图</td><td>空-08</td><td></td></tr>
<tr><td>9</td><td>一层空调机房平、剖面图</td><td>空-09</td><td></td></tr>
<tr><td>10</td><td>一层空调供冷、供热平面图</td><td>空-10</td><td></td></tr>
<tr><td>11</td><td>二层空调机房平、剖面图</td><td>空-11</td><td></td></tr>
<tr><td>12</td><td>二层空调供冷、供热平面图</td><td>空-12</td><td></td></tr>
<tr><td>13</td><td>JK-1 系统控制原理图</td><td>空-13</td><td></td></tr>
<tr><td>14</td><td>JK-2 系统控制原理图</td><td>空-14</td><td></td></tr>
<tr><td>15</td><td>JK-3 系统控制原理图</td><td>空-15</td><td></td></tr>
<tr><td>16</td><td>冷冻站及屋面设备布置平、剖面图</td><td>空-16</td><td></td></tr>
<tr><td>17</td><td>供冷系统原理图</td><td>空-17</td><td></td></tr>
<tr><th colspan="5">采　用　标　准　图　目　录</th></tr>
<tr><th>序号</th><th>名　　称</th><th>图集号</th><th>张号</th><th>备　注</th></tr>
<tr><td>1</td><td>管道及设备保温</td><td>98T901</td><td></td><td></td></tr>
<tr><td>2</td><td>弹簧压力表安装图</td><td>R901</td><td></td><td></td></tr>
<tr><td>3</td><td>工业用玻璃水银保温温度计安装图</td><td>R902</td><td></td><td></td></tr>
<tr><td>4</td><td>温度、风量测定孔</td><td>T615</td><td></td><td></td></tr>
<tr><td>5</td><td>风管支吊架</td><td>T616</td><td></td><td></td></tr>
<tr><td>6</td><td>汽水集配器</td><td>92T907</td><td></td><td></td></tr>
</table>

图 3-18　图样目录

某洁净厂房各区域室内设计参数见表 3-8。

表 3-8　某洁净厂房各区域室内设计参数

位置	房间或区域	夏季		冬季		洁净度/级
		温度/℃	相对湿度/%	温度/℃	相对湿度/%	
一层	1 区、2 区、4 区、5 区	23±3	<60	23±3	<60	8
	3 区、6 区	23±3	<60	23±3	<60	9
二层	3 区	23±3	<60	23±3	<60	8

该工程包括 3 个净化空调系统，系统主要参数见表 3-9。JK-1 系统气流组织为高效风口顶送，下侧回风。JK-2 系统气流组织为上部喷口侧送（位于二层），下侧回风（位于一层），中部设高余压自净器（位于一层）满足净化空调区域换气次数要求。JK-3 系统气流组织为高效风口顶送，下侧回风，并设柜式自净器满足净化空调区域换气次数要求。系统超压由余压阀排向其他房间，各系统均采用全年固定新风比的一次回风系统。

表 3-9　净化空调系统主要参数

系统编号	服务范围	冷量/kW	热量/kW	加湿量/kg·h^{-1}	新风比/%
JK-1	二层 1~3 区	145	95	90	40
JK-2	一层 6 区	310	370	120	25
JK-3	一层 1~5 区	160	165	60	20

该工程设置 6 个排风系统、1 个送风系统，主要参数见表 3-10。

表 3-10　通风系统主要参数

系统编号	位置	有害物	排风设备	排风量/m³·(h·台)$^{-1}$
P-1	一层 1 区	少量有机溶剂挥发物	风机箱	1500
P-2、P-3	一层更衣间	无	排气扇	300
P-4 和 S-1	一层 6 区和过渡间	少量有机溶剂挥发物	风机箱	2000
P-5、P-6	二层 3 区	少量乙酸乙酯	风机箱	3500

该项目施工图主要图例见表 3-11。

表 3-11　某洁净厂房净化空调施工图图例

名　称	图　例	名　称	图　例
冷冻水供水管	—— L1 ——	蝶阀	
冷冻水回水管	—— L2 ——	Y 形过滤器	
冷却水供水管	—— X1 ——	截止阀	
冷却水回水管	—— X2 ——		
压差平衡阀		温度计	
止回阀		流量开关	
平衡阀		手动对开多叶调节阀	
软接头		70° 防火阀 （左：平面图；右：系统图）	
压力表		高效送风口 （左：平面图；右：系统图）	
热水供水管	—— R1 ——		
热水回水管	—— R2 ——	消声器	
排水管	—— P ——	中效过滤器小室	
补水管	—— M ——	风机箱	
自动排气阀 （左：平面图；右：剖面图）		柜式自净器	

名　　称	图　　例	名　　称	图　　例
电动对开多叶调节阀		电加热器	
余压阀		高效过滤器小室	
球形喷口		管道风机	

在洁净空调系统中，送风和回风管道具有复杂的空间布局和大量的送风和回风出口，因此一般分别绘制送风、回风系统平面图，一层包括 2 个净化空调系统 JK-2 和 JK-3。

3.5.1　一层洁净空调系统平面图

空调机组 JK-3 位于二层空调机房中，其负责一层的 1~5 区，送风干管由二层引入一层空调机房中。一层送风平面图（见图 3-19）主要表达了 1~5 区送风管道的平面布置、送风口的位置以及每个空调区域的室内参数要求。来自 JK-3 的送风干管在一层空调机房分成两个管路，其中一个管路（风管尺寸 630 mm×630 mm，风量 7200 m³/h）从机房西墙引出，再分成 2 个支路，一个支路（尺寸 400 mm×630 mm，风量 3600 m³/h）向西布置为 1 区送风，另一个支路（尺寸 630 mm×630 mm，风量 3600 m³/h）水平向南布置为 2 区送风。1 区和 2 区分别布置 4 个高效送风口（型号 YWF，风量 900 m³/h）。从一层空调机房南墙引出的送风干管（尺寸 1250 mm×630 mm，风量 19790 m³/h），依次连接了一个90°弯头和一台消声器，然后分成 3 个支路送风：其中一个支路（尺寸 630 mm×630 mm，风量 5940 m³/h）向南为 3 区送风，该支路上设置了一台 7 kW 的电加热器，3 区共布置 6 个高效送风口（型号 YWF，风量 990 m³/h）；另一个支路（尺寸 630 mm×630 mm，风量 8950 m³/h）水平向东布置为 4 区送风，该支路上设置了一台 11 kW 的电加热器和一台高效过滤器小室（小室后风管尺寸变为 800 mm×630 mm），4 区共布置 5 个侧送风口（型号 FK-1，尺寸 600 mm×200 mm，风量 1790 m³/h）；最后一个支路（尺寸 630 mm×400 mm，风量 4900 m³/h）水平向北、向东、向南布置绕过 4 区为 5 区送风，该支路上设置了一台 6 kW 的电加热器，5 区共布置 5 个高效送风口（型号 YWF，风量 980 m³/h）。图 3-19 中标注了风管和风口的规格型号、定位尺寸以及标高。

一层回风平面图（见图 3-20）主要表达了 1~6 区回风管道的平面布置、送风口的位置以及每个空调区域的室内参数要求。1 区和 2 区均为下侧回风，在西墙和东墙共设置了8 个回风口（型号 FK-2，尺寸 300 mm×500 mm，风量 720 m³/h），回风管沿墙水平布置，干管（尺寸 400 mm×630 mm，风量 5760 m³/h）从 1 区的东北角进入空调机房。3 区设置4 个下侧回风口（型号 FK-2，尺寸 400 mm×600 mm，风量 1190 m³/h），西侧水平回风管连接到接管箱上，东侧水平回风管连接到东南角的垂直回风管上。4 区北侧设置了 4 个顶回风口（型号 FK-2，尺寸 900 mm×400 mm，风量 1790 m³/h），回风管沿北墙、西墙布置，最终连接到 3 区东南角的垂直回风管上。5 区设置 3 个下侧回风口（型号 FK-2，尺寸

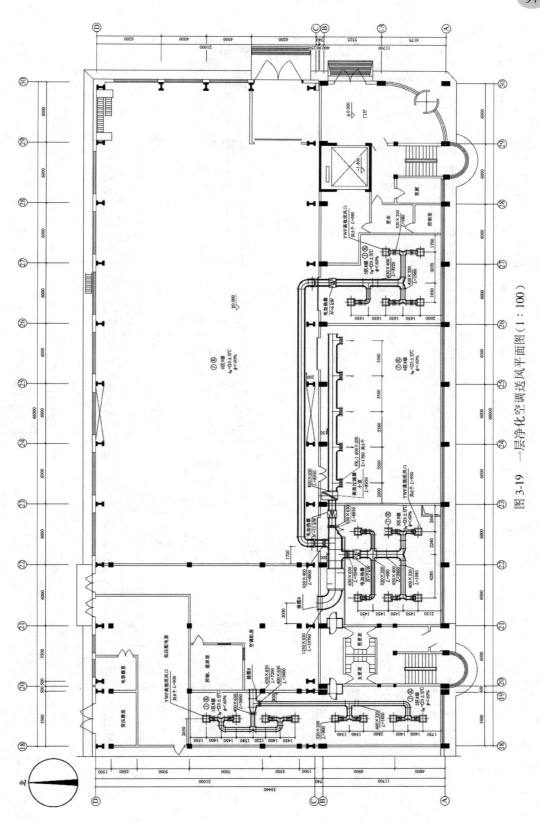

图 3-19 一层净化空调送风平面图（1∶100）

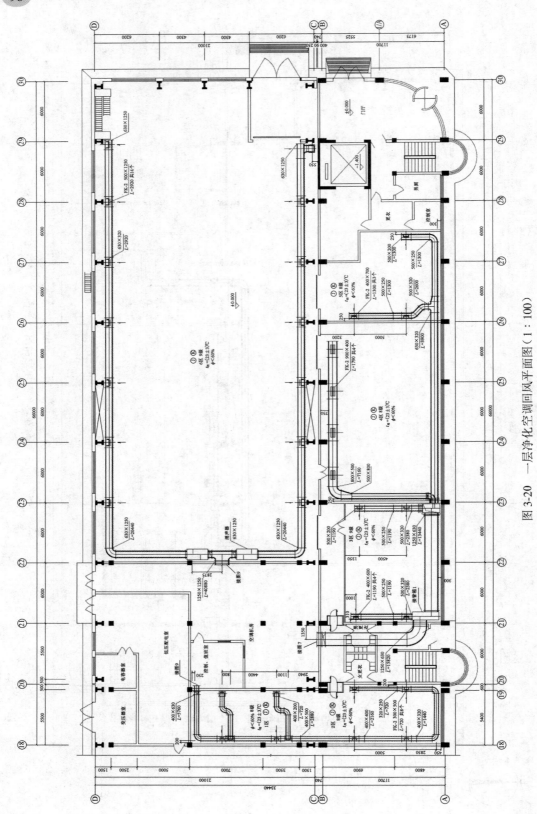

图 3-20　一层净化空调回风平面图（1：100）

400 mm×700 mm，风量 1300 m³/h），回风管从 5 区西南角引出，沿 4 区南墙布置，最终连接到 3 区东南角的垂直回风管上。3 区东南角垂直回风管上引出的水平风管沿南墙布置，最终连接到接管箱上，接管箱出风管穿过男更衣室进入空调机房。6 区在南北墙共布置了 14 个下侧回风口（型号 FK-2，尺寸 500 mm×1250 mm，风量 2920 m³/h），南侧、北侧回风管分别沿墙布置，连接消声器后并联，从西墙进入空调机房。

一层通风、自净器平面图（见图 3-21）主要表达了 6 区自净器和球形喷口的平面布置、送风口的位置以及每个空调区域的室内参数要求。1 区设置 2 台柜式自净器（风量 500 m³/h）；根据工艺设备需要设置了排风，排风管从 1 区的西北角引出，沿楼梯间布置，最终从建筑的北墙引出，排风管上设置 1 台轴流风机（型号 XPFX-015）和 1 台中效过滤器小室。2 区设置 2 台柜式自净器（风量 500 m³/h），东墙上设置一个余压阀（尺寸 600 mm×300 mm，阀底距地面 0.3 m）。3 区西墙上设置一个余压阀（尺寸 600 mm×300 mm，阀底距地面 0.3 m）。4 区设置 4 台柜式自净器（风量 1000 m³/h），北墙上设置 2 个余压阀（尺寸 400 mm×300 mm，阀底距地面 0.3 m）。5 区设置 2 台柜式自净器（风量 500 m³/h），北墙上设置 2 个余压阀（尺寸 400 mm×300 mm，阀底距地面 0.3 m）。6 区靠近南北墙分别设置 4 台高余压自净器，东墙设置 1 台自净器；7 台自净器的风量为 5000 m³/h，每台连接 4 个球形喷口（直径 315mm，风量 1250 m³/h）；2 台自净器的风量为 2500 m³/h，每台连接 2 个球形喷口。6 区东南角设置 2 个余压阀（尺寸 800 mm×300 mm，阀底距地面 0.3 m）。此外，在男女卫生间分别设置了排风扇（型号 FP-20ZB）。

结合一层平面图和表 3-9 可以明确：（1）1 区、2 区、3 区、5 区由 JK-3 系统负责，气流组织均为高效风口顶送、下侧回风，设柜式自净器满足换气次数要求；（2）4 区由 JK-3 系统负责，气流组织为侧送风、顶回风，设柜式自净器满足换气次数要求；（3）6 区由 JK-2 系统负责，气流组织为上部喷口侧送（位于二层），下侧回风（位于一层），中部设高余压自净器侧送风（位于一层），满足净化空调区域换气次数要求。由于 6 区纵向跨越一~三层，送回风高度方向上变化较为复杂，因此可以结合 6 区的剖面图（见图 3-22）和系统图（见图 3-23）进行阅读。

由图 3-22 可知，6 区地面标高±0.000，厂房吊顶高度 12.6 m，轨顶高度 10.5 m。净化空调 JK-2 的送风管和球形喷口位于厂房上部，送风管底部标高为 6.35 m，球形喷口中心标高为 7.90 m；净化空调的回风管和下侧回风口位于厂房下部，回风管底部标高为 3.40 m，下侧回风口底部标高为 0.20 m。为满足 6 区换气次数要求，设置高余压自净器和球形喷口中部送风，自净器安装在地面，球形喷口的中心标高为 5.90 m。ⓒ轴中部球形风口下方是 5 区的送风干管（见图 3-19 中沿 6 区南墙水平布置的风管），风管底部标高为 5.10 m。

图 3-23 更直观地表达了负责 6 区 JK-2 系统的送回风管路布置。来自 JK-2 机组的送风干管（尺寸 1000 mm×2000 mm，标高 7.30 m，风量 54600 m³/h）进入接管箱，从接管箱出来 2 根管路（尺寸 630 mm×2000 mm，标高 6.35 m，风量 27300 m³/h），每根送风管路连接 21 个球形喷口；与送风管路上下对应，回风管路也是 2 根，每根回风管（尺寸 630 mm×1250 mm，标高 3.40 m，风量 20440 m³/h）连接 7 个下侧回风口，经过消声器后 2 个回风管并联，回风干管（尺寸 1250 mm×1250 mm，标高 3.40 m，风量 40880 m³/h）回到 JK-2 机组。

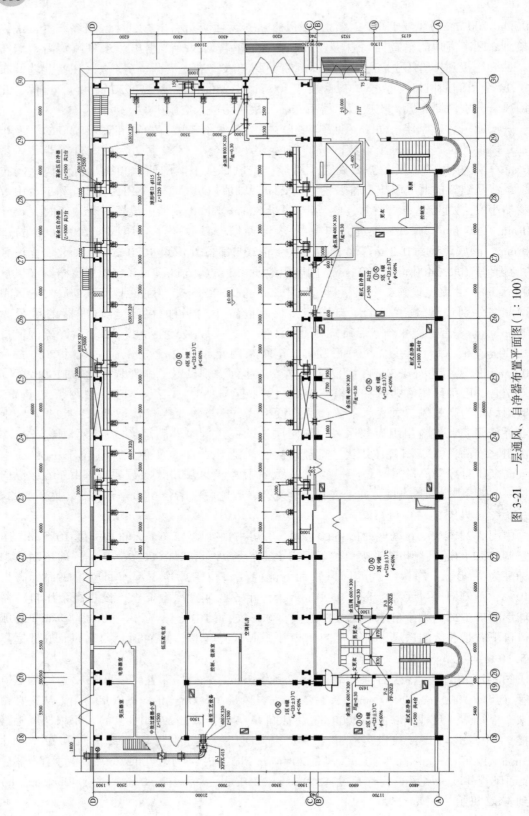

图 3-21　一层通风、自净器布置平面图（1：100）

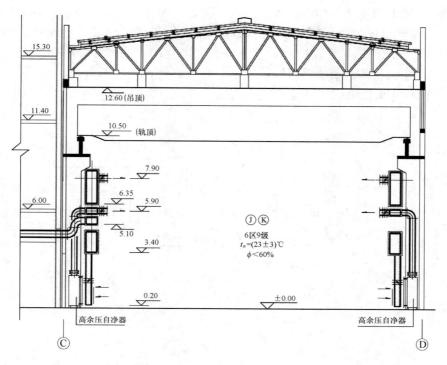

图 3-22　一层 6 区剖面图（1∶100）

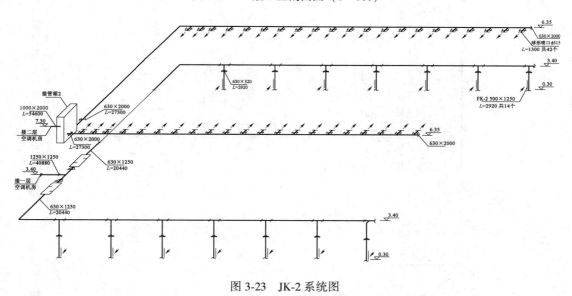

图 3-23　JK-2 系统图

3.5.2　二层空调机房平面图

图 3-24 为二层空调机房平面图，设备用细实线绘制，冷/热水管道用粗实线绘制，该层地面标高为 7.000 m。

机房设备包括：（1）空气处理机组 JK-1、JK-2 和 JK-3 位于机房中间，3 台机组的表冷段和加热段涉及水系统，加湿段涉及蒸汽管道或自来水管道；（2）分水器（编号12）和集水器（编号13）位于机房西南角，分集水器之间设置旁通管和旁通阀（编号14）。冷水供水管代号 L1，回水管代号 L2；热水供水管代号 R1，回水管代号 R2。

冬、夏季空调机房水系统流程如下：

（1）夏季供冷时，冷水供水总管（代号 L1，管径 $D219\times6$）从㉑①处进入空调机房，

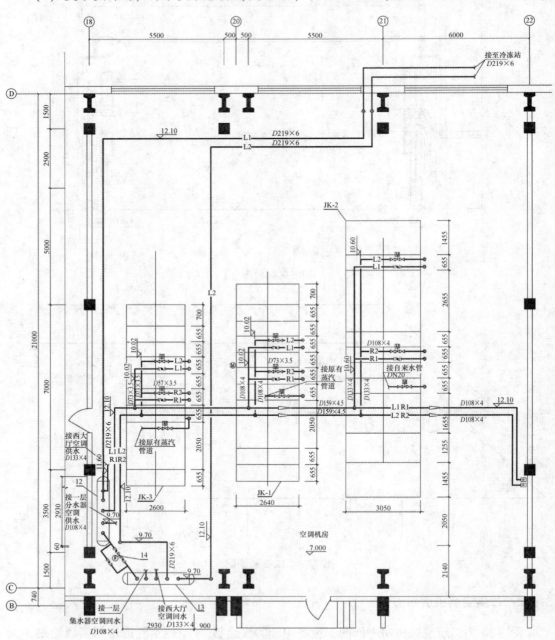

图 3-24　二层空调机房平面图（1∶50）

水平向西、向南布置（管道标高 12.10 m），到达分水器上方再垂直向下与分水器相连接。分水器的出水管有 3 根，其中一根出水管（管径 $D133×4$）接西大厅空调供水（水平管道标高 11.60 m），另一根出水管（管径 $D108×4$）接一层分水器空调供水（水平管道标高 9.70 m），分水器中间的出水管（代号 L1，管径 $D219×6$）用于二层空调机组供水（水平管道标高 12.10 m）。用于该空调机房的供水干管（管径 $D219×6$）从分水器引出后水平向北、向东布置，到达空调机组上方，干管上引出 3 根支管（管径分别为 $D73×3.5$、$D108×4$、$D133×4$）垂直向下到达空调机组上方（标高 10.02 m、标高 10.02 m、标高 10.60 m），再水平向北、向东到达空调机组表冷段东侧，再垂直向下与表冷器的进水口相连接，供水干管（管径 $D108×4$，标高 12.10 m）继续水平向东、向南布置到达东墙附近，管道末端接集气罐。由空调机组表冷器出来的回水管与供水管平行布置（标高 10.02 m、标高 10.02 m、标高 10.60 m），汇总后的回水干管（代号 L2，管径 $D219×6$，标高 12.10 m）水平向西、向南布置，到达分水器南端附近垂直向下（标高 9.70 m），再水平向东、向南后进入集水器。一层集水器空调回水管（管径 $D108×4$）和西大厅空调回水管（管径 $D133×4$）也汇集到集水器上。从集水器上引出的回水总管（代号 L2，管径 $D219×6$）垂直向上（标高 9.70 m），随后水平向东、再垂直向上（标高 12.10 m），然后水平向北穿过机房，最终从㉑①处引出空调机房，回到冷冻站。

（2）冬季供热时，供回水管道与夏季相同，只是管路中为热水；并且干管上引出支管（管径分别为 $D57×3.5$、$D73×3.5$、$D108×4$），分别与空调机组加热器的进出水口相连接。

图 3-25 为二层空调机房中分集水器的大样详图。分集水器上均设置了 1 个压力表、1 个温度计以及 5 个接管，分集水器底部设置一个泄水管。图中标注了分集水器的详细尺寸以及各个接管的管径和定位尺寸。

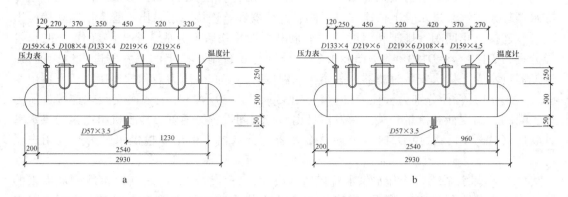

图 3-25 二层空调机房分集水器大样图（1:20）

a—集水器；b—分水器

3.5.3 冷冻站的工作原理与设备管道布置

本小节详细介绍洁净厂房冷冻站的工作原理、设备管道布置等内容，表 3-12 为制冷系统新增设备（图 3-26 中标注编号的设备）主要性能参数。

表 3-12　制冷系统新增设备表

序号	设备名称	型号及规格	单位	数量
1	水冷冷水机组	30HR-161，$Q_冷$=464 kW； 蒸发器：t=7~12 ℃，G=80 m³/h，H=30 kPa； 冷凝器：t=32~37 ℃，G=100 m³/h，H=38 kPa； N=120 kW（380 V，50 Hz）	台	1
2	冷冻水循环泵	DFW100-160/2/15，G=70~130 m³/h， N=15 kW，n=2900 r/min，H=36.5~26 mH₂O	台	1
3	冷却水循环泵	DFW-125-160B/2/15，G=97~176 m³/h， N=15 kW，n=2900 r/min，H=27~19 mH₂O	台	1
4	高频电子水处理仪器	FWT-8，G=84~120 m³/h， N=180 W（220 V，50 Hz），p<1.6 MPa， 原水硬度<700 mg/L	台	2
5	高频电子水处理仪器	FWT-9，G=120~180 m³/h， N=200 W（220 V，50 Hz），p<1.6 MPa， 原水硬度<700 mg/L	台	1
6	组合式冷却塔	LRCM-300，G=300 m³/h， N=12.51BHP，W=6.7 t，H=3.7 mH₂O	台	1

3.5.3.1　制冷系统原理图

阅读制冷系统原理图（见图 3-26），了解整个制冷系统的工作流程。

制冷系统的主要设备包括 3 台水冷冷水机组、3 台冷却塔、4 台冷冻水循环泵、4 台冷却水泵、3 台电子水处理仪、分水器、集水器以及膨胀水箱，该制冷系统包括冷冻水（简称冷水）系统、冷却水系统和定压补水系统。各个水系统的工作原理如下：

（1）冷水系统（冷水供水管代号 L1、回水管代号 L2）。来自各空调用户的 3 根回水管进入集水器，从集水器出来的回水干管（代号 L2，管径 $D219 \times 6$）分成 4 个支路进入冷冻水循环泵，水泵进水管上依次安装蝶阀、过滤器和软连接，水泵出水管上依次连接压力表、软连接、止回阀、蝶阀和温度计，水泵出水管并联后再分成 3 个支路（代号 L2，管径分别为 $D133 \times 4$、$D133 \times 4$、$D159 \times 4.5$），分别与 3 台制冷机组的蒸发器进水口相连接，蒸发器进水管上依次安装过滤器、平衡阀、温度计、蝶阀、压力表和软连接，蒸发器出水管（代号 L1，管径分别为管径 $D133 \times 4$、$D133 \times 4$、$D159 \times 4.5$）上依次安装软连接、压力表、蝶阀、温度计和流量开关，蒸发器进出水管之间设置旁通管，冷水机组出来的供水管并联后（代号 L1，管径 $D219 \times 6$）进入分水器，分水器上引出 3 根供水管为空调用户供冷水。

（2）冷却水系统（冷却水供水管代号 X1、回水管代号 X2）。3 台冷机冷凝器出来的冷却水回水管（代号 X2，管径 $D133 \times 4$，管道上依次安装软连接、压力表、蝶阀和温度计）并联后（管径 $D273 \times 7$）再分成 3 个支路（管径 $D159 \times 4.5$）从冷却塔顶部引入，冷却塔底部出水管（管径 $D159 \times 4.5$）并联后（代号 X1，管径 $D273 \times 7$）再分成 4 个支路（3 根管径 $D108 \times 4$，1 根管径 $D133 \times 4$）分别与冷却水泵相连，水泵进水管上依次安装蝶阀、过滤器和软连接，水泵出水管上依次连接压力表、软连接、止回阀、蝶阀和温度计，水泵出水管并联后再分成 3 个支路（代号 X1，管径均为 $D133 \times 4$），分别与 3 台制冷机组的冷凝器进水口相连接，进水管上依次安装蝶阀、过滤器、水处理仪器、平衡阀、温度

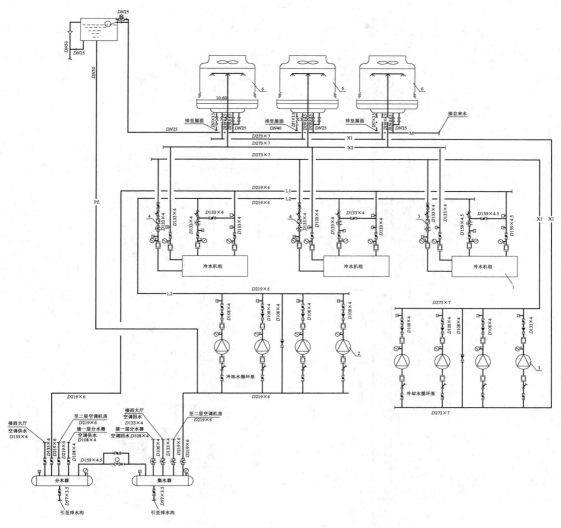

图 3-26　制冷系统原理图

计、压力表和软连接。

（3）定压补水系统。膨胀水箱的膨胀管（代号 PZ，管径 DN50）连接到冷冻水泵的吸入口处，作为定压点；水箱上部设置浮球电动调节阀进行补水（代号 M，管径 DN25），水箱上还设置了溢水管和泄水管。此外，冷却塔也设置了补水管和泄水管。

3.5.3.2　制冷系统平面图

阅读制冷系统平面图，了解设备和管道的平面布置，图中设备按照正投影法用细实线绘制、管道用粗实线绘制。由图 3-27 和图 3-28 的轴线编号和地面标高可知，冷冻站位于厂房东北角二层，冷却塔和膨胀水箱安装在冷冻站屋顶。

图 3-27 中，3 台冷水机组布置在机房北侧，东侧机组为新增机组（长×宽为 3125 mm×940 mm）；水泵布置在机房南侧，西侧 3 台为原有冷冻水泵，中间 3 台为原有冷却水泵，东侧为新增的 2 台水泵（基础尺寸长×宽为 950 mm×1100 mm）。图 3-28 中，屋顶安装 3 台冷却塔（总尺寸长×宽为 6080 mm×2835 mm），最东侧为新增冷却塔；膨胀水箱（长×

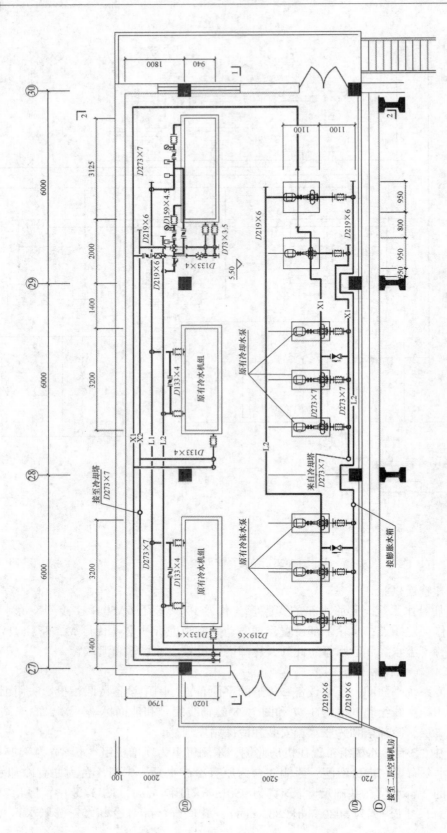

图 3-27　二层冷冻站平面图

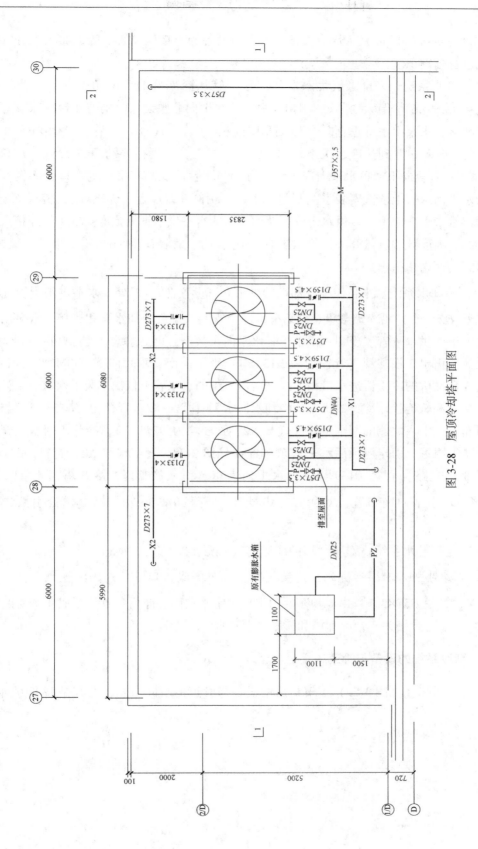

图 3-28 屋顶冷却塔平面图

宽为 1100 mm×1100 mm）为原有设备。管道与设备的连接以及管道的平面布置可以按照水系统进行分别识读：

（1）冷水系统。来自二层集水器的回水干管从冷冻站的西南角引入，干管（代号L2，管径 $D219×6$）沿南墙敷设，引出 4 根支管水平向北敷设，分别与 4 台冷冻泵南端的进水口连接，水泵出水管垂直向上汇入回水干管，干管（代号L2，管径 $D219×6$）水平向西、向北、向东布置到达冷水机组北侧，引出 3 根支管（管径分别为 $D133×4$、$D108×4$、$D159×4.5$）垂直向下、再水平向南敷设，分别与 3 台冷机的蒸发器进水口相连接，新增机组的水平回水管上依次安装了 Y 形过滤器、平衡阀、温度计、蝶阀、压力表和软连接，蒸发器出水管垂直向上汇入供水干管，新增机组的水平供水管上依次安装了软连接、压力表、蝶阀、温度计和流量开关，供水干管（代号 L1，管径 $D219×6$）沿北墙、西墙敷设，从冷冻站的西南角引出。

（2）冷却水系统。来自屋顶冷却塔的供水立管设置在①/D㉘处，水平供水干管（代号X1，管径 $D273×7$）沿南墙敷设，然后分成 4 个支路与 4 台冷却水泵相连接，水泵出水管垂直向上汇入供水干管。冷却水供水干管水平向东敷设，再沿东墙、北墙敷设，到达冷水机组北侧，引出 3 根支管（管径均为 $D133×4$）水平向南、垂直向下、再水平向东敷设，分别与 3 台冷机的冷凝器进水口相连接，新增机组的进水管上依次安装了蝶阀、水处理仪器、平衡阀和软连接。冷凝器出来的冷却水回水管（代号 X2，管径均为 $D133×4$）与供水管平行布置，汇入北侧的回水干管（代号 X2，管径均为 $D273×7$）。冷却水回水立管位于北墙轴线㉘附近，引出屋顶后水平向东布置（见图 3-28，管道代号 X2，管径 $D273×7$），再分成 3 个支路（管径 $D159×4.5$）水平向南布置引入冷却塔，冷却塔出水管（管径 $D159×4.5$）水平向南布置，并联后（代号 X1，管径 $D273×7$）从①/D㉘处引入二层冷冻站。

（3）定压补水系统。膨胀水箱的膨胀管（代号 PZ，管径 $DN50$）水平向南、向东布置，从①/D㉘处引入二层冷冻站，连接到冷冻水泵的吸入口处，作为定压点。补水干管（代号 M，管径 $D57×3.5$）由屋顶东北角引出，水平向南、向西布置，分成 4 个支路（管径均为 $DN25$）分别为 3 台冷却塔和膨胀水箱补水。

3.5.4　制冷系统的设备与管道布置

结合剖面图（见图 3-29）了解机房中设备与管道的空间布置，尤其是高度方向上的变化。

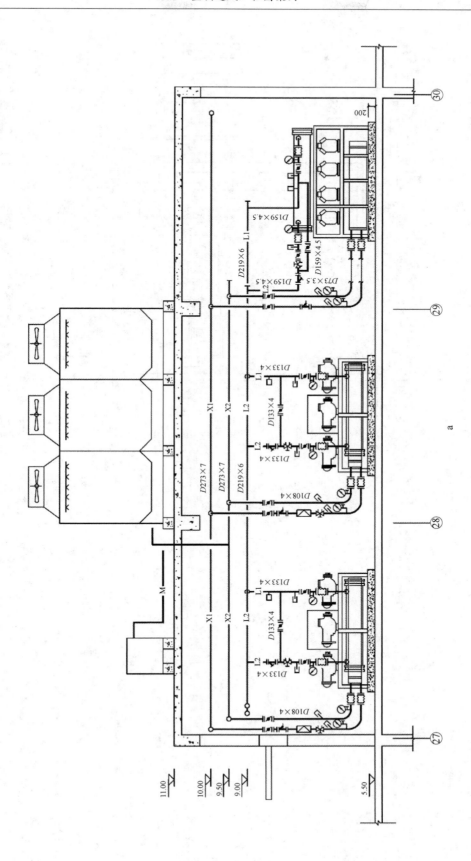

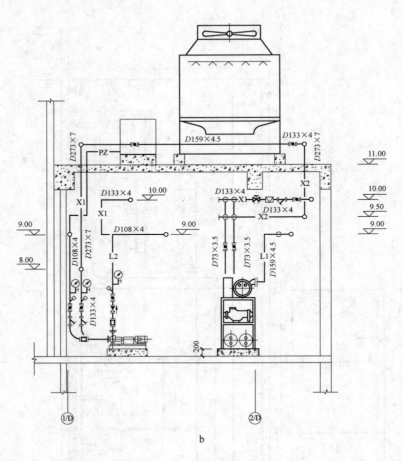

图 3-29   冷冻站剖面图 （1：50）

a—1-1 剖面图；b—2-2 剖面图

4　采暖工程图

采暖系统（包括室内输配管道和末端设备，一般不包括热源和室外管网）是典型的全水系统，其工程图纸主要包括平面图、系统轴测图和详图。因此，采暖工程图是室内采暖工程施工的主要技术依据。

4.1　基 本 规 定

采暖工程图中一般用单线绘制管道，图线宽度 b 可在 1.0 mm、0.7 mm、0.5 mm 中选取，各图线的用途见表4-1。

表 4-1　采暖制图常用线型

名称	线　型	线宽	用　途
粗实线		b	供水管、供汽管
中粗实线		$0.7b$	散热器及其连接支管，采暖设备轮廓线
中实线		$0.5b$	建筑轮廓线
细实线		$0.25b$	建筑布置的家具、绿化等，非本专业设备轮廓线，尺寸标注、图例、引出线等
粗虚线		b	回水管、凝结水管、管道被遮挡的部分
中粗虚线		$0.7b$	采暖设备被遮挡的轮廓
中虚线		$0.5b$	地下管沟，示意性连线
细虚线		$0.25b$	非本专业设备被遮挡的轮廓
细单点划线		$0.25b$	中心线、轴线
折断线		$0.25b$	断开界线

采暖平面图的比例应与工程设计项目的主导专业的比例一致，其他图样的比例可参考表2-2选用。

4.2　管 道 表 达

采暖系统中管道一般采用单线绘制，管道表达和标注方法参见第2章。

管径的单位为 mm（通常省略不写），室内采暖管道标注时：（1）对于低压流体输送用焊接管道，采用"DN"公称通径表示管径；（2）对于塑料管材，采用"De"外径表示管径。

应对采暖系统的立管进行编号，用一个直径为 6~8 mm 的细实线圆表示，其内书写编号，如图 4-1 所示。在不产生误解的情况下，可以只标注数字序号，但应与建筑轴线编号有明显区别。采暖入口编号为系统代号（N 或 R）后跟阿拉伯数字，例如 (N1)、(R1)。

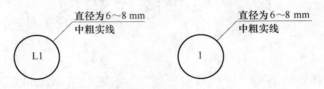

图 4-1　采暖立管编号

采暖工程中管道阀门、附件及调节控制装置图例可参考冷热源机房。

4.3　散热设备表达

4.3.1　散热设备的图例和规格

散热设备图例见表 4-2。常用散热器的规格和数目应按下列规定标明：

（1）柱式散热器只注数量，例如 15。

（2）圆翼形散热器标注每排根数×排数，例如 3×2。

（3）光管散热器标注管径（mm）×管长（mm）×排数，例如 $D108×1000×4$。

（4）串片式散热器标注长度（m）×排数，例如 1.0×3。

表 4-2　散热设备图例

名　称	图　　例	说　　明
散热器		11 为散热器的规格和数量
散热器及手动放气阀		左为平面图画法，中为剖面图画法，右为系统图（Y 轴测）画法
散热器及温控阀		左为平面图画法，右为剖面图画法

4.3.2　散热器与管道的连接

单管上供下回系统、双管上供下回系统和双管下供下回系统是最常见的供热系统，它们在平面图和系统图中的具体表达方法见表 4-3。这种图示方法具有很强的示意性，不完全符合投影规则。

表 4-3 常见采暖系统散热器表达

采暖系统名称		平面图	系统图
上供下回单管系统	顶层		
	标准层		
	底层		
上供下回双管系统	顶层		
	标准层		
	底层		
下供下回双管系统	顶层		
	标准层		
	底层		

4.4 图样绘制

室内采暖工程图样包括图样目录、设计施工说明、平面图、系统轴测图、原理图（系统图）和大样详图。

4.4.1 设计施工说明

设计施工说明通常是在整个设计图纸的第 2 页。

设计说明是为了帮助工程技术人员了解项目的设计依据、引用的规范与标准、设计目的、设计主要数据与技术指标等内容，采暖工程设计说明一般包括：工程概况、设计依据、室内外计算参数、主要技术指标、系统设计等。

施工说明是施工过程中应注意且用施工图表达不清楚的内容。施工说明各条款是工程施工过程中必须执行的措施依据，具有一定的法律效力。

4.4.2 平面图

室内采暖平面图主要显示采暖管道的相关情况和设备布置，主要内容包括：

（1）采暖系统的干管、立管、支管的平面位置、方向、立管的编号和管道的安装方式；

（2）散热器平面布置位置、数量、规格和安装的方式；

（3）采暖干管上的阀门、固定支架、供热系统相关设备（如膨胀水箱、集气罐、疏水器等）的平面位置及规格；

（4）热媒入口及入口地沟的情况，热媒来源、流向及与室外供热网络的连接。

采暖平面图绘制的基本要求如下：

（1）平面图中管道最好画单线，粗实线应使用为供水、粗虚线为回水、中实线为散热器。本学科在平面图上要求的建筑轮廓应与建筑图纸一致，并注意建筑物使用细线。

（2）散热器与其支管的绘制见表4-3。

（3）各种形式散热器的规格及数量，宜按以下规定标注：1）柱形散热器仅标注数量；2）圆翼形散热器应标注根数、排数；3）光管散热器应标注管径、管长、排数；4）串片式散热器应标注长度、排数。

（4）对于普遍使用的上供下回式单管或双管系统，一般画出第一层平面（包括回水管的布置）、顶层平面图（在顶层平面图中供水干管布置）和标准层（没有回水干管，而中间层的散热器片的数量以从上至下的顺序标记）。

图4-2为某住宅楼一层采暖平面图，该楼采用了水平单管式采暖系统。

4.4.3 系统轴测图

室内采暖系统图表达的主要内容包括：

（1）供暖系统轴测图主要表示管道、设备的连接关系、规格和数量；

（2）采暖系统中的所有管道、管道附件、设备都要绘制出来；

（3）标明管道规格、水平管道标高、坡向和坡度；

（4）散热设备的规格、数量、标高，散热设备与管道的连接方式；

（5）系统中的膨胀水箱、集气罐等与系统的连接方式。

采暖系统图绘制的基本要求如下：

（1）采暖系统轴测图的绘制方法应该是轴测投影法，可以是正等轴测法，也可以是正面斜二轴测投影法。目前，在供暖工程中常用的是直正面斜二轴测，Y 轴与水平方向的角度为 $45°$，三轴的伸缩系数为1。

（2）供暖轴测图宜采用单线绘图，供水干管、立管可用粗实线绘制，干管可用粗虚线绘制，散热器支管、散热器、膨胀水箱等可用中粗实线绘制。

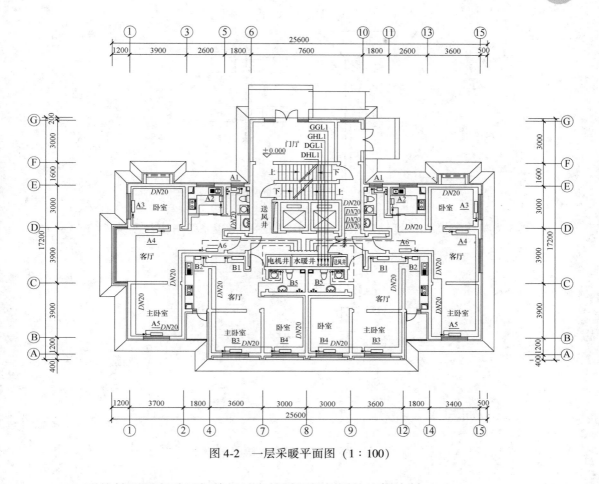

图 4-2　一层采暖平面图（1∶100）

（3）系统轴测图宜采用与其相对应的平面图相同的比例绘制。

（4）要限定高度的管道，应标明相对标高。管道标注管的中心标高，散热器标注底的标高。

（5）轴测图（或系统图）中，散热器宜按图 4-3 所示的画法绘制。柱式、圆翼形散热器的数量应标注在散热器内部，如图 4-3a 所示；光管式、串片式散热器的规格、数量应标注在散热器上方，如图 4-3b 所示。

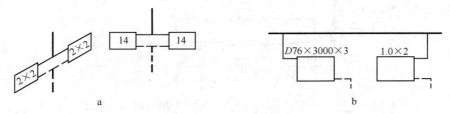

图 4-3　系统图中散热器的表示

a—柱式、圆翼形散热器画法　b—光管式、串片式散热器画法

（6）系统轴测图中管道重叠、密集处可断开引出绘制，如图 4-4 所示。

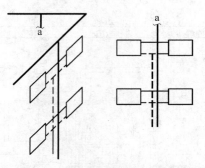

图 4-4　轴测图中管道重叠的表示

图 4-5 为某住宅楼 A 户型轴测图，与图 4-2 所示的采暖系统对应。

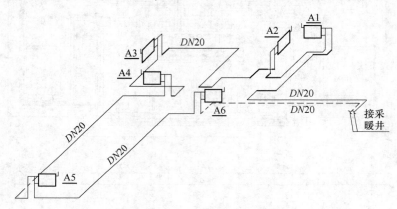

图 4-5　A 户型采暖系统图

4.4.4　大样详图

图 4-6 是热力入口的大样详图及散热器连接详图。从热力入口详图 4-6a 可以看出，供水干管从左至右依次安装有温度计、泄水堵、热表、闸阀、压力表、Y 形过滤器、压力表、闸阀，回水干管从左至右依次安装温度计、泄水堵、闸阀、压力表、Y 形过滤器、压力表、闸阀、热表、平衡阀，供回水管路由循环管路连接。

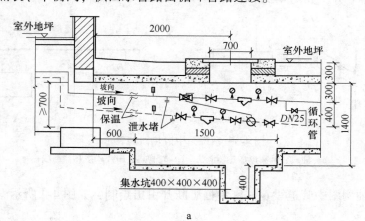

a

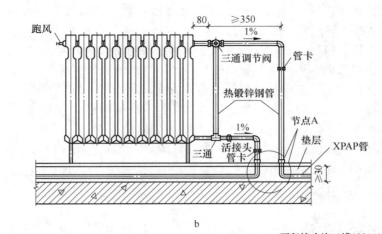

b

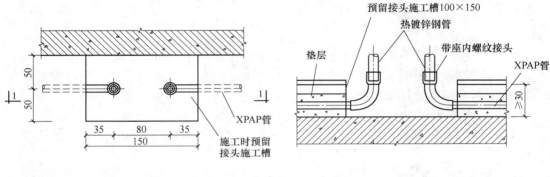

c

图 4-6　热力入口连接详图

a—供热系统入口大样；b—散热器连接；c—节点 A 平面图、剖面图

4.5　采暖工程图案例

4.5.1　识读方法

　　室内供暖项目需要的图纸有图样目录、设计说明、平面图、轴测图（系统图）、原理图和大样详图。

　　室内采暖平面图主要反映采暖管道及设备的平面布置，应重点阅读以下内容：

　　（1）热媒入口及入口地沟的情况，热媒来源、流向以及与室外热网的连接方式；

　　（2）根据热媒的流向了解供水干管、回水干管、立管、支管的走向、管段的规格、大小以及安装方法；

　　（3）立管编号和位置，水平管段的坡向、坡度以及标高；

　　（4）散热器的平面位置、规格、数量及安装方式；

　　（5）采暖干管上的阀门、固定支架以及其他供暖设备（如膨胀水箱、集气罐、疏水器等）的平面布置和规格。

　　供暖轴测图（又称为供暖系统图）一般是用 45°正面斜轴测投影法来画的，它的作用是表示供暖系统中管道和设备的连接、管道的规格、数量、高度等，而不是具体的建筑物。在读供暖轴测图时，要注意下列几点：

（1）热力入口总供回水管的方向、高度和回水横向干管的坡向、坡度、标高；

（2）沿着热水流向，供水管管径的变化以及回水管管径的变化；

（3）立管管径大小、立管与散热器的连接方式以及立管上设置的阀门；

（4）散热器的规格、数量和标高，以及散热器与立管的连接方式；

（5）膨胀水箱、集气罐等设备与系统的连接方式。

常见的室内供暖系统细节图可参照有关规范图册，无法直接应用的，可自行绘制详细图纸，常用的细节图有安装详图、集配器安装详图、热力入口大样详图等。

4.5.2 某宿舍楼采暖施工图

本小节详细介绍某六层宿舍楼采暖工程的平面图和系统图。由于篇幅有限，该工程的图纸目录和设计说明省略。

4.5.2.1 首层采暖平面图

图 4-7 为首层采暖平面图，主要包括该层采暖设备的平面位置、立管平面位置与编号、供回水管（供水管实线，回水管虚线）的平面走向、热力入口位置、室内暖沟以及管道尺寸、坡度坡向、管道附件等。

从图 4-7 中可知：

（1）该宿舍楼南北朝向，南侧有 2 个出入口，室内地面标高为 ±0.000，室外地坪标高为 −0.450 m。

（2）热力入口位于该楼北侧轴线⑧处，室外干管（供水管标高 −1.500 m，回水管标高 −1.750 m，管径均为 DN80）穿北外墙预留孔洞（尺寸 $\phi700$ mm × 700 mm，底标高 −1.900 m）进入楼内。供水干管入楼后水平向南敷设在暖沟中（管径 DN80，标高 −0.950 m，坡向北侧，坡度 $i = 0.003$），在⑧Ⓒ处垂直向上，立管编号为Ⓝ𝖫；回水干管（管径 DN70，标高 −0.700 m，坡向北侧，坡度 $i = 0.003$）与供水干管平行敷设在暖沟中。暖沟的详细尺寸和管道布置见图 4-7 中 1-1 剖面图。

（3）采用铸铁散热器（以中实线标示），绝大部分散热器布置在外窗附近，散热器片数标注在外墙外侧。散热器由水平分支管道与供暖立管相连。

（4）该楼采用上供下回单管式采暖系统，采暖立管共有 19 个，从左下角开始逆时针进行编号，在立管附近的外墙外侧分别标注①~⑲。

（5）回水干管有 4 个支路沿外墙内侧地沟敷设，坡向（坡度 $i = 0.003$）轴线⑧处的总回水干管，总回水干管从预留洞出建筑，进入热力入口。

（6）暖沟内设置了 5 个检查井（图例□），回水干管上设置了 5 个固定支架（图例"×"），立管 9 和⑲处分别设置了 1 个自动排气阀（图例 ⊷□）。

（7）图中立管与回水干管的连接采用示意性表达，而不是按照投影规律进行的，实际连接情况参见采暖系统图。

4.5.2.2 二~五层采暖平面图

二~五层（标准层）采暖设备和管路的平面布置如图 4-8 所示。比较与首层平面图（见图 4-7）的不同之处，从图 4-8 中可以看出：

（1）Ⓝ𝖫 仍然表示总供水立管，从首层引上来，依次穿过二~五层进入顶层。

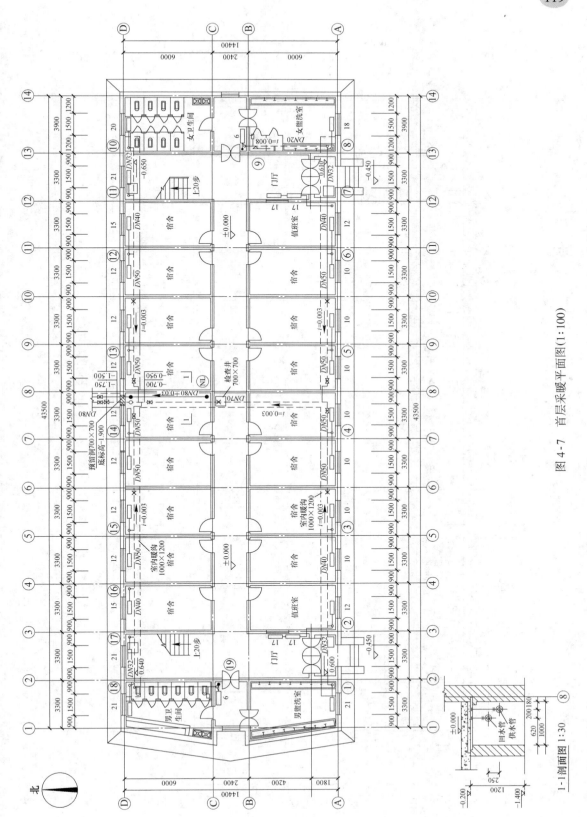

图 4 - 7 首层采暖平面图(1:100)

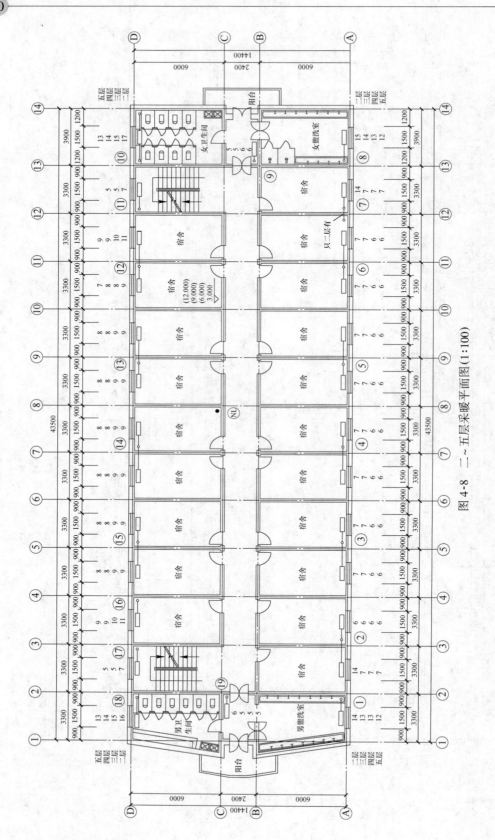

图 4-8 二~五层采暖平面图 (1:100)

（2）由于采用上供下回单管式采暖系统，因此在标准层中没有水平供回水干管，只有散热器、支管以及立管，立管位置和编号与首层相同。

（3）每一组散热器附近外墙外窗标注有4个数字，分别代表着二～五层的每一层散热器片数，楼梯间散热器附近标注了3组片数。

4.5.2.3 顶层采暖平面图

图4-9主要表达了顶层采暖管道及设备布置，从图中可以看出：

（1）主供水立管⑩引入的供水干管敷设在六层楼板下，供水干管与回水干管对应，仍然分为4个支路；供水干管均向主供水管⑩倾斜（坡度$i = 0.003$）；每个支路的末端设置自动排气阀，分别设置在立管①、⑨、⑩、⑲处；供水干管上共设置5个固定支架。

（2）立管位置和编号与首层相同。

（3）每个散热器附近标注该层散热器的片数。

（4）水平供水干管与立管的连接采用示意性表达，并不符合投影规则，实际连接情况见采暖系统图。

4.5.2.4 采暖系统图

为了清楚表达整个采暖系统的空间布局，该套图纸采用了采暖轴测图与立管图相结合的表达方式。

图4-10为采暖系统轴测图，采用正面斜等测法绘制，Y轴与水平线的夹角为45°。图中表达了供回水干管的走向、立管及其与干管的连接、管道附件的位置、水平管道的标高等。与平面图一致，供水管仍用实线表达，回水管用虚线表达。沿着热水流动方向进行识读，从图中可以看出：

（1）室外供水干管（管径$DN80$，标高-1.500 m）从热力入口水平引入楼内，垂直向上到达标高-0.950 m处，再水平向南到达楼的中间（管径$DN80$，坡向室外，坡度$i = 0.003$）。总供水立管⑩垂直向上到达顶层后分成南北两个水平干管（管径均为$DN70$，标高均为17.600 m），每个管路再分成东西两个水平干管。4个供水干管均坡向（坡度$i = 0.003$）总供水立管⑩；每个水平管路的最高点设置自动排气阀（图例⑂），分别位于立管①（标高17.680 m）、立管⑨（标高17.690 m）、立管⑩（标高17.660 m）和立管⑲（标高17.690 m）。

（2）每个水平干管分别连接4～6根立管，立管的位置和编号与平面图一致。由于管道重叠、密集，立管上下均断开表达（图例⌐），并另绘制了立管图，如图4-11所示。

（3）立管下端与回水干管相连，回水干管的布置与供水干管类似。南侧2个支路汇合后，回水干管（管径$DN70$，标高-0.700 m，坡向北，坡度$i = 0.003$）水平向北布置，与北侧2个支路汇合后，总回水干管（管径$DN80$）垂直向下到达标高-1.750 m处，水平从预留洞出建筑，进入热力入口。此外，回水干管经过一层男卫生间和女盥洗室时，回水管向上跨越通过，跨越管道最高处（立管⑨和立管⑲附近）设置自动排气阀。

（4）供回水干管上设置了固定支架、闸阀（图例⊸⋈⊢）；总供水立管⑩末端设置清扫口（图例⊥）；热力入口处，供水管上设置闸阀，回水管上设置闸阀和平衡阀（图例⊸⋈⊢）。

（5）图中标注了所有管段的管径以及主要管道的标高（标高均为管道中心距离首层

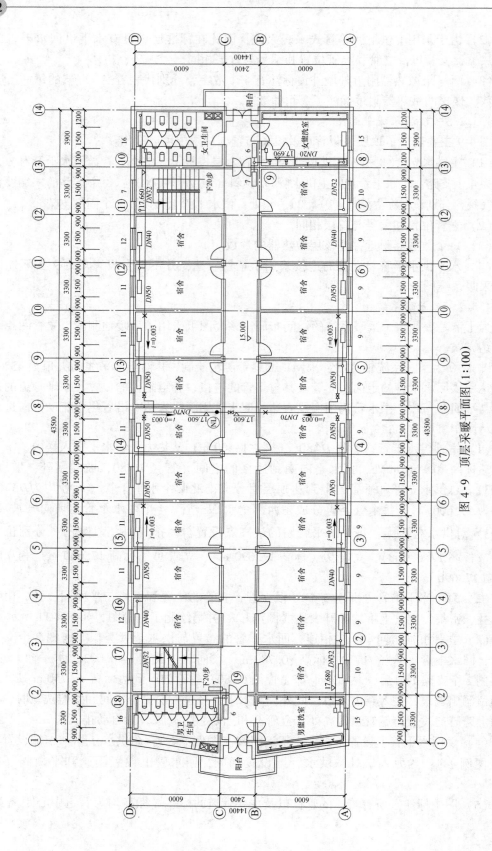

图 4-9 顶层采暖平面图（1：100）

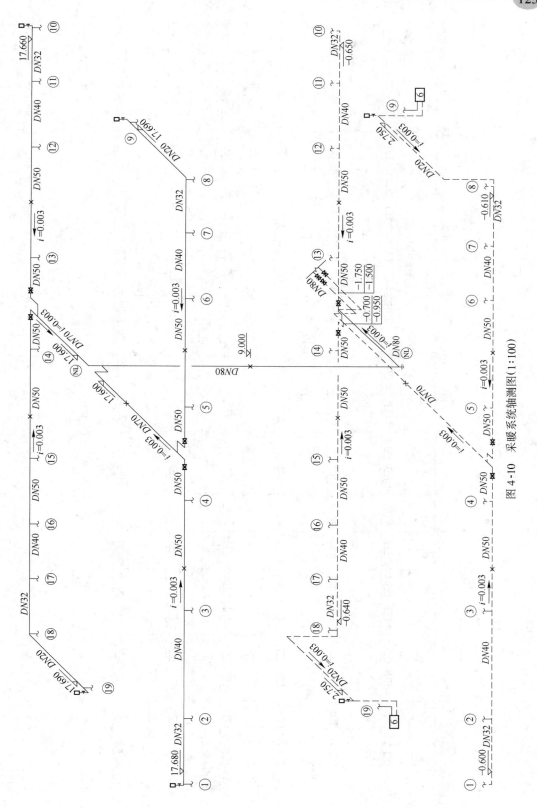

图 4-10 采暖系统轴测图(1∶100)

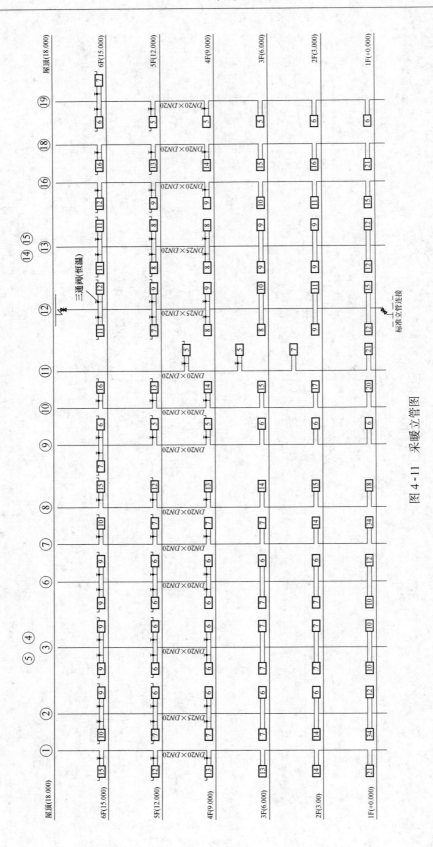

图 4 - 11　采暖立管图

地面高度）。

图4-11为采暖立管图，立管编号与轴测图和平面图一致。从图中可以看出：

（1）水平细实线为每层楼地面线和屋顶线，两侧标注楼层和地面标高。

（2）纵向为每一根立管及其连接的散热器，按照立管编号从左向右依次排列，立管上端标注立管标号。完全相同的立管可以只绘制一组，如立管③、④、⑤和立管⑬、⑭、⑮。

（3）以立管⑫为例，表达了立管上端与供水干管的连接以及下端与回水干管的连接。

（4）散热器与立管由水平支管连接，部分支管上安装了恒温三通阀（图例⊥）。散热器片数标注在散热器上，部分散热器设置了用于排气的跑风（图例 16 ）。

4.5.3　某别墅地板辐射采暖施工图

图4-12和图4-13为某别墅低温热水地板辐射采暖工程的施工图。该建筑为两层别墅，南北朝向，每栋2户。

图4-12为首层采暖平面图，每户首层地板辐射采暖面积为93.2 m²，车库采用散热器采暖。从图中可知：

（1）采暖立管Ⓝ1和Ⓛ2位于轴线⑱与⑥相交处，立管引出的水平支管连接集配器（图例）。

（2）每个集配器引出6个回路（热水供水管为实线，回水管为虚线），其中5个回路铺设在各房间的地板中用于供暖，1个回路连接车库的散热器。

（3）5根盘管均采用回字形布置，管径均为De20，长度分别为82 m、81 m、80 m、80 m、82 m。由于房间的负荷密度不同，盘管的管间距也不相同，分别为100 mm、150 mm、200 mm、300 mm。此外，图中还标注了盘管的定位尺寸。

（4）车库散热器均为6片。

图4-13为二层采暖平面图，每户二层地板辐射采暖面积为面积101.8 m²。从图中可知：

（1）采暖立管和集配器位置与首层相同。

（2）每个集配器引出5个回路，铺设在各房间的地板中用于供暖。5根盘管均采用回字形布置，管径均为De20，长度分别为84 m、84 m、89 m、88 m、88 m。由于房间的负荷密度不同，盘管的管间距也不相同，分别为100 mm、200 mm、250 mm、300 mm。此外，图中还标注了盘管的定位尺寸。

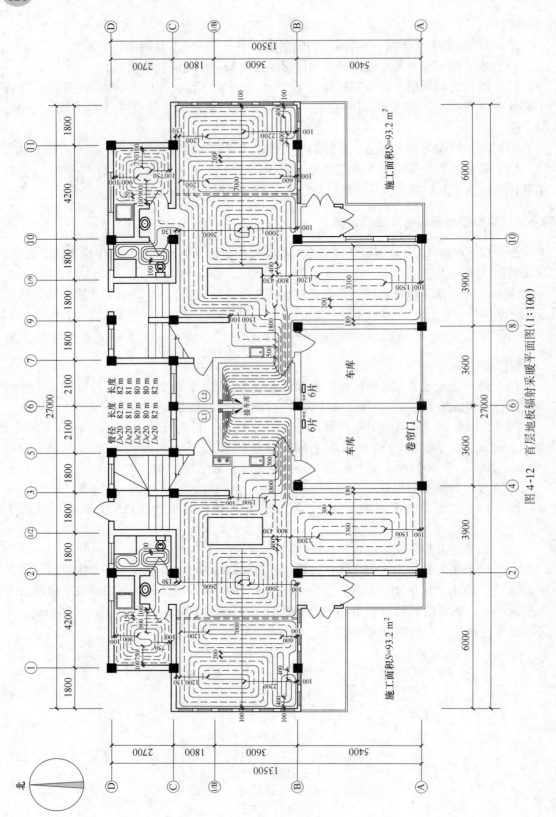

图 4-12 首层地板辐射采暖平面图(1:100)

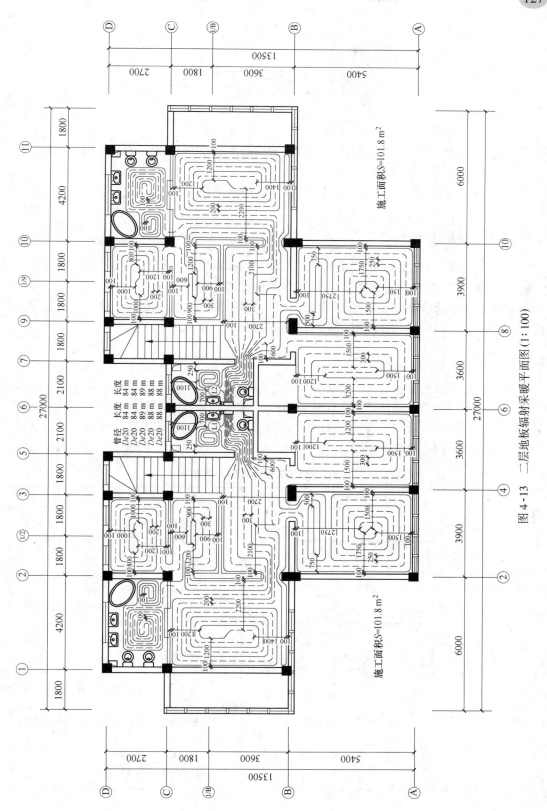

图 4-13 二层地板辐射采暖平面图(1∶100)

5 燃气工程图

本章主要介绍燃气工程图的图示内容、表达特点、绘制和阅读方法。

5.1 基本规定

5.1.1 图纸编排顺序

燃气工程图一般按以下顺序排列：工程项目的图纸目录、选用标准图或图集目录、设计施工说明、设备及主要材料表、图例、专业设计图。

专业设计图纸应该独立编号，图纸编号应按以下顺序排列：目录、总图、流程图、系统图、平面图、剖面图、详图等。平面图应根据建筑楼层从下到上排列。

5.1.2 图线

图纸中粗实线的宽度（b）应根据图纸的比例和类别以及现行国家标准《房屋建筑制图统一标准》（GB/T 50001）的规定进行选择，线宽可分为粗、中、细。同一图纸上同一类型线条的宽度应一致，一套图纸中大多数图纸上同一类型线条的宽度也应一致。常用工程图线条类型与用途见表5-1。

表 5-1 燃气工程图线型与用途

名称	线型	线宽	用途
粗实线	——————	b	（1）单线表示的管道； （2）设备平面图及剖面图中设备外轮廓线； （3）剖切符号线
中实线	——————	$0.5b$	（1）双线表示的管道； （2）设备和管道平面及剖面图中的设备外轮廓线； （3）单线表示的管道横剖面； （4）尺寸起止符
细实线	——————	$0.25b$	（1）可见建（构）筑物、道路、河流、地形地貌等的轮廓线； （2）管道平面及剖面图中设备及管路附件的外轮廓线； （3）尺寸线、尺寸界线； （4）设备、零部件及管路附件等的编号引出线

续表 5-1

名称	线　型	线宽	用　途
粗虚线	▬ ▬ ▬ ▬ ▬ ▬ ▬	b	（1）被遮挡的单线表示的管道； （2）埋地单线表示的管道； （3）设备平面及剖面图中被遮挡设备的外轮廓线
中虚线	 — — — — — — —	$0.5b$	（1）被遮挡的双线表示的管道； （2）设备和管道平面及剖面图中被遮挡设备的外轮廓线； （3）埋地双线表示的管道
细虚线	 – – – – – – –	$0.25b$	（1）被遮挡建（构）筑物的轮廓线； （2）拟建建筑物的外轮廓线； （3）管道平面及剖面图中被遮挡设备及管路附件的外轮廓线
单点画线	 —·—·—·—·—	$0.25b$	中心线、轴线
双点画线	 —··—··—··—	$0.25b$	假想或工艺设备的轮廓线
波浪线	 〜〜〜〜〜	$0.25b$	设备和其他部件自由断开界线
折断线	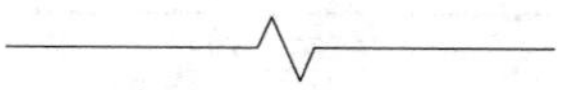 —————\/\——————	$0.25b$	（1）建筑物的断开界线； （2）多根管道与建筑物同时被剖切时的断开界线； （3）设备及其他部件断开界线

5.1.3　比例

比例应以阿拉伯数字表示。在图纸上只有一个比例尺时，应当在标题栏中标明；在图纸中有两个以上比例尺时，应当在图名的右侧或下方标明，如图 5-1a 所示。绘制燃气管道纵断面图时，纵向和横向可根据需要采用不同的比例尺，如图 5-1b 所示。同一图样中的不同视图和剖面图应采用相同的比例尺。流程图和难以按比例绘制的局部大样图，可以不按比例绘制。

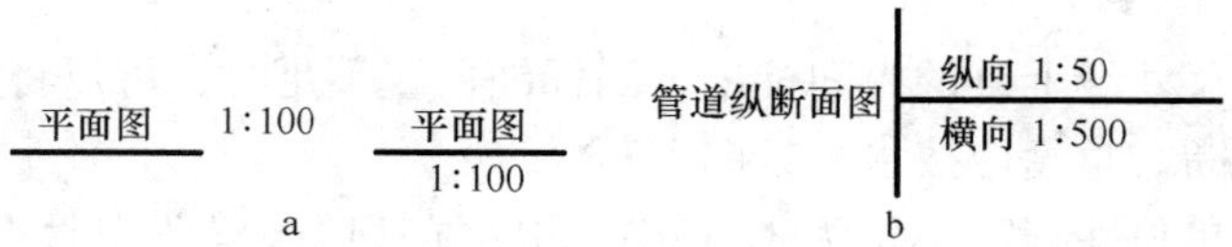

平面图　1:100　　平面图
1:100　　管道纵断面图 纵向 1:50 ／ 横向 1:500

a　　　　　　b

图 5-1　比例标注示意图

a—比例尺在图名的右侧或下方；b—纵断面图根据需要采用不同的比例尺

燃气工程图常用比例见表 5-2。

表 5-2　燃气工程制图常用比例

名　　称	比　　例
规划图、系统布置图	1∶100000、1∶50000、1∶25000、1∶20000、1∶10000、 1∶5000、1∶2000

名　称	比　例
储存站、门站、小区庭院管网等的平面图	1：1000、1：500、1：200、1：100
工艺流程图	不按比例
室外高压、中压燃气输配管道平面图	1：1000、1：500
室外高压、中压燃气输配管道纵断面图	横向 1：1000、1：500　纵向 1：100、1：50
室内燃气管道平面图、系统图、剖面图	1：100、1：50
大样图	1：20、1：10、1：5
设备加工图	1：100、1：50、1：20、1：10、1：2、1：1
零部件详图	1：100、1：20、1：10、1：5、1：3、1：1、2：1

5.1.4　尺寸标注

尺寸线的起止符可采用箭头、短斜线或圆点（见表 5-3），一张图宜采用同种起止符。半径、直径、角度、弧线的尺寸线的起止符用箭头表示，小尺寸线的起止符应用圆点表示。

表 5-3　燃气图样尺寸标注

项　目	箭头	短斜线	圆点
画法	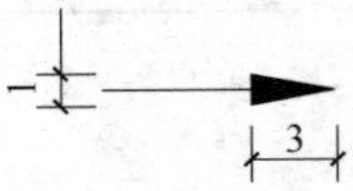	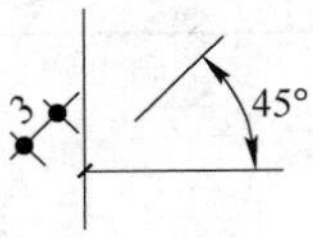	
标注应用	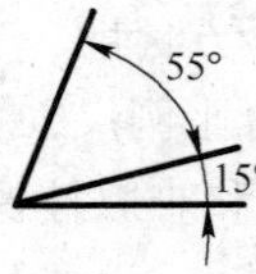	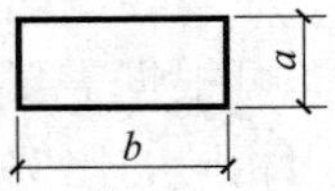	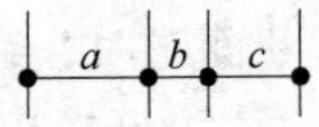

尺寸数字应在尺寸线上方的中间标出。当标注位置不足时，可以将标注引出，不被图线、文字或符号打断。角度应按水平方向书写。

图纸上的尺寸单位除标高单位为米（m）和燃气管道布置图中管道长度应以米（m）或千米（km）为单位外，其余均以毫米（mm）为单位，否则应指定说明。

5.1.5　剖面图的剖切符号

剖面图的剖切符号由剖切位置线和剖视方向线组成，用粗实线绘制。剖切位置线的长度为 5~10 mm。剖切方向线应垂直于剖切位置线，其长度为 4~6 mm，并以箭头表示剖切方向，如图 5-2 所示。

剖切符号的编号应为阿拉伯数字或英文大写字母，从左到右、从下到上按连续顺序排列，并应标记在剖视线的端部。当剖切位置的转折处容易与其他绘图线混淆时，应在拐角处添加与此符号相同的编号, 如图 5-2b 所示。

当剖面图和被剖切图样不在同一张图上时, 应在剖切位置线上标明其所在的图号, 如图 5-2c 所示。

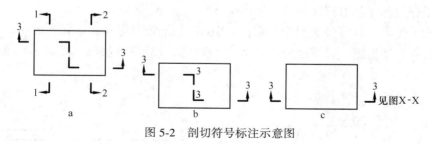

图 5-2 剖切符号标注示意图

5.2 管 道 表 达

燃气工程图中燃气管道一般采用单线绘制, 管道规格单位为毫米 (mm), 可以省略。应根据管道的材质进行管径标注如下:

(1) 对于钢管和不锈钢管, 采用 "DN" 公称直径 (如 DN100), 或 "D (外径) ×壁厚" 表示 (如 D108×4.5);

(2) 对于铸铁管, 用 "DN" 公称直径表示, 如 DN250;

(3) 对于铜管, 用 "ϕ (外径) ×壁厚", 如 ϕ8×1;

(4) 对于钢筋混凝土管, 用 "D_0" 公称内径, 如 $D_0 = 800$;

(5) 对于铝塑复合管, 用 "DN" 公称直径表示, 如 DN65;

(6) 对于聚乙烯管, 按照对应的国家现行产品标准表示, 如 de120、SDR11;

(7) 对于胶管, 用 "ϕ (外径) ×壁厚", 如 ϕ12×2。

管径的标注方法应符合以下要求:

(1) 水平管应在管上方标明, 垂直管应在管左侧标明, 斜管道的尺寸应在管上方平行标明;

(2) 当上述位置无法标记时, 可在相应位置标记, 但尺寸与管段的关系应以引出线表示;

(3) 燃气系统图中除标明管道尺寸和标高外, 还应标明管段长度 (单位 m);

(4) 管道规格变更处应画出异径管图形符号, 并在图形符号前后标明管径;

(5) 对于多根管道, 应按图 5-3 的方式标注。

图 5-3 多管管径标注

管道坡向应用单边箭头表示。箭头应指向标高高程减小的方向，箭头比数字两端各长1~2 mm，如图5-4所示。

图 5-4　管道坡度标注示意图

室内工程应标注相对标高，室外工程应标注绝对标高。管道标高符号如图5-5所示，最常用的是管中标高，标高一般在起止点、转角点、连接点、变坡点、变管径处及交叉处标明。具体标注方法可参见图5-6~图5-9。

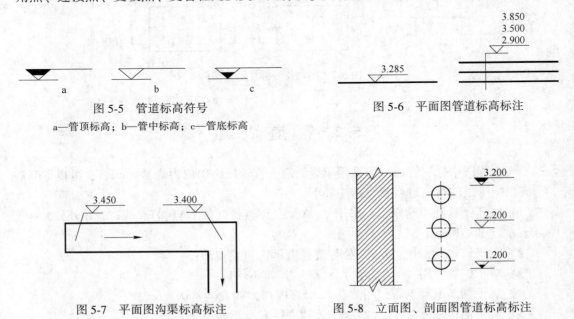

图 5-5　管道标高符号

a—管顶标高；b—管中标高；c—管底标高

图 5-6　平面图管道标高标注

图 5-7　平面图沟渠标高标注

图 5-8　立面图、剖面图管道标高标注

管道编号引出线应用细实线绘制，引出线始端指在编号管道上，引出线末端采用直径为5~10mm的细实线圆或细实线作为编号的书写处，如图5-10所示。

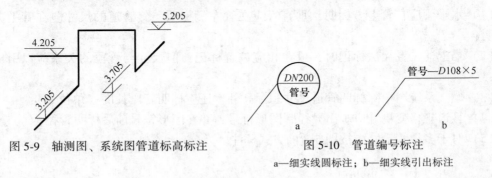

图 5-9　轴测图、系统图管道标高标注

图 5-10　管道编号标注

a—细实线圆标注；b—细实线引出标注

5.3　常用图例

燃气工程常用管道代号可参考表5-4，自定义的管道代号不应与表中的示例重复，应在图纸中描述。

表 5-4 燃气工程常用管道代号

代号	管道名称	代号	管道名称
G	燃气管道（通用）	W	给水管道
HG	高压燃气管道	D	排水管道
MG	中压燃气管道	R	雨水管道
LG	低压燃气管道	H	热水管道
NG	天然气管道	S	蒸汽管道
CNG	压缩天然气管道	LO	润滑油管道
LNGV	液化天然气气相管道	IA	仪表空气管道
LNGL	液化天然气液相管道	TS	蒸汽伴热管道
LPGV	液化石油气气相管道	CW	冷却水管道
LPGL	液化石油气液相管道	C	凝结水管道
LPG-AIR	液化石油气混空气管道	V	放散管道
M	人工煤气管道	BP	旁通管道
O	供油管道	RE	回流管道
A	压缩空气管道	B	排污管道
N	氮气管道	CI	循环管道

区域规划图、布置图中燃气厂站的常用图形符号，见表 5-5。

表 5-5 燃气厂站常用图形符号

名称	图例	名称	图例
气源厂		天然气、压缩天然气储配站	
门站		区域调压站	
储配站、储存站	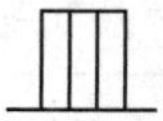	专用调压站	
液化石油气储配站		阀室	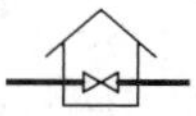
液化天然气储配站		阀井	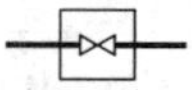

燃气工程常用阀门的图形符号见表 5-6，部分符号与暖通空调标准的规定不同。阀门与管路连接方式的图形符号见表 5-7。

表 5-6 常用阀门图形符号

名称	图例	名称	图例
阀门（通用）、截止阀		球阀	
闸阀		蝶阀	
旋塞阀		排污阀	

名　称	图　例	名　称	图　例
止回阀		紧急切断阀	
弹簧安全阀		过流阀	
针形阀	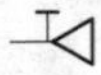	角阀	
三通阀		四通阀	
调节阀		电动阀	
气动或液动阀		电磁阀	
节流阀		液相自动切换阀	

表 5-7　阀门与管路连接方式图形符号

名　称	图　例	名　称	图　例
螺纹连接		法兰连接	
焊接连接		卡套连接	
环压连接			

燃气用户工程的常用设备图形符号宜符合表 5-8 的规定。

表 5-8　用户工程常用设备图形符号

名　称	图　例	名　称	图　例
用户调压器		燃气直燃机	
皮膜燃气表		燃气锅炉	
燃气热水器	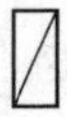	壁挂炉、两用炉	
可燃气体泄漏探测器		可燃气体泄漏报警控制器	
家用燃气双眼灶	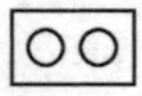	燃气多眼灶	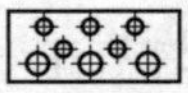

5.4　图　样　绘　制

5.4.1　一般规定

完整的燃气工程图样包括图样目录、设计说明、主要设备材料表、庭院燃气管道平面图、室内燃气管道平面图、室内燃气管道系统图以及局部管道安装详图（大样图）。

绘制图样时要突出重点、布置匀称，合理选择比例尺。能用图样和图形符号清楚表达的内容，不建议用文字描述。

标注图纸名称时应注意：（1）当一幅图纸中只有一个图样时，可以在标题栏中标注图名；（2）当一幅图纸中有两张或两张以上的图样时，应分别标注各自的图名，且图名应标注在图样下方正中间。

图面布置图应注意：（1）当一幅图纸中有两张或两张以上的图样时，一般下方绘制平面图，上方绘制正剖面图，流程图、管路系统图或详图绘制在右侧；（2）在一张图纸中有两张或两张以上的平面图时，一般按工艺流程的顺序或者下层平面图在下、上层平面图在上的原则绘制；（3）图样说明一般布置在图面右侧或下方。

同一套工程设计图纸中，图线宽、图例、术语、符号等绘制方法应当一致。

设备材料表一般包括设备名称、规格、数量、备注等栏目，管材材料表一般包括序号（或编号）、材料名称、规格（或物理性能）、数量、单位、备注等栏目。

图样中文字说明以"注："、"附注："或"说明："的形式书写，并以"1、2、3、…"编号。

下面分别介绍各种图样的绘制方法。

5.4.2 设计说明

设计说明是对施工图上无法表达，但施工人员必须了解的内容用文字进行的描述。设计说明包括工程概述；设备型号和质量；管材管件及附件的材质、规格和质量，基本设计数据；安装要求和质量检验，以及设计中对施工的特殊要求等。

5.4.3 小区或庭院燃气管道工程图

小区或庭院燃气管道施工图应绘制燃气管道平面图，可不绘制管道纵断面图。小区或庭院燃气管道平面图主要表达从调压站接至阀门井，从阀门井接出后接用户引入管前敷设在街区和楼区内的低压燃气管道的平面分布、走向，常见的比例有 1∶500、1∶1000、1∶10000 等。

小区或庭院燃气管道平面图的绘制原则如下：

（1）燃气管道平面图的绘制应以小区或庭院平面施工图、竣工图或实际测绘平面图为基础进行绘制，图纸中的地形、地貌、道路及所有建（构）筑物采用细线绘制，应标明建（构）筑物和道路的名称、多层建筑的层数，并绘制指北针。

（2）平面图中应绘制中、低压燃气管道以及调压站、调压箱、阀门、凝水缸、放水管等，燃气管道一般用粗实线绘制。

（3）平面图中应标注燃气管道的规格、长度、坡度、标高以及燃气管道的定位尺寸。

（4）平面图中应标注调压站、调压箱、阀门、凝水缸、放水管以及管道附件的规格和编号，并给出定位尺寸。

（5）平面图中应绘制与燃气管道相邻或交叉的其他管道，并标明燃气管道与其他管道的相对位置。

（6）平面图中不能清楚表达的内容，可以绘制局部大样图。

5.4.4　室内燃气管道工程图

室内燃气管道施工图包括平面图和系统图。当管道和设备布置复杂、系统图无法清晰显示时，可补充剖面图。

（1）室内燃气管道平面布置图主要表现室内燃气管道及设备的水平布置，常见比例为 1∶50、1∶100 和 1∶200。室内燃气管道平面图的绘制原则如下：

1）室内燃气管道平面图应以建筑平面施工图、竣工图或实际测绘平面图为基础进行绘制，平面图应采用正投影法绘制。

2）明敷的燃气管道采用粗实线绘制，埋在墙体内或埋在墙体内的燃气管道采用粗虚线绘制，图样中的建筑物用细线绘制。

3）平面图应表达出燃气管道、燃气表、调压器、阀门、燃具等。

4）平面图中应标注燃气管道的相对位置和管径。

（2）室内燃气管道系统图的绘制原则如下：

1）系统图采用 45°正面斜轴测法绘制。系统图的布图方向应与平面图一致，并按比例（通常为 1∶100 或 1∶50）绘制；如果局部管道不能按比例表达清楚时，可以不按比例表达。

2）系统图应表达出燃气管道、燃气表、调压器、阀门、管件等，并应注明规格。

3）系统图中应标出室内燃气管道的标高、坡度等。

此外，室内燃气设备、入户管道等处的连接做法，应绘制大样图。

5.5　燃气工程图案例

5.5.1　识读方法

图纸的阅读应按照目录→设计说明→主要材料表→专业图样的顺序进行。

（1）阅读庭院燃气管道平面图时应重点关注以下内容：

1）燃气主管与市政燃气管道的连接位置和管径；

2）庭院管道埋深、分布、管径、坡度、分支管道变径等；

3）阀门井、凝水器、检查井等管道附件的位置和尺寸；

4）建筑物前管道的管径、管材，燃气管道与建筑物及其他主要管道和设备之间的间距；

5）管道穿越障碍物的位置及穿越障碍物的详细设计。

（2）阅读室内燃气管道平面图时应重点关注以下内容：

1）单元燃气管道引入管的位置、引入形式；

2）室内立管、下垂管的管径、位置、标高和坡向等；

3）燃气表、阀门、室内燃气具的安装位置及方式；

4）燃气管道与其他管道设施的间距。

（3）阅读室内燃气管道系统图时，应将平面图与系统图结合对比，明确空间布局关系，重点阅读立管管径、支管管径、水平管道坡度、管道标高、活接头位置、套管位置等。

5.5.2 某住宅楼室内燃气施工图

本小节详细介绍某住宅楼室内燃气管道施工图。限于篇幅图样目录和设计施工说明略去，图例见表 5-9。

表 5-9 某住宅楼室内燃气管道施工图图例

名 称	图 例	名 称	图 例
低压天然气管道	——————	外爬低压天然气管道	- - - - - - - -
法兰球阀	 ▷◁	螺纹球阀	◁▷
防盗锁阀	◁▷	自闭阀	 ◇
紧急切断阀	◁▷	燃气表（CPU 表）	 ☒
活接头	≡≡≡	防拆卸接头	⬆
热水器	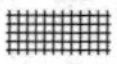 ▥	钢套管	 ▭
双眼灶	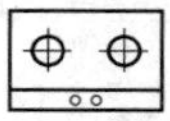 ⊙ ⊙		

5.5.2.1 燃气管道平面图

图 5-11~图 5-13 为该住宅楼燃气管道平面图，从图中可以看出，该住宅楼坐北朝南，地上共 11 层，每层 4 户。图 5-11 为首层燃气管道平面图，图中左下角为小区平面图，显示了该住宅楼的平面位置。室外地坪标高为 −0.300 m，首层室内地面标高为 ±0.000，卫生间地面标高为 −0.020 m。首层共 4 户，分别为 E1、E2、E2 反和 E3 反户型。从首层平面图可以看出，该住宅楼共设置 5 根燃气引入管 (T2-1)、(T2-2)、(T2-3)、(T2-3反)和 (T2-4)。

（1）引入管 (T2-1)从建筑北侧轴线(2-5)附近向南引入，接外爬燃气管道（粗虚线绘制），依次向南、向西、再向南布置进入 E1 户型的厨房，在厨房的东北角与立管(立1)连接，立管上引出水平支管与厨房东侧的燃气表、双眼灶以及西北角的热水器连接。

（2）引入管 (T2-2)从建筑北侧轴线(2-7)与(2-9)之间向南引入，接外爬燃气管道，依次向南、向西、再向南布置接至二层。

（3）引入管 (T2-3)从建筑南侧轴线(2-3)与(2-4)之间向北引入，接外爬燃气管道，依次向北、向东布置进入 E2 户型的厨房，在厨房的西北角与立管(立2)连接，立管上引出水平支管与厨房南侧的燃气表、热水器以及双眼灶连接。

（4）引入管 (T2-3反)从建筑南侧轴线(2-8)与(2-9)之间向北引入，接外爬燃气管道，依次向北、向西布置进入 E2 反户型的厨房，在厨房的东北角与立管(立2反)连接，立管上引出水平支管与厨房南侧的燃气表、热水器以及双眼灶连接。

（5）引入管 (T2-4)从建筑东侧轴线(2-E)附近向西引入，接外爬燃气管道，依次向北、向

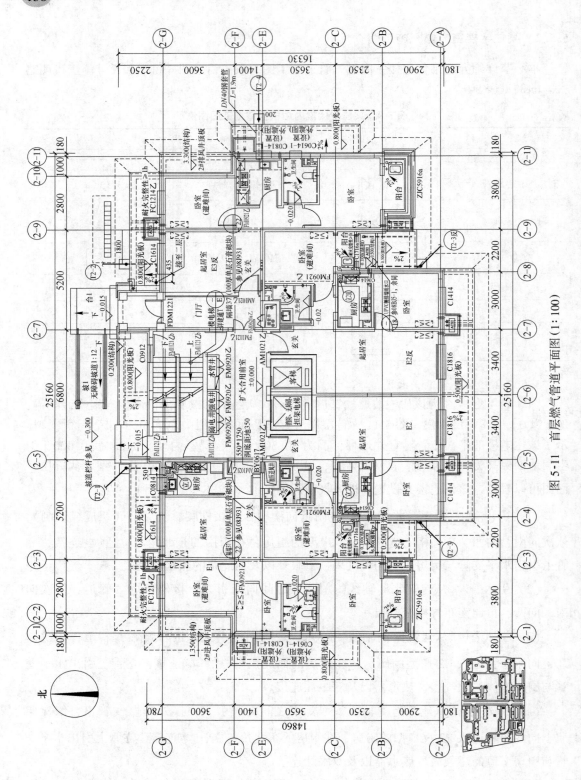

图 5-11 首层燃气管道平面图 (1：100)

西布置进入 E2 反户型的厨房，在厨房的东北角与立管⑵反连接，立管上引出水平支管与厨房北侧的燃气表、双眼灶以及东南角的热水器连接。

图 5-12 为二、三层燃气管道平面图，重点识读与首层不同的地方。二、三层室内地面标高分别为 2.800 m 和 5.600 m，卫生间地面相对本楼层地面标高为 −0.020 m（标注为H−0.02）。每层共 4 户，分别为 E1、E2、E1 反和 E2 反户型。立管⑴、⑵和⑵反的位置与首层相同，立管上引出的水平支管与厨房燃气表、双眼灶和热水器的连接也与首层相同。E1 反户型厨房外侧，来自首层的外爬燃气管道向西、向南布置进入二层厨房，在厨房的东北角与立管⑴反连接，立管上引出水平支管与厨房西侧的燃气表、双眼灶以及东北角的热水器连接。

图 5-13 为四~二十一层燃气管道平面图，重点识读与前面平面图不同的地方。每层共 4 户，分别为 E1、E2、E1 反和 E2 反户型。立管⑴、⑵、⑴反和⑵反的位置与二、三层相同，立管上引出的水平支管与厨房燃气表、双眼灶和热水器的连接也与二、三层相同，无外爬燃气管道。

5.5.2.2 燃气管道轴测图

室内燃气管道平面布置图主要表现室内燃气管道及设备的水平布置，要了解管道的纵向变化以及管道与设备的具体连接方式，应结合管道系统图（轴测图）进行识读。图 5-14 为该住宅楼燃气管道轴测图；图中粗实线为低压天然气管道，粗虚线为外爬低压天然气管道，细虚线为管道重叠、密集处的假想断开线；图中标注了水平管道的标高以及管段的管径和长度（例如，$\dfrac{D60 \times 3.5}{0.9}$，表示指向的管道管径为 $D60 \times 3.5$，管道长度为 0.9 m）。

图 5-14 左侧为引入管的轴测图，可以看出：

（1）室外引入管⑴⁻¹（管径 $DN63$，标高 −1.50 m）水平向东南，再垂直向上到达室外地坪（标高 −0.30 m）后连接外爬燃气管道（管径 $DN60 \times 3.5$）；外爬管道（管道上安装防拆卸丝堵和防尘球阀）依次垂直向上 1.3 m、水平向南 1.5 m、垂直向上 1.4 m、水平向西 0.5 m、水平向南穿过外墙进入厨房，连接室内燃气管道（管径 $DN50$，标高+2.40 m）；室内管道水平向东 0.3 m，再与立管⑴相连接。

（2）室外引入管⑴⁻²（管径 $DN63$，标高 −1.50 m）水平向南，再垂直向上到达室外地坪（标高 −0.30 m）后连接外爬燃气管道（管径 $DN60 \times 3.5$）；外爬管道（管道上安装防拆卸丝堵和防尘球阀）依次垂直向上 1.3 m、水平向南 1.5 m、水平向西 1.0 m、垂直向上 2.5 m、水平向西 1.6 m、水平向南穿过外墙进入厨房，连接室内燃气管道（管径 $DN50$，标高+3.50 m）；室内管道水平向西 0.3 m，再与立管⑴反相连接。

（3）室外引入管⑴⁻³（管径 $DN63$，标高 −1.50 m）水平向东北，再垂直向上到达室外地坪（标高 −0.30 m）后连接外爬燃气管道（管径 $DN 60 \times 3.5$）；外爬管道（管道上安装防拆卸丝堵和防尘球阀）依次垂直向上 1.0 m、水平向北 2.7 m、水平向东穿墙进入厨房，连接室内燃气管道（管径 $DN50$，标高+0.70 m）；室内管道依次水平向北 1.5 m、向东 0.3 m、向北 0.3 m，再与立管⑵相连接。引入管⑴⁻³反与⑴⁻³对称，这里不再详述。

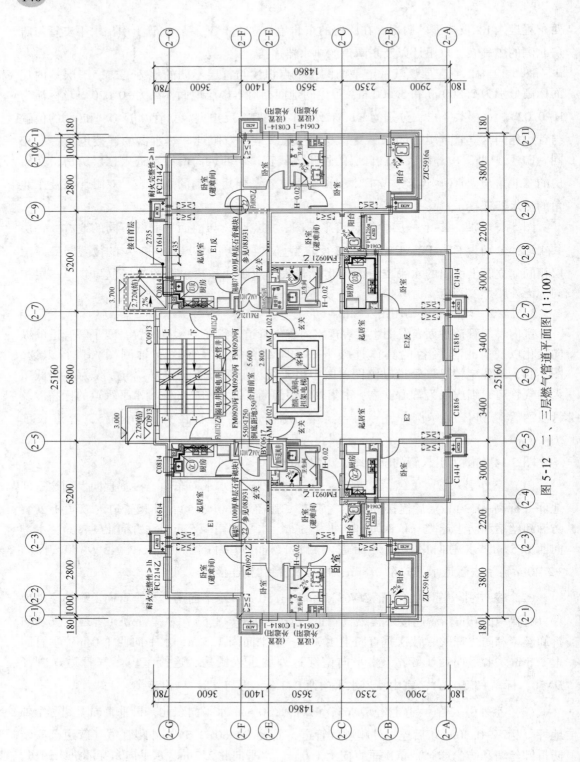

图 5-12 二、三层燃气管道平面图（1:100）

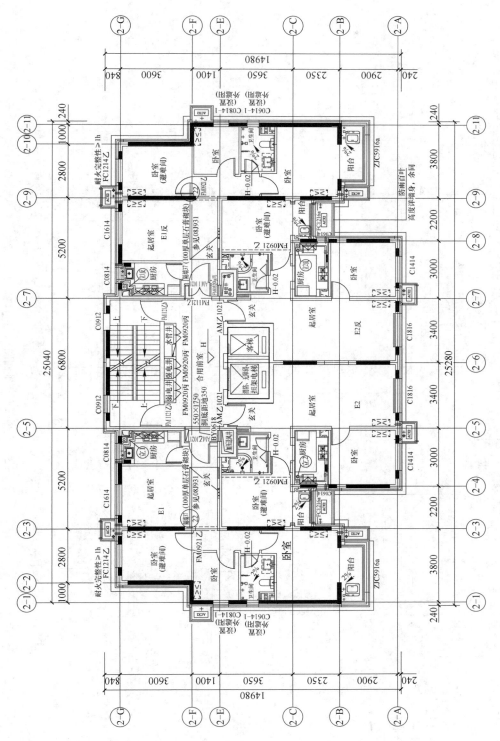

图 5-13 四～二十一层燃气管道平面图 (1:100)

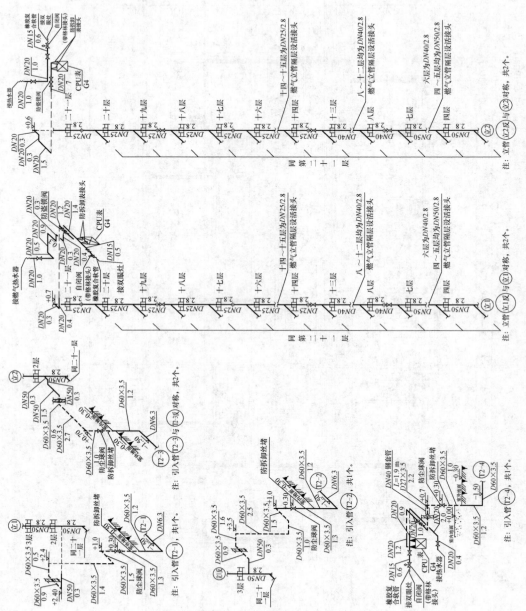

图 5-14　燃气管道轴测图（1:100）

（4）室外引入管⑰₂₋₄（管径 DN60×3.5，标高−1.50 m）水平向西，再垂直向上到达室外地坪（标高−0.30 m）后连接外爬燃气管道（管径 DN60×3.5）；外爬管道（管道上安装防拆卸丝堵和防尘球阀）垂直向上 1.0 m、再水平向西穿墙（穿墙处设置 DN40 钢套管）进入厨房，连接室内燃气管道（管径 DN20，标高+0.70 m）；室内管道水平向北 1.0 m（管道上安装防盗锁阀和紧急切断阀），再水平向西 1.2 m 连接 CPU 表；CPU 表引出的水平向西管道（管径 DN15，管长 0.6 m，管道上安装螺纹球阀和自闭阀）接双眼灶，CPU 表引出的水平向东管道（管径 DN20，管道上安装螺纹球阀）依次向南 2.0 m、向东 0.4 m 后接热水器。

图 5-14 右侧为立管的轴测图，可以看出：

（1）立管⑦₁与引入管⑰₂₋₁连接，立管垂直绘制，"⊟†⊟"表示了每一层的位置；每一层燃气管道和设备的连接均相同，因此只绘制了顶层燃气管道与设备的连接，其他楼层仅绘制出立管上引出水平支管的位置。在第二十一层，立管上引出的支管（管径 DN20，相对于该层地面的标高为+0.7 m）依次水平向南 0.3 m、向东 0.4 m、向南 1.2 m（管道上安装防盗锁阀和紧急切断阀）后连接 CPU 表；CPU 表引出的水平向南管道（管径 DN15，管长 0.5 m，管道上安装螺纹球阀和自闭阀）接双眼灶，CPU 表引出的水平向北管道（管径 DN20，管道上安装螺纹球阀）依次向西 0.4 m、向北 0.3 m、向西 0.3 m、向北 0.3 m、向西 0.9 m、向南 0.5 m、垂直向上 1.0 m 后接热水器。立管⑦₁反与⑦₁对称，这里不再详述。

（2）立管⑦₂与引入管⑰₂₋₃连接，每一层燃气管道和设备的连接均相同，因此只绘制了顶层燃气管道与设备的连接，其他楼层仅绘制出立管上引出水平支管的位置。在第二十一层，立管上引出的支管（管径 DN20，相对于该层地面的标高为+0.6 m）依次水平向南 0.3 m、向西 0.3 m、向南 1.5 m、向东 1.7 m（管道上安装防盗锁阀和紧急切断阀）后连接 CPU 表；CPU 表引出的水平向东管道（管径 DN15，管长 0.6 m，管道上安装螺纹球阀和自闭阀）接双眼灶，CPU 表引出的水平向西管道（管径 DN20，管长 1.0 m，管道上安装螺纹球阀）再垂直向上 1.0 m 后接热水器。立管⑦₂反与⑦₂对称，这里不再详述。

6 给排水工程图

建筑给排水工程图是在相应的建筑工程图和结构工程图的基础上绘制的，用于表示房屋内部给排水管道及其辅助设备、水处理设备和蓄水设备的结构形状、尺寸、位置、材料及相关技术要求，是给排水工程施工的主要技术依据。

6.1 基 本 规 定

建筑给排水工程图中一般用单线绘制管道，图线宽度 b 一般为 0.7 mm 或 1.0 mm，各图线的用途见表 6-1。

表 6-1　给排水专业制图常用线型

名称	线 型	线宽	用 途
粗实线		b	新设计的排水和其他重力流管线
粗虚线		b	新设计的排水和其他重力流管线的不可见轮廓线
中粗实线		$0.7b$	新设计的给水和其他压力流管线，原有排水和其他重力流管线
中粗虚线		$0.7b$	新设计的给水和其他压力流管线及原有排水和其他重力流管线的不可见轮廓线
中实线		$0.5b$	给排水设备及零部件（附件）可见轮廓线，原有供水等压力流管道，新建筑物和构筑物在总图中可见的轮廓线
中虚线		$0.5b$	给水排水设备、零（附）件的不可见轮廓线，原有的给水和其他压力流管线的不可见轮廓线，总图中新建建筑物和构筑物的不可见轮廓线
细实线		$0.25b$	各种标注线，总图中原有建筑物和构筑物的可见轮廓线，建筑物的可见轮廓线
细虚线		$0.25b$	总图中原有建筑物和构筑物的不可见轮廓线，建筑物的不可见轮廓线
单点长画线		$0.25b$	中心线、定位轴线
折断线		$0.25b$	断开界线
波浪线		$0.25b$	断开界线

给排水专业制图常用比例见表 6-2。

表 6-2　给排水专业制图常用比例

名　　称	比　　例	说　明
建筑给排水平面图	1∶100、1∶150、1∶200	宜与建筑专业一致
建筑给排水轴测图	1∶50、1∶100、1∶150	宜与相应图纸一致
水处理构筑物、设备间、卫生间、泵房平、剖面图	1∶30、1∶40、1∶50、1∶100	
详图	2∶1、1∶1、1∶2、1∶5、1∶10、1∶20、1∶30、1∶50	

6.2　管　道　表　达

6.2.1　管道画法

建筑给排水工程图中常用单线表达管道，管路的具体绘制方法参见第 2 章。常用给排水管道图例见表 6-3。

表 6-3　给排水管道图例

名　　称	图　　例	说　　明
保温管		也可用文字说明保温范围
伴热管		也可用文字说明保温范围
多孔管		
地沟管		
防护套管		
排水明沟	坡向 ——→	
排水暗沟	坡向 ——→	

6.2.2　管道管径

管径的单位为 mm（通常省略不写），标注时应符合以下规定：

（1）对于镀锌钢管、铸铁管等管材，宜用"公称直径（DN）"表示管径，如 $DN100$；

（2）对于无缝钢管、焊接钢管等管材，宜用"外径（D）×壁厚"表示管径，如 $D108×4$；

（3）对于无铜管、不锈钢管等管材，宜用"公称外径（Dw）"表示管径，如 $Dw60$；

（4）对于塑料管材，宜用"公称外径（dn）"表示管径，如 $dn110$；

（5）对于钢筋混凝土管或混凝土管，宜用"内径（d）"表示管径，如 $d230$；

（6）对于复合管、结构壁塑料管等管材，应按产品标准的方法表示管径。

管道尺寸标注方法和标注位置参见第 2 章。

6.2.3　管道标高

建筑给排水工程中，压力管道应标注管道中心标高，重力流管道和沟渠应标注管（沟）内底标高。标高的单位是 m，可以注写到小数点后第二位。平面图中，管道标高如图 6-1 所示，沟渠标高如图 6-2 所示。剖面图中，管道标高如图 6-3 所示。轴测图中，管道标高如图 6-4 所示。

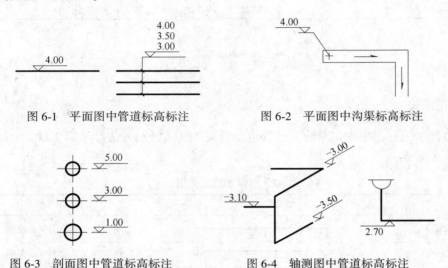

图 6-1　平面图中管道标高标注　　　　　图 6-2　平面图中沟渠标高标注

图 6-3　剖面图中管道标高标注　　　　　图 6-4　轴测图中管道标高标注

建筑物内的管道也可采用本楼层地面标高加管道安装高度的方式标注标高，即 "$H+$×.××"，H 是指本层建筑的地面标高。

6.2.4　管道编号

室内给水引入管或排水排出管应用英文字母和阿拉伯数字进行编号，以便查找和绘制系统轴测图，编号宜按图 6-5 所示方法表达。

室内给水排水立管是指穿过一层或多层楼板的竖向供水管道或排水管道，应进行编号，编号方法如图 6-6 所示。用引出线注明管道的类别代号，如 "JL" 表示给水立管，"PL" 表示排水立管。

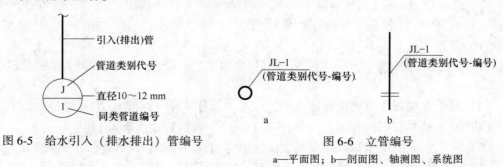

图 6-5　给水引入（排水排出）管编号　　　图 6-6　立管编号

a—平面图；b—剖面图、轴测图、系统图

6.2.5　管道代号

管道代号的名称，取自汉语拼音，具体代号见表6-4。绘图时，断开管道，并在断开处写管道代码。

表6-4　管道名称与代号

名　称	图　例	名　称	图　例
生活给水管	——J——	热水给水管	——RJ——
中水给水管	——ZJ——	热水回水管	——RH——
循环冷却给水管	——XJ——	热媒给水管	——RM——
循环冷却回水管	——XH——	热媒回水管	——RMH——
废水管	——F——	通气管	——T——
压力废水管	——YF——	膨胀管	——PZ——
污水管	——W——	雨水管	——Y——
压力污水管	——YW——	压力雨水管	——YY——

6.3　常　用　图　例

室内给排水系统常用设备、管件、附件、卫生设备图例见表6-5～表6-11，消防设施图例见表6-12。

表6-5　管道附件图例

名　称	图　例	名　称	图　例
管道伸缩器	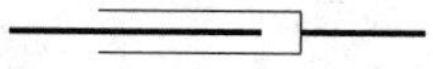	方形伸缩器	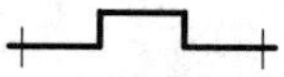
刚性防水套管	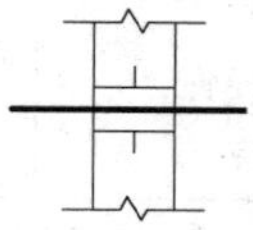	柔性防水套管	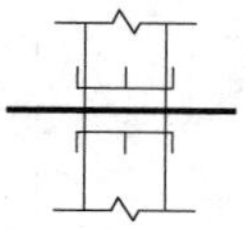
波纹管		可曲挠橡胶接头	单球　双球
管道固定支架	＊　　＊	检查口	
清扫口	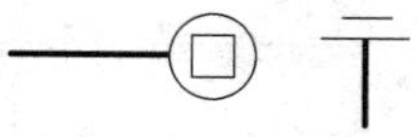 平面图　系统图	通气帽	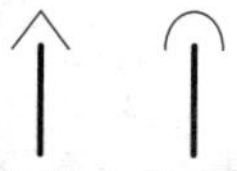 成品　蘑菇形

名　称	图　例	名　称	图　例
雨水斗	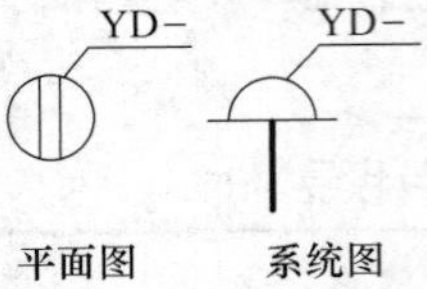 YD－　YD－ 平面图　系统图	方形地漏	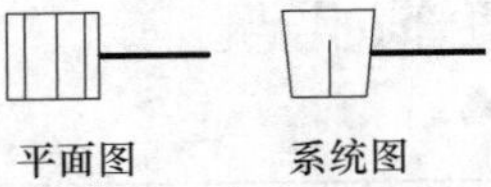 平面图　系统图
圆形地漏	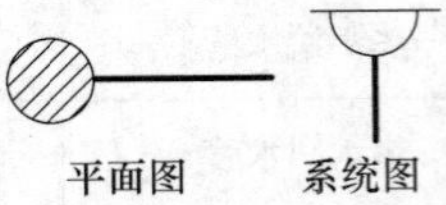 平面图　系统图	自动冲水箱	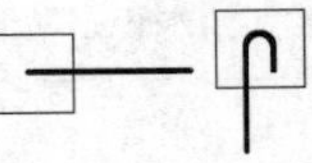
排水漏斗	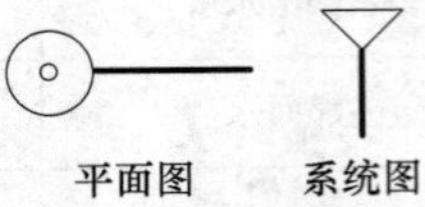 平面图　系统图		

表 6-6　管道连接图例

名　称	图　例	名　称	图　例
法兰连接		承插连接	
活接头	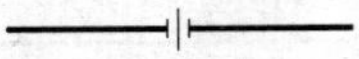	管堵	
法兰堵盖		盲板	
弯折管	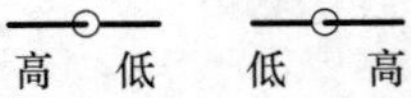 高　低　低　高	管道丁字上接	 高 低
管道丁字下接	 高 低	管道交叉	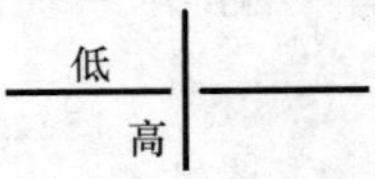 低 高

表 6-7　管件图例

名　称	图　例	名　称	图　例
偏心异径管	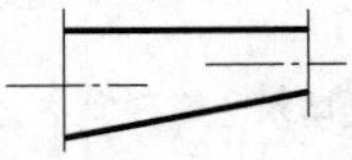	异径管	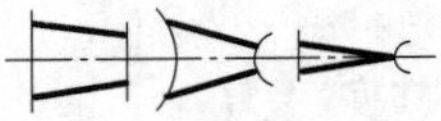
乙字弯	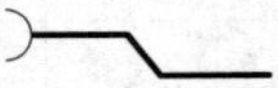	转动接头	
喇叭口	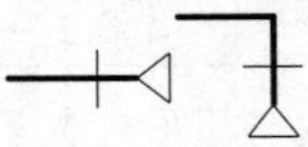	存水弯	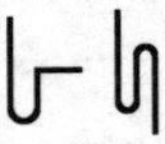
短管		弯头	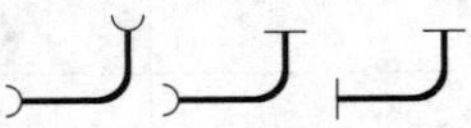
三通	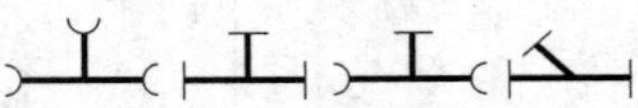	四通	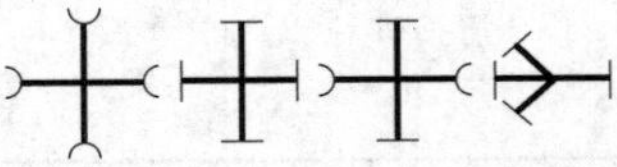

表 6-8 阀门图例

名　称	图　例	名　称	图　例
闸阀		角阀	
三通阀		四通阀	
截止阀		蝶阀	
电动闸阀		液动闸阀	
气动闸阀		减压阀	高压
电动蝶阀		液动蝶阀	
气动蝶阀		旋塞阀	
球阀		隔膜阀	
气开隔膜阀		气闭隔膜阀	
电动隔膜阀		压力调节阀	
温度调节阀		电磁阀	
止回阀		消声止回阀	
泄压阀		弹簧安全阀	
平衡锤安全阀		浮球阀	平面图　　　系统图
自动排气阀	平面图　　　系统图	水力液位控制阀	平面图　　　系统图
延时自闭冲洗阀		感应式冲洗阀	
疏水器			

表6-9 给水配件、水池图例

名　称	图　例	名　称	图　例
水嘴	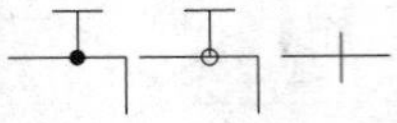	洒水（栓）水嘴	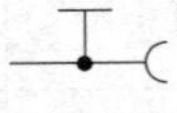
旋转水嘴	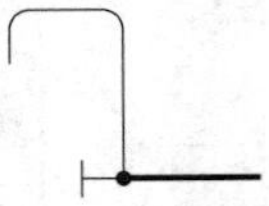	化验水嘴	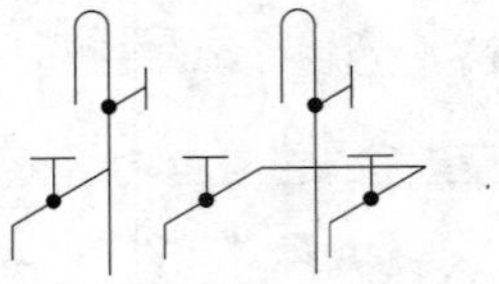
肘式水嘴	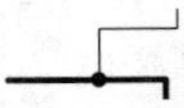	混合水嘴	
脚踏开关水嘴	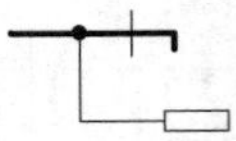	浴盆带喷头混合水嘴	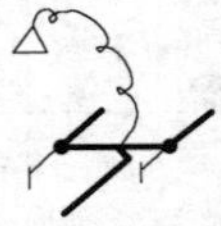
蹲式大便器	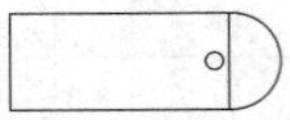	坐式大便器	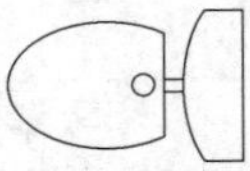
立式小便器	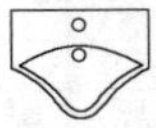	小便槽	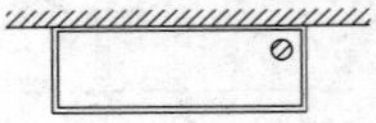
立式洗脸盆	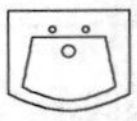	台式洗脸盆	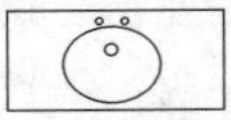
挂式洗脸盆	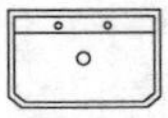	厨房洗涤盆	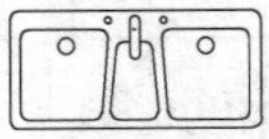
浴盆	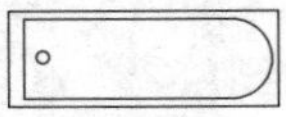	淋浴喷头	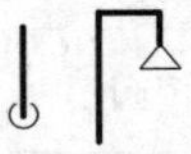

表6-10 给水排水设备、构筑物图例

名　称	图　例	名　称	图　例
卧式水泵	 平面图　　系统图	立式水泵	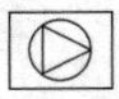
潜水泵		定量泵	
管道泵	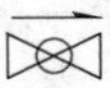	卧式容积热交换器	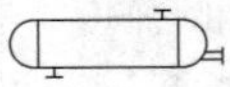
立式容积热交换器	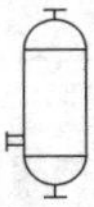	喷射器	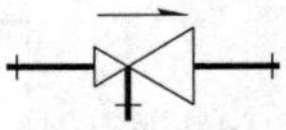
快速管式热交换器	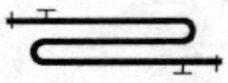	板式热交换器	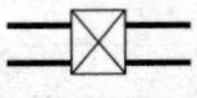

名　称	图　例	名　称	图　例
除垢器		开水器	
矩形化粪池	HC	隔油池	YC
沉淀池	CC	降温池	JC
中和池	ZC	雨水口	单算 双算
阀门井及检查井	J-×× J-×× W-×× W-×× Y-×× Y-××	水表井	

表 6-11　仪表图例

名　称	图　例	名　称	图　例
温度计		压力表	
自动记录压力表		压力控制器	
水表		自动记录流量表	
转子流量计		真空表	
温度传感器	– – T – –	压力传感器	– – P – –
pH 传感器	– – pH – –	酸传感器	– H –
碱传感器	– – Na –	余氯传感器	– Cl –

表 6-12　消防设施图例

名　称	图　例	名　称	图　例
消火栓给水管	——XH——	自动喷水灭火给水管	——ZP——
雨淋灭火给水管	——YL——	水幕灭火给水管	——SM——
水炮灭火给水管	——SP——		
室外消火栓		室内消火栓（单口）	平面图　系统图
室内消火栓（双口）	平面图　系统图	水泵接合器	

名　称	图　例	名　称	图　例
自动喷洒头（开式）	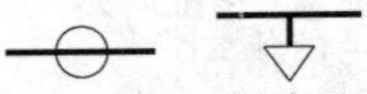 平面图　系统图	自动喷洒头（闭式下喷）	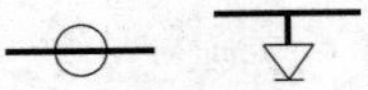 平面图　系统图
自动喷洒头（闭式上喷）	 平面图　系统图	自动喷洒头（闭式上下喷）	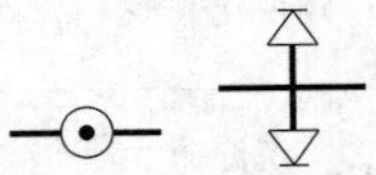 平面图　系统图
侧墙式自动喷洒头	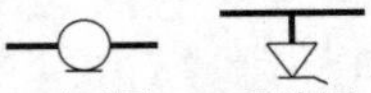 平面图　系统图	水喷雾喷头	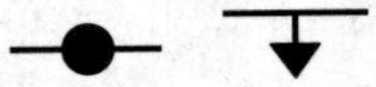 平面图　系统图
干式报警阀	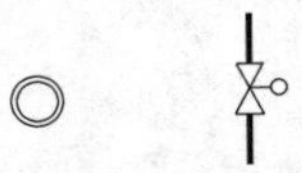 平面图　系统图	湿式报警阀	平面图　系统图
预作用报警阀	平面图　系统图	雨淋阀	平面图　系统图
信号闸阀		信号蝶阀	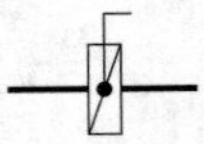
消防炮	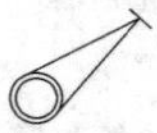	水流指示器	
手提式灭火器	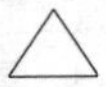	推车式灭火器	

6.4　图 样 绘 制

建筑给排水工程所需的图样包括图纸目录、设计说明、平面图、轴测图、系统原理图、详图。

6.4.1　图样目录

给排水设计图纸按照下列要求编号：

（1）规划设计阶段采用水规-××表示；

（2）初步设计阶段采用水初-××表示；

（3）施工图设计阶段采用水施-××表示。

给排水设计图纸按下列顺序排列：图纸目录、主要设备材料表、图例和设计施工说明宜在前，设计图样宜在后。

建筑给排水设计图样按下列规则进行编排：

（1）系统原理图在前，平面图、剖面图、大样图、轴测图和详图依次在后；

（2）系统原理图按生活给水、生活热水、直饮水、中水、污水、废水、雨水、消防给水的顺序编排；

（3）平面图按地下各层依次在前，地上各层由低到高编排。

图样目录的具体格式可参见图 1-49。

6.4.2 主要设备材料表

主要设备材料表是工程各系统设备与主要材料的汇总，它是业主投资的主要依据，也是设计方实施设计思想的重要保证，施工方订货、采购的重要依据。主要设备材料表应包含整个给排水工程所涉及的所有设备以及管路系统的各种附件等，水管通常不列入材料表，其规格与数量根据后续图和施工说明由施工方确定。主要设备材料表的具体格式参见图 1-50 和图 1-51。

6.4.3 设计施工说明

设计施工说明是图样的重要组成部分，建筑给排水工程设计施工说明书一般包括以下内容：

（1）设计遵循的规范、标准；

（2）设计任务书；

（3）所设计系统的描述；

（4）管材及管材连接方式；

（5）管道安装的坡度与坡向；

（6）消火栓安装；

（7）检查口及伸缩节安装要求；

（8）立管与排水管的连接；

（9）卫生器具的安装要求；

（10）管道支架及吊架做法；

（11）水系统试压；

（12）管道防腐与保温。

6.4.4 平面图

室内给排水平面图通常是在同一建筑平面图上绘制相应的给水平面图和排水平面图，以表达室内给水用具、卫生洁具、管道及其附件的规格尺寸以及相对于该建筑的平面布置情况。

建筑给排水平面图的绘制内容一般包括：

（1）给水用具、卫生器具、立管等平面布置位置及尺寸关系。

（2）给水系统及给水立管编号，给水引入管、横管、干管、支管的平面走向，管道与室外管网以及用水设备的连接形式，水平管段的编号、材质、尺寸、敷设方法、坡度、坡向，以及管道附件（水表、阀门、支架等）的平面位置。

（3）排水系统和排水立管的编号，排水干管、立管、支管的平面走向，管道与室外管网以及卫生器具的连接形式，水平管段的编号、材质、尺寸、敷设方法、坡度、坡向，以及管道附件、清扫口、室内检查井等的平面位置。

（4）与室内给水相关的室外引入管、水表节点、加压设备等的平面位置。

（5）与室外排水相关的室外检查井、化粪池、排出管等的平面位置。

（6）屋面雨水汇水天沟、雨水斗、分水线位置、屋面坡向，每个雨水斗的汇水范围，雨水横管和主管的平面走向、敷设方法等，以及屋顶水箱的容量和平面位置，进出水箱管道的平面位置。

（7）消防给水系统中消火栓的布置、口径大小以及消防水箱的形式与设置。

建筑给排水平面图的绘制原则如下：

（1）建筑物轮廓、轴线编号、房间名称、楼层标高、门窗、梁柱以及绘图比例等，应与建筑专业一致，并采用细实线绘制。

（2）各类管道、用水器具和设备、消火栓、喷洒水头、雨水斗、立管、上弯或下弯以及主要阀门、附件等，应采用相应的图例以正投影法绘制在平面图上，图线参考表6-1选取。

（3）管道布置不相同的楼层应分别绘制平面图；管道布置相同的楼层可以绘制一个平面图，并标注楼层地面标高。

（4）立管按不同管道代号在图面上自左至右分别进行编号，不同楼层同一立管编号应一致。

（5）各类管道标注管径、定位尺寸和标高。

（6）地面层（±0.000）平面图的右上方应绘制指北针。

（7）根据需要标注详图索引编号、剖切线和剖切编号。

6.4.5 轴测图

建筑给排水轴测图一般采用45°正面斜轴测的投影规则绘制。轴测图通常以整个排水系统或给水系统为表达对象，也可以表示管道系统的一部分，如卫生间的给排水。给排水管道轴测图重点表达管道内介质流经的设备、管道、附件、管件等连接和配置情况，主要绘制原则如下：

（1）轴测图采用与对应平面图相同的比例进行绘制。当局部管道密集或重叠处不易表达清楚时，可采用断开法绘制，也可采用虚线连接法绘制。

（2）轴测图与平面图中的引入管、排出管、立管、横干管、给水设备、附件、仪器仪表及用水和排水器具等要素相对应。

（3）绘出楼层地面线，并标注楼层地面标高。

（4）绘出横管水平转弯方向、高度变化、接入管或接出管以及末端装置等。

（5）绘出与平面图中对应的各类管道阀门、附件、仪表等的数量、位置。

（6）标注管道管径、控制点标高、坡度与坡向、立管编号、系统编号，并与平面图一致。

（7）引入管和排出管均应标出所穿建筑外墙的轴线号、引入管和排出管编号、建筑室内地面线与室外地面线，并应标出相应标高。

（8）表达出管道与相关给水设施的空间位置，如屋顶水箱、室外蓄水池、加压水泵、室外阀门井、室外水表井等；管道与相关排水设施的空间位置，如室外排水检查井、雨水井、污水泵等。

6.4.6 管道展开系统图

当采用管道轴测系统图表达较为困难时，可绘制管道展开系统图（简称"管道系统图"）。管道系统图的表达内容与轴测图基本一致，与平面图中的引入管、排出管、立管、横干管、给水设备、附件、仪器仪表及用水和排水器具等要素相对应，主要绘制原则如下：

（1）管道展开系统图可不按比例和投影法则绘制，按不同管道种类分别用中粗实线进行绘制，并对系统进行编号。

（2）绘出楼层地面线，层高相同时应等距离绘制楼层地面线；在楼层地面线端部标注楼层的层次和相应楼层的标高。

（3）立管排列以平面图左端立管为起点，顺时针自左向右按立管位置和编号依次顺序排列。

（4）横管与楼层地面线平行绘制，并与相应立管连接。

（5）立管上的引出管和接入管按所在楼层用水平线绘出，其方向、数量应与平面图一致，可不标注标高；对于污水管、废水管和雨水管，应按平面图接管顺序对应排列。

（6）管道上的阀门、附件，给水排水设备、设施、构筑物等，均应按图例示意绘出。

（7）立管、横管均应标注管径，排水立管上的检查口和通气帽注明距楼地面的高度。

（8）不同类别管道的引入管或排出管，应绘出所穿建筑外墙的轴线编号，并标注引入管或排出管的编号。

6.4.7 剖面图

当给排水设备、设施数量多，各类管道重叠、交叉多，且用轴测图难以表达清楚时，可绘制剖面图。建筑给排水剖面图绘制原则如下：

（1）剖面图的剖切位置应选在能反映设备、设施及管道全貌的部位。剖切线用中粗线绘制，剖切面编号用阿拉伯数字从左至右顺序编号，剖切编号应标注在剖切线一侧，剖切编号所在侧应为投射方向。

（2）剖面图应在剖切面处按直接正投影法绘制出沿投影方向看到的设备和设施的形状、基础形式、构筑物内部的设备、设施和构筑物与各种管道连接关系、仪器仪表位置。

（3）剖切到的建筑结构外形应与建筑结构专业一致，并用细实线绘制。

（4）绘出设备、设施和管道上的阀门、附件和仪器仪表的位置及支/吊架形式。

（5）标注出设备、设施、构筑物、各类管道的定位尺寸、标高、管径，以及建筑结构的空间尺寸。

（6）仅表示某楼层内管道密集处的剖面图，一般绘制在该层平面图中。

6.4.8 局部平面放大图、详图

局部平面放大图和详图主要包括：

（1）局部平面放大图。当设备机房、局部给排水设施和卫生间等在平面图中难以表达清楚时，应绘制局部平面放大图（简称大样图）。

局部平面放大图的绘制原则如下：

1）按比例用细实线绘制局部建筑外形或基础外框、检修通道、机房排水沟等平面布置图和平面定位尺寸，对设备、设施和构筑物进行编号。

2）绘出各种管道与设备、设施及器具等相互接管关系及平面定位尺寸，并标注出管径。

3）各类管道上的阀门、附件按图例、实际位置绘出。

4）局部平面放大图应以建筑轴线编号和地面标高进行定位，并与建筑平面图一致。

（2）详图。无定型产品可供设计选用的设备、附件、管件等应绘制制造详图，无标准图可供选用的用水器具安装图、构筑物节点图等应绘制施工安装图。建筑给排水详图主要包括管道节点、水表井、检查井、过墙套管、卫生器具等的安装详图。

6.5 给排水工程图案例

6.5.1 识读方法

阅读给排水工程图时应熟悉相关图例和符号，并把平面图和系统轴测图结合起来阅读。读图时应注意流体进出流向。

（1）室内给水系统：给水进户管→水表井（或阀门井）→干管→立管→支管→用水设备。

（2）室内排水系统：排水设备→排水口→存水弯（或支管）→干管→立管→总管→室外下水井。

给水、排水工程图与土建图样有密切的关系，读图时要注意留洞、打孔，预埋管钩等要求土建施工与结构施工及设备安装相互配合的节点。

6.5.2 某教学楼给排水施工图

本小节详细介绍某教学楼给排水工程图，图例见表6-13。受限于篇幅，图样目录和设计说明省略。

表 6-13 某教学楼给排水施工图图例

名称	图例	名称	图例
给水管	——————	排水管	 — — — — —
消防专用管	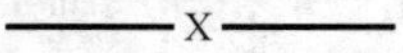 ———X———	消火栓	◄► ⊗
蹲式大便器	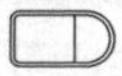 ▭	清扫口	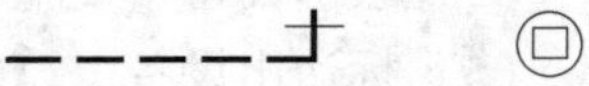 — · — · —┬ ▣
地漏	⊘	脚踏式冲洗阀	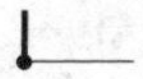 ⌐
掏堵	— — —┤|	蝶阀	◨
排水立管检查口	 ￠	屋顶通气帽	⊛
检查井	○	入户井	⊗
高位水箱	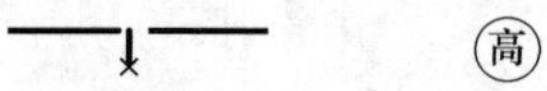 ——┬↓—— （高）	压力表	 ⊘

6.5.2.1 首层给排水平面图

图6-7为教学楼首层给排水平面布置图，主要表达了室外给排水进出水管平面位置、室内给排水立管位置、给排水管道平面布置、管道尺寸等内容；图中给水管道用粗实线表达，排水管道用粗虚线表达。

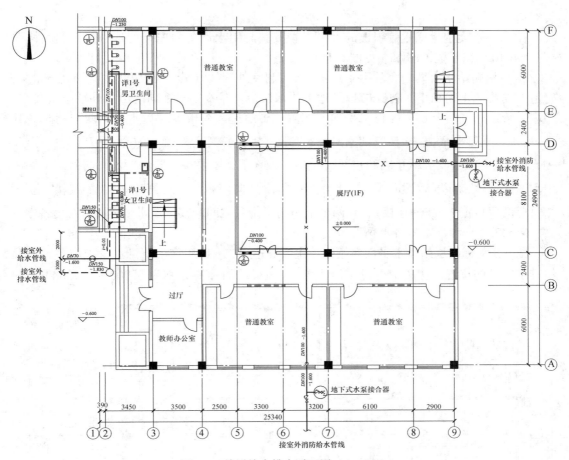

图 6-7 首层给水排水平面图 (1:100)

从图 6-7 中可以看出：

（1）室外给水管（管径 DN70，距首层地面标高为-1.600 m）由教学楼西侧水平向东引入，室外设置入户井⊠。管道入楼后水平向北布置，进入首层女卫生间后管道垂直向上到标高-0.400 m 处，再水平向北布置，首先连接女卫生间的给水立管 $\frac{2}{GL}$，然后水平给水管（管径 DN50，标高为-0.400 m）继续向北布置，进入男卫生间后再与给水立管 $\frac{1}{GL}$ 连接。女卫生间立管 $\frac{2}{GL}$ 上引出一根水平支管（与给水干管上下重叠，故图中省略，详见卫生间大样图或系统轴测图），水平向东接立管 $\frac{2}{GL}$；男卫生间立管 $\frac{1}{GL}$ 上引出一根水平支管（与给水干管上下重叠，故图中省略，详见卫生间大样图或系统轴测图），水平向东接立管 $\frac{1}{GL}$。

（2）男卫生间排水立管（管径 DN100）编号为 $\frac{1}{PL}$，女卫生间排水立管（管径 DN100）编号为 $\frac{2}{PL}$。男卫生间排水立管在标高-1.250 m 处与排水干管连接，干管（管径 DN100，坡向南，坡度为 0.026，管道上设置清扫口 ▢）水平向南布置，在女卫生间与排水立管 $\frac{2}{PL}$ 汇合，汇合后的排水干管（管径 DN150，坡向南、坡度为 0.01）水平向南出楼后与室外检查井○（标高-1.830 m）连接，检查井引出的排水干管水平向西与室外排水管线连接。

（3）男、女卫生间立管引出的水平支管及其与用水设备的连接见1号卫生间大样图（见图6-10）和系统轴测图（见图6-11）。

（4）消防给水有两个室外引入点：1）南侧室外管线（管径 $DN100$，标高−1.600 m，管道上安装截止阀和止回阀 ⋈✏ 以及地下式水泵接合器 ⊕）水平向北由南外墙引入楼内，穿墙后管道垂直向上0.2 m再水平向北布置，管道进入一楼展厅后水平向西与消防立管 ①/XL 连接，立管与每层的双口消火栓 ▇➤ 连接；2）东侧室外管线（管径 $DN100$，标高−1.600 m，管道上安装截止阀和止回阀 ⋈✏ 以及地下式水泵接合器 ⊕）水平向西由东外墙引入一楼展厅，穿墙后管道垂直向上0.2 m再水平向西布置，与消防立管 ①/XL 连接，立管与每层的双口消火栓 ▇➤ 连接；3）两根消防给水干管之间跨接一根水平管段，互为备用。

6.5.2.2　标准层给排水平面图

图6-8为标准层给排水平面布置图，主要表达了二~四层室内给排水设施的布置以及给排水立管的位置。从图中可以看出：（1）楼层地面标高分别为3.900 m、7.800 m和

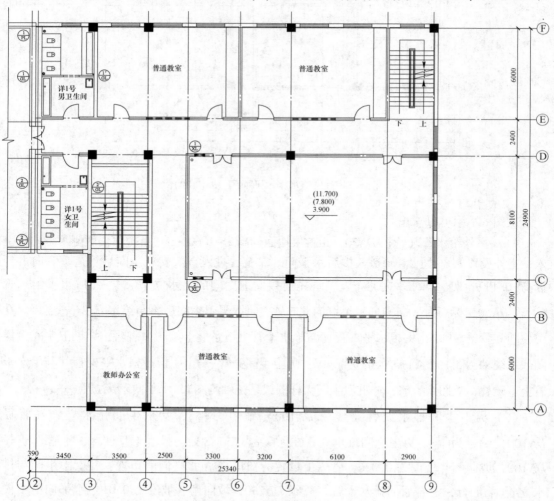

图6-8　标准层给排水平面图（1∶100）

11.700 m；（2）给排水立管编号和平面位置与首层平面图一致；（3）消防给水立管编号和平面位置以及消火栓位置与首层平面图一致；（4）标准层无给排水的水平干管；（5）标准层男、女卫生间立管引出的水平支管及其与用水设备的连接见 1 号卫生间大样图（见图 6-10a 和 b）和系统轴测图（见图 6-11）。

6.5.2.3　顶层给排水平面图

图 6-9 为顶层给排水平面布置图，主要表达了该层室内给排水立管位置、设施布置等。该层给排水立管编号和平面位置、消防给水立管编号和平面位置以及消火栓位置与其他楼层相同，重点识读与其他平面图的不同之处：（1）男卫生间设置了 3 个高位水箱，女卫生间设置了 4 个高位水箱；（2）消防给水立管 $\frac{1}{XL}$ 和 $\frac{2}{XL}$ 之间设置了一根水平连通管（管径 $DN100$，标高 3.300 m，管道上设置蝶阀 ）；（3）顶层男、女卫生间立管引出的水平支管及其与用水设备的连接见 2 号卫生间大样图（见图 6-10c 和 d）和系统轴测图（见图 6-11）。

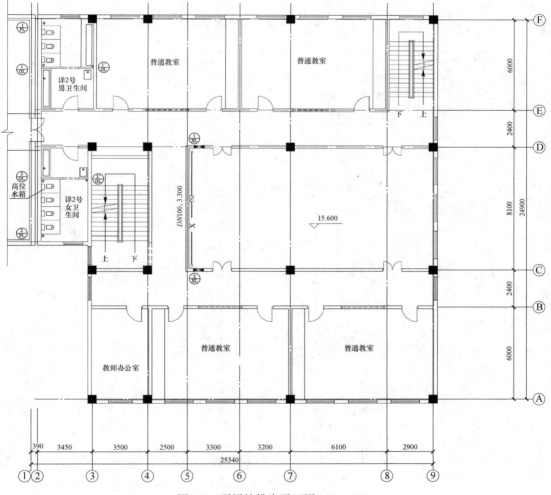

图 6-9　顶层给排水平面图（1∶100）

6.5.2.4　卫生间大样图

图 6-10 为卫生间给排水大样图，主要表达了卫生间内给排水末端设备的位置、分支管的布置、管径和标高以及主要管道的定位尺寸。

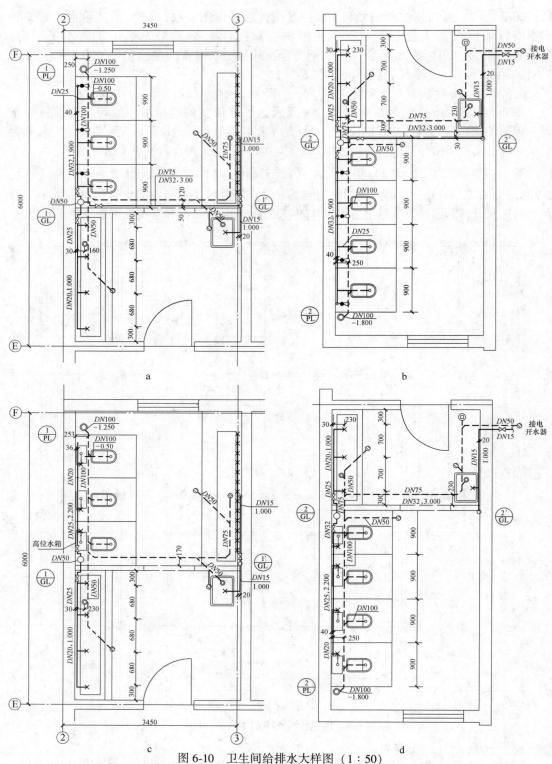

图 6-10 卫生间给排水大样图 (1∶50)

a—1 号男卫生间大样图；b—1 号女卫生间大样图；c—2 号男卫生间大样图；d—2 号女卫生间大样图

(注：图 6-10a 和 b 中，二～四层立管 ①/GL 和 ①'/GL 之间无水平支管、立管 ②/GL 和 ②'/GL 之间无水平支管)

从图 6-10a 的 1 号男卫生间大样图可以看出：

（1）给水主立管 $\frac{1}{GL}$（管径 DN50）设置在卫生间西侧中部，立管上引出 3 根水平管道：1）水平向北的给水管（管径 DN32，标高 1.900 mm）沿西墙布置，为蹲式大便器的脚踏式冲洗阀供水，供水支管管径均为 DN25；2）水平向南的给水管（管径 DN25，标高 1.000 m）沿西墙布置，为洗手池的 4 个水龙头供水；3）水平向东的给水管（管径 DN32，标高 3.000 m）布置到东墙附近，连接给水立管 $\frac{1'}{GL}$，立管 $\frac{1'}{GL}$ 上向北引出的支管（管径 DN15，标高 1.000 m）为小便池供水，立管 $\frac{1'}{GL}$ 上向南引出的支管（管径 DN15，标高 1.000 m）为墩布池水龙头供水。

（2）与给水管路对应，排水管路也分成 3 个支路：1）小便池存水弯接入排水横支管（管径 DN75）、地漏接入排水横支管（管径 DN50），2 根支管汇合后（管径 DN75）依次沿东墙、南墙布置，墩布池存水弯接入排水横支管（管径 DN50）、地漏接入排水横支管（管径 DN50），汇入沿南墙布置的排水横管（管径 DN75）；2）洗手池存水弯接入排水横支管（管径 DN50）、地漏接入排水横支管（管径 DN50），汇入沿西墙布置的排水横管；3）蹲式大便器存水弯接入沿西墙布置的排水横支管（管径 DN100，标高−0.500 m）。最终，3 个排水横支管汇入排水立管 $\frac{1}{PL}$。

从图 6-10b 的 1 号女卫生间大样图可以看出：

（1）给水主立管 $\frac{2}{GL}$（管径 DN75）设置在卫生间西侧中部，立管上引出 3 根水平管道：1）水平向北的给水管（管径 DN25，标高 1.000 m）沿西墙布置，为洗手池的 3 个水龙头供水，供水支管管径均为 DN20；2）水平向南的给水管（管径 DN32，标高 1.900 m）沿西墙布置，为蹲式大便器的脚踏式冲洗阀供水，供水支管管径均为 DN25；3）水平向东的给水管（管径 DN32，标高 3.000 m）布置到东墙附近，连接给水立管 $\frac{2'}{GL}$，立管 $\frac{2'}{GL}$ 向北引出的支管（管径 DN20，标高 1.000 m）依次为拖布池水龙头、电开水器供水。

（2）与给水管路对应，排水管路也分成 3 个支路：1）电开水器地漏、清扫口、拖布池地漏和拖布池存水弯依次接入排水横支管（管径 DN75），横支管沿南墙向西布置；2）洗手池地漏、存水弯依次接入排水横支管（管径 DN50），排水横支管沿西墙向南布置；3）蹲式大便器存水弯、地漏依次接入沿西墙布置的排水横支管（管径 DN100，标高−0.500 m）。最终，3 个排水横支管汇入排水立管 $\frac{2}{PL}$。

针对图 6-10c 的 2 号男卫生间大样图和图 6-10d 的 2 号女卫生间大样图，重点识读与 1 号卫生间的不同之处：蹲式大便器均采用高位水箱供水，水平供水管的标高为 2.200 m。

6.5.2.5 给排水系统图

图 6-11 为该教学楼给排水系统图，采用正面斜等轴测分系统进行绘制，主要表达了给排水系统编号、管道及其附件与建筑物的关系、各管段管径以及建筑物标高、管道标高、管道埋深等。

图 6-11a 中左侧为女卫生间给水系统图，右侧为女卫生间排水系统图。在阅读室内给排水系统图时，应结合各层平面图，从室外给排水管线开始，沿流向经过主路和支管到达

各给排水设备。从女卫生间给排水系统图可知：

（1）每层室内地面标高以及屋顶标高标注在图右侧。

（2）室外给水管线（管径 *DN*70、标高−0.400 m）引入女卫生间后接给水立管 $\frac{2}{GL}$，水平干管（管径 *DN*50）继续向北去往男卫生间。一层，立管 $\frac{2}{GL}$ 上引出 3 根水平支管：1）标高 1.000 m 处引出水平向北的支管（管径 *DN*25）为洗手池的 3 个水龙头供水；2）标高 1.900 m 处引出水平向南的支管（管径 *DN*32）为蹲式大便器的脚踏式冲洗阀供水；3）标高 3.000 m 处引出水平向东的支管（管径 *DN*32）与立管 $\frac{2}{GL}$ 连接。二~四层，每层从立管上引出南北 2 个支管，分别为蹲式大便器和洗手池供水，管道布置及其与用水设备的连接与一层相同。五层，立管 $\frac{2}{GL}$ 上向北引出的水平支管（管径 *DN*25，标高 1.000 m）为洗手池的 3 个水龙头供水，立管上向南引出的水平支管（管径 *DN*32，标高 2.200 m）为 4 个高位水箱供水。给水立管 $\frac{2}{GL}$ 每层引出一个水平支管（管径 *DN*20，标高 1.000 m），依次为墩布池和电开水器供水。所有水平支管上均安装截止阀 —▷◁—。

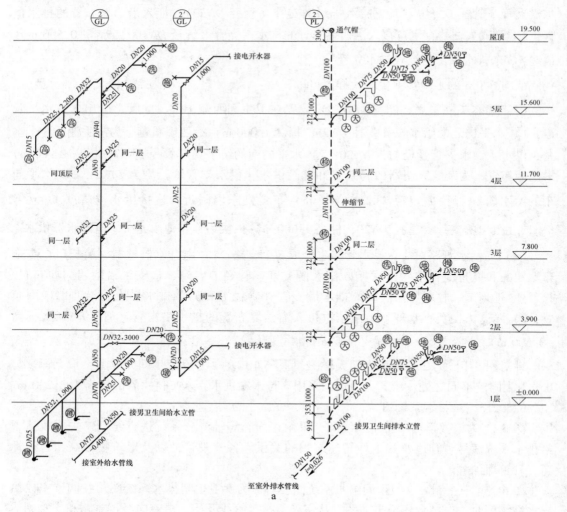

a

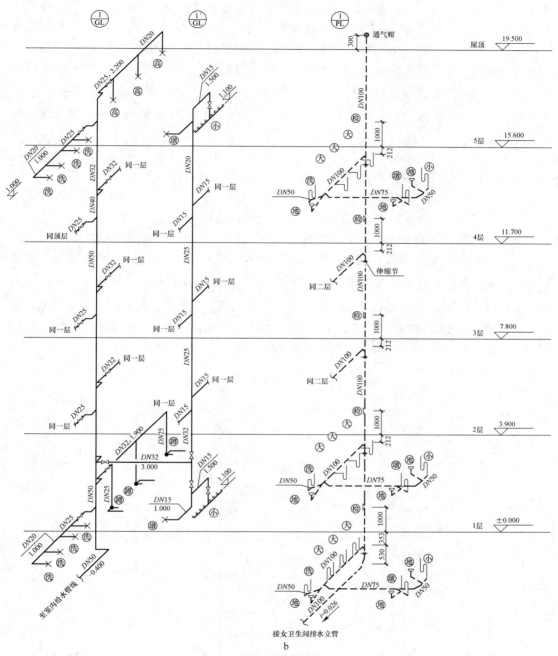

图 6-11 卫生间给排水系统图
a—女卫生间；b—男卫生间

（3）女卫生间排水系统与给水系统对应。排水立管 $\frac{1}{PL}$ 的顶端接通气帽，安装高度
距屋顶 0.3 m。女卫生间排水立管 $\frac{1}{PL}$ 和男卫生间排水立管 $\frac{1}{PL}$ 的底部与排水干管（管径
DN150，坡向室外，坡度 0.026）连接。排水立管 $\frac{2}{PL}$ 上每层设置一个检查口，检查口安装

高度距每层地面 1 m。每层排水设备及其与排水横支管的连接均相同：1）女卫生间东北侧电开水器地漏、墩布池存水弯和地漏连接水平向南布置的横支管（管径 $DN75$，管道末端设置掏堵 ——）；2）洗手池地漏和存水弯连接水平向南布置的横支管（管径 $DN50$），与来自墩布池的横支管汇合；3）汇合后的横管（管径 $DN75$）水平向南布置，再与蹲式大便器存水弯和地漏的横支管连接，横管管径变为 $DN100$，最终接入排水立管 $\frac{2}{PL}$。一层排水横支管的安装高度为一层地面下 0.353 m，二~五层排水横支管的安装高度为该层地面下 0.212 m。

图 6-11b 为男卫生间给排水系统图，识读方法与女卫生间类似，重点关注与女卫生间的不同之处，限于篇幅这里不再详述。

6.5.2.6　消防系统图

图 6-12 为该教学楼消防给水系统图，从图中可以看出：

（1）每层室内地面标高标注在图右侧。

（2）室外消防给水管线入楼后，室内水平干管（管径 $DN100$）的安装高度为一层地面下 1.4 m，干管上引出两根消防给水立管 $\frac{1}{XL}$ 和 $\frac{2}{XL}$。每根立管在距一层地面 0.4 m 处安装一个蝶阀，在距五层地面 0.5 m 处安装一个压力表，每层引出一根水平支管连接室内消火栓（安装高度距该层地面 1.1 m）。两根立管在五层设置一根水平连通管（管径 $DN100$，标高 3.300 m），管道上设置一个蝶阀。

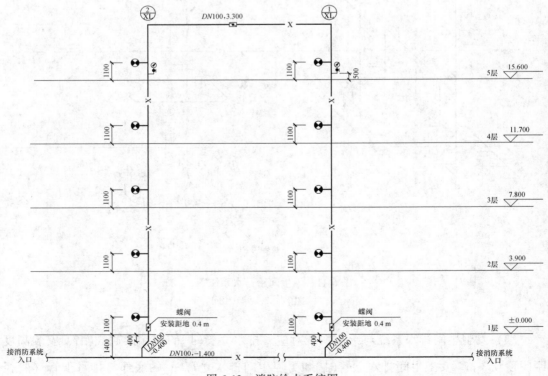

图 6-12　消防给水系统图

7 电气工程图

建筑电气工程图是建筑设备工程的重要组成部分，为建筑物提供能源、动力、照明、监控、防雷接地和信息传输。本章主要介绍各种建筑电气工程图的图示内容、表达特点和阅读方法。

7.1 建筑电气图的一般规定

7.1.1 建筑电气工程图的特点

建筑电气工程图是建筑电气工程施工、预决算的基本依据。建筑电气工程图纸中电气元件和电气设备的形状和尺寸不是按比例绘制的，而是用图形符号绘制的。《电气简图用图形符号》（GB/T 4728）和《建筑电气制图标准》（GB/T 50786）规定了电气图中常用的图形符号应按照模数关系绘制，边长或直径分别为 $M = 2.5$ mm 的倍数 $0.5M$、$1M$、$1.5M$、$2M$，角度为 30°或 60°。

7.1.2 图线和比例

建筑电气工程图中的图线宽度 b 一般为 0.5 mm、0.7 mm 或 1.0 mm，各图线的用途参见表 7-1。电气平面图宜采用三种线宽绘制，其他图样宜采用两种及以上的线宽绘制。同一张图纸内，相同比例的图样宜采用相同的线宽组。

表 7-1　建筑电气制图常用线型

名称	线型	线宽	用　途
粗实线	——————	b	本专业设备之间电气通路连接线、图形符号
中实线	——————	$0.5b$	本专业设备可见轮廓线、图形符号、方框线
细实线	——————	$0.25b$	非本专业设备可见轮廓线，建筑物可见轮廓线，尺寸、标高、角度等标注线及引出线
粗虚线	– – – – –	b	本专业设备之间电气通路不可见连接线，线路改造中原有线路
中虚线	– – – – –	$0.5b$	本专业设备不可见轮廓线，地下电缆沟、排管区、隧道、屏蔽线、连锁线
细虚线	– – – – –	$0.25b$	非本专业设备不可见轮廓线，地下管沟、建筑物不可见轮廓线
波浪线	～～～～	b	本专业软管、软护套保护的电气通路连接线、蛇形敷设线缆

名称	线型	线宽	用　　途
单点画线	— · — · —	0.25b	定位轴线、中心线、对称线，结构、功能、单元相同围框线
双点画线	— · · — · · —	0.25b	辅助围框线、假想或工艺设备轮廓线
折断线	〰	0.25b	断开界限

电气平面图的比例应与工程项目设计的主导专业一致，常用的平面图比例有 1∶50、1∶100、1∶150、1∶200。

7.1.3　编号与参照代号

当同一类型或同一系统的电气设备、线路或回路、元器件等的数量大于或等于 2 时，应进行编号，并选用 1、2、3 等数字顺序排列。

当电气设备的图形符号在图样中不能清楚表达其信息时，一般在其图形符号附件标注参照代号，以补充设备的容量、数量、安装方式、线路的敷设方法等信息。参照代号一般包括前缀符号、字母代码和数字组成，参照代号的编制规则在设计说明里明确。

《建筑电气制图标准》（GB/T 50786）和《电气技术中的文字符号制订通则》（GB/T 7159）均规定了电气设备参照代号的字母代码；前者为新标准，后者为旧标准，虽然已经作废，但其规定的字母代码仍然被采用。常用的电气设备参照代号的字母代码见表 7-2。

表 7-2　电气设备参照代号的字母代码

设备、装置和元器件种类	新标准			旧标准		
	名称	主类代码	含子类代码	名称	主类代码	含子类代码
组成部件	控制、操作箱（柜、屏）	A	AC	控制屏（台）	A	AC
	35 kV 开关柜		AH	高压开关柜		AH
	10 kV 开关柜		AK	刀开关箱		AK
	低压配电柜		AN	低压配电屏		AN
	照明配电箱（柜、屏）		AL	照明配电箱		AL
	动力配电箱（柜、屏）		AP	动力配电箱		AP
	信号箱（柜、屏）		AS	信号箱		AS
	过路接线盒、接线端子箱	X	XD	接线箱		AW
	插座、插座箱		XD	插座箱		AX
非电量到电量或电量到非电量变换器	流量传感器	B	BF		S	
	液位测量传感器		BL	液体标高传感器		SL
	湿度计、湿度传感器		BM			
	压力传感器		BP	压力传感器		SP
	温度计、温度传感器		BT	温度传感器		ST
	烟雾（烟感）探测器		BR	烟感探测器		SS
	火焰（感光）探测器		BR	温感探测器		ST

续表 7-2

设备、装置和元器件种类	新标准			旧标准		
	名称	主类代码	含子类代码	名称	主类代码	含子类代码
电容器	电容器	C	CA	电容器	C	CA
其他元器件	电热、电热丝	E	EB	发热器件	E	EH
	白炽灯、荧光灯		EA	照明灯		EL
保护器件	热过载释放器	F	FD	具有瞬时动作的限流保护器件	F	FA
				具有延时动作的限流保护器件		FR
				具有延时和瞬时动作的限流保护器件		FS
	熔断器		FA	熔断器		FU
				限压保护器件		FV
信号器件	铃、钟	P	PB	声响指示器	H	HA
	LED 发光二极管		PG	光指示器		HL
	告警灯、信号灯		PG	指示灯		HL
	红色信号灯		PGR	红色指示灯		HR
	绿色信号灯		PGG	绿色指示灯		HG
	黄色信号灯		PGY	黄色指示灯		HY
继电器接触器	瞬时接触继电器	K	KA	瞬时接触继电器	K	KA
				交流继电器		KA
				差动继电器		KD
	热过载继电器	B	BB	热继电器		KH
	接触器	Q	QAC	接触器		KM
	时间继电器	K	KF	延时有或无继电器		KT
				温度继电器		KT
测量设备试验设备	电流表	P	PA	电流表	P	PA
	电度表		PJ	电度表		PJ
	有功功率表		PW	功率表		PW
	温度计	B	BT	温度计		PH
	电压表	P	PV	电压表		PV
电力电路的开关器件	断路器	Q	QA	低压断路器	Q	QA
				断路器		QF
				刀开关		QK
				负荷开关		QL
	隔离器、隔离开关		QB	隔离开关		QS
	软起动器		QAS	起动器		QT
	星-三角起动器	Q	QSD			
	自耦降压起动器		QTS			
	剩余电流保护断路器		QR	漏电保护器	Q	QR

续表7-2

设备、装置和元器件种类	新标准			旧标准		
	名称	主类代码	含子类代码	名称	主类代码	含子类代码
把手动操作转化为进一步处理的特定信号	控制开关	S	SF	控制开关	S	SA
	多位开关（选择开关）		SAC	选择开关		SA
	按钮		SF	按钮		SB
				急停按钮		SE
	停止按钮	S	SS	停止按钮		SS
	起动按钮		SF			
变压器	电流互感器	B	BE	电流互感器	T	TA
	控制变压器	T	TC	控制电路电源用变压器		TC
	电力变压器	T	TA	电力变压器		TM
	电压互感器	B	BE	电压互感器		TV
	照明变压器	T	TL	局部照明用变压器		TL
从一地到另一地导引或输送能量、信号、材料或产品	高压配电线缆		WA			
	低压配电线缆		WD			
	数据总线		WF			
	控制线缆、测量电缆	W	WG	控制线路	W	WC
	光缆、光纤		WH			
	信号线路		WS			
				直流线路		WD
	应急照明线路		WLE	应急照明线路		WE
	照明线路		WL	照明线路		WL
				电话线路		WF
	电力（动力）线路		WP	电力线路		WP
	应急电力（动力）线路		WPE			
				声道（广播）线路		WS
				电视线路		WV
				插座线路		WX
电气操作的机械器件	执行器	M	ML	电动阀	Y	YM
				电磁阀		YV

　　以照明配电箱为例（见表7-3），参照代号 AL11B2、ALB211、+B2-AL11、-AL11+B2均可用于表示安装在地下2层的第11个照明配电箱。采用前两种参照代号标注时，因为不会引起混淆，所以取消了前缀符号"-"，但参照代号的编制规则应在设计说明中明确。采用后两种参照代号标注时，对位置、数量等信息表达更清晰，且前缀符号符合国家标准，因此参照代号的编制规则无需在设计文件中说明。

表7-3 照明配电箱参照代号与举例

参照代号	举例	参照代号	举例
AL□□□□ ├ 楼层个位数 ├ 楼层十位数，B代表地下楼层 ├ 数量个位数 └ 数量十位数	AL11B2	AL□□□□ ├ 数量个位数 ├ 数量十位数 ├ 楼层个位数 └ 楼层十位数，B代表地下楼层	ALB211
+□□-AL□□ ├ 数量个位数 ├ 数量十位数 ├ 楼层个位数 └ 楼层十位数，B代表地下楼层	+B2-AL11	-AL□□+□□ ├ 楼层个位数 ├ 楼层十位数，B代表地下楼层 ├ 数量个位数 └ 数量十位数	-AL11+B2

7.1.4 建筑电气工程图分类

建筑电气工程图主要包括图样目录、主要设备表、图形符号、使用标准图目录、设计说明、系统图、电路图、接线图（表）、电气平面图、剖面图、电气详图、电气大样图等。

（1）系统图。电气系统图用于表达系统的主要组成、主要特征、功能信息、位置信息、连接信息等内容，应标注电气设备、路由（回路）等的参照代号、编号等，并应采用系统的图形符号绘制。弱电系统如果用框图形式表达其全面特征时，一般称为概略图。建筑电气工程中系统图广泛应用于动力、照明、变配电、通信广播、电缆电视、火灾报警、防盗保安、自动控制等。

（2）电路图。电路图用于表达元器件的图形符号、连接线、参照代号、端子代号、位置信息等内容，应便于理解电路的控制原理及其功能。在电路图中，用符号表示线路、电气控制设备、电气保护设备和用电设备的连接关系，可不受元器件实际物理尺寸和形状的限制。电路图中的元器件可采用集中表示法、分开表示法、重复表示法表示。

（3）接线图（表）。接线图（表）用于表达电气系统中各控制设备、保护设备和用电设备的连接关系，便于接线和检查。建筑电气工程的接线图分为电气设备单元接线图（表）、互连接线图（表）、端子接线图（表）和电缆接线图（表）。电气设备单元接线图（表）表达单元或组件内部的元器件之间的物理连接信息，互连接线图（表）表达系统内不同单元外部之间的物理连接信息，端子接线图（表）表达到一个单元外部物理连接的信息，电缆接线图（表）表达装置或设备单元之间敷设连接电缆的信息。

（4）电气平面图。电气平面图是在建筑平面图的基础上，表达安装在本层的电气设备、元件以及敷设在本层和连接本层电气设备的线路、路由等信息。电气平面图全面反映了电力、照明等各种设备的布置信息、线路的敷设部位和方式、导线的规格和数量，是建筑电气专业的重要图样，施工的主要依据。其中，最常用的是强电平面图和弱电平面图。

（5）电气总平面图。电气总平面图是在建筑总平面图的基础上，采用图形符号和文字表达电气设备及电气设备之间电气通路的连接线缆、路由、敷设方式、电力电缆井、人（手）孔等信息。

（6）电气详图。电气详图是指详细电气平面图或局部电气平面图，一般采用（1：20）～（1：50）比例绘制。

（7）电气大样图。电气大样图用于说明某一特定部件或设备元件的结构或具体安装方法，一般非标准的控制柜、箱以及检测元件和架空线路的安装等均应有大样图，通常采用（1：20）～（10：1）比例绘制。

（8）设备、图形符号表。主要设备表一般包括序号、名称、型号及规格、单位、数量和备注。图形符号表一般包括序号、名称、图形符号、参照代号、备注等。建筑电气工程的主要设备表和图形符号表可以合并绘制，如图7-1所示。

序号	名称	图形符号	参照代号	型号及规格	单位	数量	备注

图7-1　主要设备、图形符号表范例

此外，电气工程一般包括强电工程（电力和照明工程）和弱电工程（各种信号和信息传输与交换工程）。强电系统包括变配电系统、动力系统、照明系统、防雷系统等，弱电系统包括通信系统、电视系统、建筑物自动化系统、火灾自动报警与灭火系统、安全防范系统等。因此，电气工程图纸一般分为强电图样和弱电图样。

7.2　建筑电气工程图常用符号

《电气简图用图形符号》（GB/T 4728）和《建筑电气制图标准》（GB/T 50786）规定了电气图中常用的图形符号。电线和电缆的表示方法见表7-4，操作和效应的图形符号见表7-5，触点、开关以及接触器的图形符号见表7-6，常用信号装置的图形符号见表7-7，插座、开关以及配电箱的图形符号见表7-8，照明灯具的图形符号见表7-9，常用电机图形符号见表7-10，建筑设备监控系统常用图形符号见表7-11。

表7-4　电线和电缆图例

说　　明	图例
导线组（图示为3根导线）	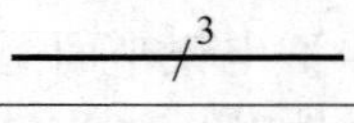
中性线	
保护线	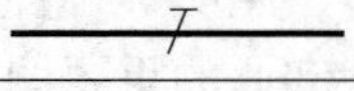
保护和中性共线	
具有保护线和中性线的三相配线	

续表 7-4

说　明	图例
向上配线或布线	
向下配线或布线	
垂直通过配线或布线	
由下引来配线或布线	
由上引来配线或布线	
电缆中的导线为 3 根	
5 根导线，箭头所指 2 根位于同一电缆中	
直流电路，110 V，2 根铝导线截面积为 120 mm²	—— 110 V 2×120 mm² AL
三相交流电，50 Hz，380 V，3 根导线截面积为 120 mm²，中性导线截面积为 50 mm²	3 N～50 Hz 380 V 3×120 mm²+1×50 mm²
软连接	
屏蔽导线	
胶合导线	
电缆梯架、托盘和槽盒线路	
电缆沟线路	

表 7-5　操作和效应图例

说明	图例	说明	图例
热效应		电磁效应	
手动操作件，一般符号		操作件，手动（带防护）	
操作件（拉拔操作）		操作件（旋转操作）	
操作件（按动操作）		操作件，应急	
操作件（手轮操作）		操作件（钥匙操作）	
操作件（电动机操作）	Ⓜ		

表 7-6   触点、开关、接触器图例

说明	图例	说明	图例
动合（常开）触点，一般符号；开关，一般符号		动断（常闭）触点	
先断后合的转换触点		中间断开的转换触点	
延时闭合的动合触点		延时断开的动合触点	
延时断开的动断触点		延时闭合的动断触点	
延时动合触点		手动操作开关，一般符号	
自动复位的手动开关		自动复位的手动拉拔开关	
无自动复位的手动旋转开关		带动合触点的位置开关	
带动断触点的位置开关		接触器，接触器的主动合触点	
带自动释放功能的接触器		接触器，接触器的主动断触点	
断路器		隔离开关，隔离器	
双向隔离开关，双向隔离器		隔离开关，负荷隔离开关	
带自动释放功能的负荷隔离开关		隔离开关，隔离器	
自由脱扣机构		电动机起动器，一般符号	或 MS
熔断器，一般符号		带撞击式熔断器的三极开关	
熔断器开关		熔断器式隔离开关，熔断器式隔离器	
熔断器负荷开关组合电器		驱动器件，一般符号；继电器线圈，一般符号	
驱动器件，继电器线圈（组合表示法）		缓慢吸合继电器线圈	
延时继电器线圈			

表 7-7 信号装置图例

说明	图例	说明	图例
电压表	 (V)	电度表（瓦特计）	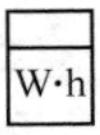 [W·h]
音响信号装置，一般符号	 ⌂	报警器	 △
蜂鸣器	⊔	信号灯，一般符号。 （1）如要求指示颜色，在靠近符号处标注以下代码： RD 红，BU 蓝，YE 黄， WH 白，GN 绿； （2）如要求指示灯类型，在靠近符号处标注以下代码： Ne 氖，EL 电发光， Xe 氙，FL 荧光， Hg 汞，IR 红外线， I 碘，UV 紫外线	⊗

表 7-8 插座、开关、配电箱图例

说明	图例	说明	图例
电源插座、插孔，一般符号（用于不带保护极的电源插座）	（注1、2）	带保护极的电源插座	
多个（电源）插座（图示为3个）	 3 或	带滑动防护板的（电源）插座	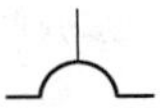
带单极开关的（电源）插座		开关，一般符号（单联单控开关）	
双联单控开关		三联单控开关	
双极开关	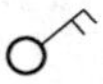	双控单极开关	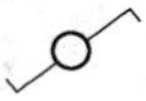
带指示灯的开关	 ⊗	物件，一般符号	 ▭ （注3）

注：1. 需要说明类型和敷设方式时，宜在符号旁标注下列字母：EX—防爆，EN—密闭，C—暗装。

2. 需要区分插座类型时，宜在符号旁标注下列字母：1P—单相，3P—三相，1C—单相暗敷，3C—三相暗敷，1EX—单相防爆，3EX—三相防爆，1EN—单相密闭，3EN—三相密闭。

3. ▭ 可作为电气箱（柜、屏）的图形符号，当需要区分类型时，宜在符号内标注下列字母：LB—照明配电箱，ELB—应急照明配电箱，PB—动力配电箱，EPB—应急动力配电箱，WB—电度表箱，SB—信号箱，TB—电源切换箱，CB—控制箱、操作箱。

表 7-9 照明灯具图例

说明	图例	说明	图例
灯，一般符号	⊗ （注）	光源，一般符号；荧光灯，一般符号	 ⊢——⊣

说明	图例	说明	图例
三管荧光灯	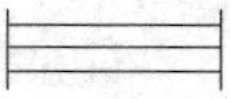	多管荧光灯（图示为 5 管）	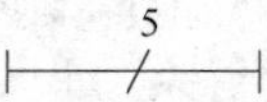 5
专用电路上的应急照明灯		自带电源的应急照明灯	
应急疏散指示标志灯	E	应急疏散指示标志灯（向右）	→
应急疏散指示标志灯（向左）	←	单管格栅灯	
双管格栅灯	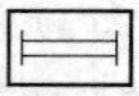	三管格栅灯	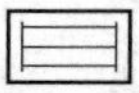

注：需要区分灯具类型时，宜在符号旁标注下列字母：ST—备用照明，SA—安全照明，LL—局部照明，W—壁
　　灯，C—吸顶灯，R—筒灯，EN—密闭灯，G—圆球灯，EX—防爆灯，E—应急灯，L—花灯，P—吊灯，
　　BM—浴霸。

表 7-10　常用电机图例

说明	图例	说明	图例
电机，一般符号	★ （注）	三相笼式感应电动机	M 3～
单相笼式感应电动机	M 1～	三相绕线式转子感应电动机	M 3～

注：区分电动机类型时，符号中的星号应用下列字母代替：C—同步变流机，G—发电机，GS—同步发电机，M—
　　电动机，MG—能作为发电机或电动机使用的电机，MS—同步电动机。

表 7-11　建筑设备监控系统常用图例

说明	图例	说明	图例
温度传感器	T	压力传感器	P
湿度传感器	M 或 H	压差传感器	PD 或 ΔP
流量测量元件（ ＊ 为位号）	GE ＊	流量变送器（ ＊ 为位号）	GT ＊
液位变送器（ ＊ 为位号）	LT ＊	压力变送器（ ＊ 为位号）	PT ＊
温度变送器（ ＊ 为位号）	TT ＊	湿度变送器（ ＊ 为位号）	MT 或 HT ＊ ＊
位置变送器（ ＊ 为位号）	GT ＊	速率变送器（ ＊ 为位号）	ST ＊
压差变送器（ ＊ 为位号）	PDT 或 ΔPT ＊ ＊	电流变送器（ ＊ 为位号）	IT ＊

续表 7-11

说明	图例	说明	图例
电压变送器（ 为位号）	(UT *)	电能变送器（ * 为位号）	(ET *)
模拟/数字变换器	A/D	数字/模拟变换器	D/A
热能表	HM	燃气表	GM
水表	WM	电动阀	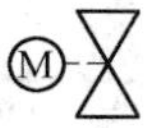 (M)⋈
电磁阀	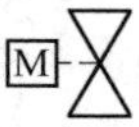 [M]⋈		

7.3 电气线路及设备标注

7.3.1 基本要求

电气工程图中，应标注电气线路的回路编号或参照代号、线缆型号及规格、根数、敷设方式、敷设部位等信息。对于弱电线路，宜在线路上标注系统的线型符号，见表 7-12。对于封闭母线、电缆梯架、托盘和槽盒等宜标注其规格和安装高度。

在用图形符号表示电力和照明设备后，通常在图形符号旁边加文字符号，说明电力和照明设备的型号、规格、数量、安装方式、离地高度等。

表 7-12　电气线路线型符号

序号	线型符号	说　明
1	── S ── 或 ── S ──	信号线路
2	── C ── 或 ── C ──	控制线路
3	── EL ── 或 ── EL ──	应急照明线路
4	── PE ── 或 ── PE ──	保护接地线
5	── E ── 或 ── E ──	接地线
6	── LP ── 或 ── LP ──	接闪线、接闪带、接闪网
7	── TP ── 或 ── TP ──	电话线路
8	── TD ── 或 ── TD ──	数据线路
9	── TV ── 或 ── TV ──	有线电视线路
10	── BC ── 或 ── BC ──	广播线路

序号	线型符号	说　明
11	——— V ——— 或 —— V ——	视频线路
12	——— GCS ——— 或 —— GCS ——	综合布线系统线路
13	——— F ——— 或 —— F ——	消防电话线路
14	——— D ——— 或 —— D ——	50 V 以下的电源线路
15	——— DC ——— 或 —— DC ——	直流电源线路
16	 ——⊗——	光缆，一般符号

7.3.2　用电设备标注

用电设备的标注格式如下：

$$\frac{a}{b}$$

式中　a——参照代号；

b——额定容量，kW 或 kV · A。

例如，某电动机附近标注 $\dfrac{G4 - M1}{15\ kW}$ ，G4-M1 为电动机参照代号，15 kW 为其额定功率。

7.3.3　电气箱（柜、屏）标注

对于电气箱（柜、屏），可在其图形符号附近标注参照代号及设备安装容量。电气系统图中，电气箱（柜、屏）的标注格式如下：

$$- a + b/c$$

式中　a——参照代号；

b——位置信息；

c——型号。

前缀"–"在不引起混淆时可省略。

例如，某配电箱附近标注–AL11+B2／□，表示 11 号照明配电箱位于地下二层，型号为□。

电气平面图中，电气箱（柜、屏）的标注格式如下：

$$- a$$

式中　a——参照代号。

前缀"–"在不引起混淆时可省略。

例如，某配电箱附近标注–AP2，表示 2 号动力配电箱。

7.3.4　变压器标注

照明、安全、控制变压器的标注格式如下：

$$ab/cd$$

式中　a——参照代号；

　　b/c——一次电压/二次电压；

　　d——额定容量。

例如，TA1 220/36 V 500 V·A 表示照明变压器 TA1，其电压比为 220/36 V，额定容量为 500 V·A。

7.3.5　灯具标注

对于照明灯具，可在其图形符号附近标注灯具的数量、光源数量、光源安装容量、安装高度和安装方式。照明灯具的标注形式为：

$$a - b\frac{c \times d \times l}{e}f$$

式中　a——灯具数量；

　　b——型号；

　　c——每盏灯的光源数量；

　　d——光源安装容量，W；

　　e——安装高度，m；

　　–——吸顶安装；

　　f——安装方式（见表 7-13），若吸顶安装可不标注安装方式；

　　l——光源种类。

表 7-13　灯具安装方式文字符号

安装方式	新代号	旧代号	安装方式	新代号	旧代号
线吊式	SW		链吊式	CS	C
管吊式	DS	P	壁装式	W	W
吸顶式	C		嵌入式	R	R
吊顶内安装	CR		墙壁内安装	WR	
支架上安装	S		柱上安装	CL	
座装	HM				

例如，$4 - GC1 - A\dfrac{125 \times Hg}{6.0}P$ 表示 4 盏灯，型号为 GC1-A，每盏灯装有 125 W 汞灯，管吊式安装，安装高度距离地面 6 m。又如，$5 - YG - 2\dfrac{2 \times 40 \times FL}{-}$ 表示 5 盏灯，型号为 YG-2，每盏灯中装有 2 个 40 W 的荧光灯管，吸顶安装；如果在设计说明或材料表中，说明了灯具型号和光源种类，则灯具标注可省略为 $5 - \dfrac{2 \times 40}{-}$。

7.3.6　电缆梯架、托盘和槽盒标注

电缆梯架、托盘和槽盒的标注格式如下：

$$\frac{a \times b}{c}$$

式中　a——线宽，mm；

　　　b——高度，mm；

　　　c——安装高度，m。

例如，$\dfrac{500 \times 150}{4}$ 表示电缆桥架宽度为 500 mm，高度为 150 mm，安装高度距离地面 4 m。

7.3.7　光缆标注

光缆的标注格式如下：

$$a/b/c$$

式中　a——型号；

　　　b——光纤芯数；

　　　c——长度，m。

7.3.8　线缆标注

线缆标注方法如下：

（1）绝缘导线的表示。低压供电线路和电气设备多采用绝缘导体连接，按绝缘材料分为橡胶绝缘导线和塑料绝缘导线。线芯的材质有铜芯和铝芯，分为单芯和多芯，导体的标准截面为 0.2 mm²、0.3 mm²、0.4 mm²、0.5 mm²、0.75 mm²、1 mm²、1.5 mm²、2.5 mm²、4 mm²、6 mm²、10 mm²、16 mm²、25 mm²、35 mm²、50 mm²、70 mm²、95 mm²、150 mm²、185 mm²等 。常用绝缘导线的型号、名称、用途见表 7-14。

表 7-14　常用绝缘导线

型号	名称	用途
BXF（BLXF）	氯丁橡胶铜铝（芯）线	适用于交流 500 V 及以下，直流 1000 V 及以下的电气设备和照明设备之间
BX（BLX）	橡胶铜芯（铝）芯线	
BXR	铜芯橡胶软线	
BV（BLV）	聚氯乙烯铜（铝）芯线	适用于各种设备、动力、照明的线路固定敷设
BVR	聚氯乙烯铜芯软线	
BVV（BLVV）	铜（铝）芯聚氯乙烯绝缘和护套线	
RVB	铜芯聚氯乙烯平行软线	适用于各种交直流电器、电工仪器、小型电动工具、家用电器装置的连接
RVS	铜芯聚氯乙烯绞型软线	
RV	铜芯聚氯乙烯软线	
RX、RXS	铜芯、橡胶棉纱编织软线	

（2）电缆的表示。电缆按用途分为电力电缆、通用（专用）电缆、通信电缆、控制电缆、信号电缆等，按绝缘材料分为纸绝缘电缆、橡皮绝缘电缆、塑料绝缘电缆等。电缆

的结构主要由三部分组成，即芯线、绝缘层和保护层。保护层分为内保护层和外保护层，可以通过型号显示电缆的结构、特性和用途，其型号表示方法见表7-15，外护层数字代号含义见表7-16。

表7-15 电缆型号字母的含义

类别	绝缘种类	线芯材料	内护层	其他特征
电力电缆（不表示）	Z-纸绝缘		Q-铅套	
K-控制电缆	X-橡皮绝缘	T-铜	L-铝套	D-不滴流
P-信号电缆	V-聚氯乙烯	（不表示）	H-橡套	F-分相护套
Y-移动式软电缆	Y-聚乙烯	L-铝	V-聚氯乙烯套	P-屏蔽
H-市内电话电缆	YJ-交联聚乙烯		Y-聚乙烯套	C-重型

表7-16 电缆外护层数字代号的含义

第一个数字		第二个数字	
代号	铠装层类型	代号	外被层类型
0	无	0	无
1	无	1	纤维绕包
2	双钢带	2	聚氯乙烯护套
3	细圆钢丝	3	聚乙烯护套
4	粗圆钢丝		

例如，VV—1000—3×70+1×50 表示聚氯乙烯绝缘、聚氯乙烯护套电力电缆，额定电压为 1000 V，3 根 70 mm² 铜芯线和 1 根 50 mm² 铜芯线。YJV22—3×50+1×30 表示交联聚乙烯绝缘、聚氯乙烯护套内钢带铠装电力电缆，3 根 50 mm² 铜芯线和 1 根 30 mm² 铜芯线。

（3）线路标注。电力线路和照明线路的编号、导线型号、规格、根数、敷设方式、管径、敷设部位等可通过在图线旁线路安装代码标明，其基本格式如下：

$$ab - c(d \times e + f \times g)i - jh$$

式中　a——参照代号；

　　　b——型号；

　　　c——电缆根数；

　　　d——相导体根数；

　　　e——相导体截面积，mm²；

　　　f——N、PE 导体根数；

　　　g——N、PE 导体截面积，mm²；

　　　i——敷设方式和管径，见表7-17，mm；

　　　j——敷设部位，见表7-18；

　　　h——安装高度，m。

表 7-17   线缆敷设方式文字符号

敷 设 方 式	新标准	旧标准
穿低压流体输送用焊接钢管（钢导管）敷设	SC	SC（G）
穿普通碳素钢电线套管敷设	MT	
穿可挠金属电线保护套管敷设	CP	
穿硬塑料导管敷设	PC	PC
穿阻燃半硬塑料导管敷设	FPC	
穿塑料波纹电线管敷设	KPC	
电缆托盘敷设	CT	
电缆梯架敷设	CL	
金属槽盒敷设	MR	MR
塑料槽盒敷设	PR	PR
钢索敷设	M	CT
直埋敷设	DB	
电缆沟敷设	TC	
电缆排管敷设	CE	

表 7-18   线缆敷设部位文字符号

敷 设 部 位	新标准	旧标准
沿梁或跨梁（屋架）敷设	AB	B
沿柱或跨柱敷设	AC	C
沿吊顶或顶板面敷设	CE	SC
吊顶内敷设	SCE	CE
沿墙面敷设	WS	W
沿屋面敷设	RS	
暗敷设在顶板内	CC	
暗敷设在梁内	BC	
暗敷设在柱内	CLC	
暗敷设在墙内	WC	W
暗敷设在地板或地面下	FC	F

例如，WP1—（2×2.5+PE2.5）TC20—WC 表示 1 号动力线路，电缆根数为 1，电缆包括 2 根截面积为 2.5 mm² 的相导体和 1 根截面积为 2.5 mm² 的 PE 导体，电缆沟敷设，管径为 20 mm，沿墙暗敷。又如，WD1 YJV—5（3×150+2×70）SC80—WS3.5 表示 1 号低压配电线路，电缆型号为 YJV，电缆根数为 5，每根电缆包括 3 根截面积为 150 mm² 的导体和 2 根截面积为 70 mm² 的导体，穿钢管敷设，管径为 80 mm，沿墙敷设，安装高度距地面 3.5 m。

7.3.9   电话线缆标注

电话线缆标注的基本格式是：

$$a - b(c \times 2 \times d)\,e - f$$

式中 a——参照代号；

       b——型号；

       c——导体对数；

       d——导体直径，mm；

       e——敷设方式和管径，见表 7-17，mm；

       f——敷设部位，见表 7-18。

例如，W2—HYV(5×2×0.5)SC15—WS 表示 2 号电话线路，电缆的型号为 HYV，共有 5 对导体，导体直径为 0.5 mm，穿钢管敷设，管径为 15 mm，沿墙敷设。

7.3.10 设备端子和导体

电气设备端子和导体可采用表 7-19 的标志和标识。

表 7-19　设备端子和导体的文字符号

序号	导体		文字符号	
			设备端子标志	设备和导体终端标识
1	交流导体	第 1 线	U	L1
		第 2 线	V	L2
		第 3 线	W	L3
		中性导体	N	N
2	直流导体	正极	+或 C	L^+
		负极	−或 D	L^-
		中间点导体	M	M
3	保护导体		PE	PE
4	PEN 导体		PEN	PEN

7.4　建筑电气照明工程图

在建筑电气照明工程中，电气系统图和电气平面图是最重要的图样。

7.4.1 电气系统图画法

电气系统图主要用来表示电气系统各组成部分的主要特征和相互关系，其绘制的基本原则如下：

（1）电气系统图应表示出系统的主要组成、主要特征、功能信息、位置信息、连接信息等，各系统、分系统、装置、设备等的详细信息应在电路图（表）、电气平面图中表示。

（2）系统图应优先按功能布局绘制，图中可补充位置信息。当位置信息对理解其功能很重要时，可采用位置布局绘制。

（3）电气系统图宜标注电气设备、路由（回路）等的参照代号、编号等，并应采用用于系统的图形符号绘制。

（4）电气系统图可根据系统的功能或结构（规模）的不同层次分别绘制。供配电系统图按功能可绘制低压系统图、照明配电箱系统图，按结构（规模）可绘制供配电总系统图、供配电分系统图。

动力配电箱系统图示例如图 7-2 所示，动力配电箱参照代号为−AP11+F2/□（□为配电箱型号）。垂直分支电路从左到右布置，电源进线［线路文字标注为−WD01 YJV−(3×50+1×25)CT SC50］在左侧；配电装置进线的接地型式为 TN−C 系统，出线的接地型式为 TN−S 系统，图中相应绘制出相线、中性线和保护线的图形符号；图中标注了元器件、参照代号、元器件规格等内容；该图采用垂直方向表示，文字标注于图形符号的左侧，回路容量和用途标注于图形符号下方。

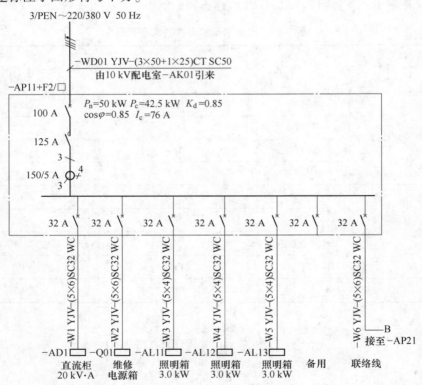

图 7-2   动力配电箱系统图示例

照明配电箱系统图示例如图 7-3 所示，照明配电箱参照代号为−AL2+F2/□（□为配电箱型号）。水平分支电路自上而下布置，电源线进线在上部，由−AP1−W4 引来；图中标注了元器件、参照代号、元器件规格等内容；该图采用水平方向表示，文字标注于图形符号的上方，回路容量和用途标注于图形符号右侧。

7.4.2 电气平面图画法

电气平面图主要用来表示用电设备、配电设备以及电气线路相对于建筑的平面位置关

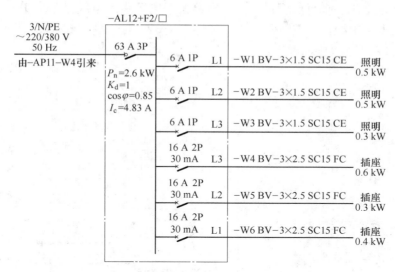

图 7-3 照明配电箱系统图示例

系，其绘制的基本原则如下：

（1）电气平面图应表示出建筑物轮廓线、轴线号、房间名称、楼层标高、门、窗、墙体、梁柱、平台和绘图比例等，承重墙及柱宜涂灰色。

（2）电气平面图应绘制出安装在本层的电气设备、敷设在本层和连接本层电气设备的线缆、路由等信息。进出建筑的线缆，其保护管应注明与建筑轴线的定位尺寸、穿建筑外墙的标高和防水形式。

（3）电气平面图应标注电气设备、线缆敷设路由的安装位置、参照代号等，并应采用用于平面图的图形符号绘制。

（4）电气平面图、剖面图中局部部位需另绘制电气详图或电气大样图时，应在局部标注电气详图或电气大样图编号，在电气详图或电气大样图下方标注其编号或比例。

（5）使用功能不同的楼层，如地下一层、首层，电气设备布置一般不相同，电气平面图应分别绘制。使用功能相同的楼层，如住宅、办公建筑的标准层，电气设备布置相同，可只绘制其中一个楼层的电气平面图，但每层电气箱的参照代号应表示清楚。

（6）当建筑平面图采用分区绘制时，电气平面图也应分区绘制，分区部位和编号宜与建筑专业一致，并应绘制分区组合示意图，各区电气设备线缆连接处应加标注。

（7）强电和弱电应分别绘制电气平面图。

（8）防雷接地平面图应在建筑物或构筑物建筑专业的顶部平面图上绘制接闪器、引下线、断接卡、连接板、接地装置等的安装位置及电气通路。

7.4.3 识读举例

下面详细介绍某办公楼的电气照明施工图，包括照明配电系统图和照明平面图。

（1）照明配电系统图（见图 7-4）。380 V/220 V 电源由室外通过钢管埋地引入，电缆型号为 VV（3×16+1×10）SC50-FC、WC。电源引入一楼的总配电箱 AL，配备总控三极断路器 NC100H-80A/3P 和计量电表，共有 3 个支路分别连接各层的配电箱。

该办公楼地上三层，每层设置一台配电箱，配电箱引入电缆型号为 BV（3×10+2×6）SC40-WC，配电箱中配备三极断路器 NC100H-25A/3P 和 5 个回路（3 个照明回路和 2 个插座回路）。

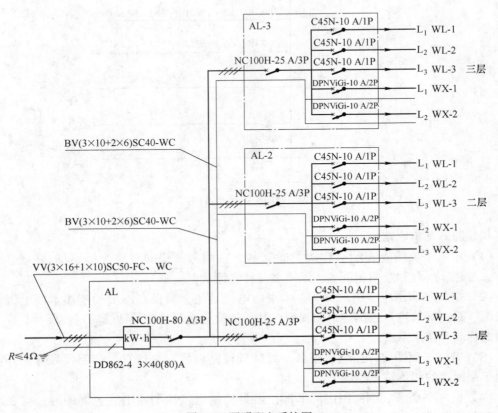

图 7-4　照明配电系统图

（2）一层照明平面图（见图 7-5）。室外电源由建筑北侧通过钢管埋地引入，一层照明配电箱位于楼梯间，共引出 5 个回路：回路 WL-1 负责西侧和南侧房间的照明，回路 WL-2 负责北侧和东侧房间的照明，回路 WL-3 负责走廊、楼梯间和卫生间的照明，回路 WX-1 负责西侧和南侧房间的插座，回路 WX-2 负责北侧和东侧房间的插座。

办公室内的照明均采用单管荧光灯，走廊采用吸顶灯。办公室和卫生间内设置双联单控开关，走廊和楼梯间设置单联单控开关。

（3）二层照明平面图（见图 7-6）。二层照明配电箱位于楼梯间，共引出 5 个回路：回路 WL-1 负责西侧和南侧房间的照明，回路 WL-2 负责北侧和东侧房间的照明，回路 WL-3 负责走廊和卫生间的照明，回路 WX-1 负责西侧和南侧房间的插座，回路 WX-2 负责北侧和东侧房间的插座。

办公室内的照明均采用单管荧光灯，走廊采用吸顶灯。办公室和卫生间内设置双联单控开关，走廊设置单联单控开关。

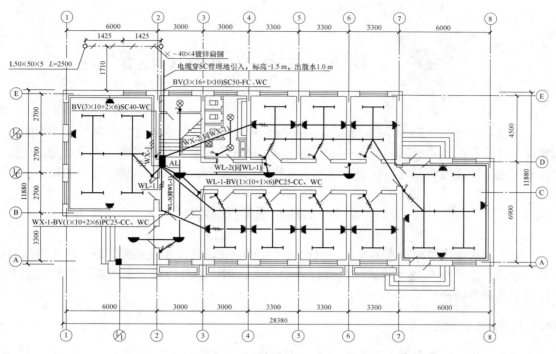

图 7-5 一层照明平面图 (1:100)

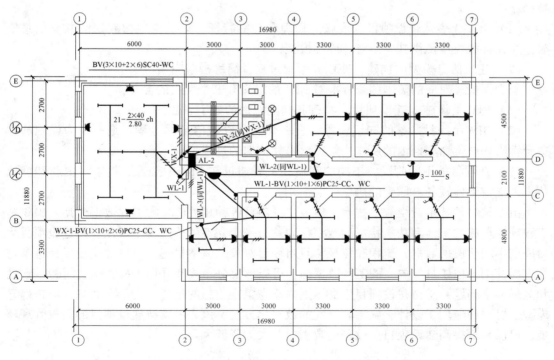

图 7-6 二层照明平面图 (1:100)

8 BIM 概述及 Revit 基础

建筑信息模型（Building Information Model，BIM）是以三维数字技术为基础，集成了建筑项目的各种相关信息的工程数据模型。BIM 是一种技术、一种方法、一种过程，它更好地将建筑行业的业务流程与表达建筑本身的信息相结合，从而提高整个行业的效率。

8.1 BIM 基础知识

随着建筑业信息化技术的发展，BIM 技术在建筑领域的应用越来越广泛。BIM 不仅仅是"建筑信息模型"或"建筑信息管理"的概念，BIM 本身的概念也随着技术和应用的发展不断被重新诠释。

8.1.1 BIM 的概念

当前，BIM 的概念有多种版本，本书选取中华人民共和国住房和城乡建设部发布的《建筑工程施工信息模型应用标准》中对建筑信息模型（BIM）的定义，该定义有两层解释：

（1）数字化表达建设项目和设施的物理和功能特征，提供全生命周期的共享信息资源，并为各种决策提供基本信息，简称模型；

（2）建筑信息模型的创建、使用和管理过程，简称模型应用。

与中国标准对应的美国国家标准对 BIM 的定义有三个层次的含义：

（1）BIM 是设施（建设项目）物理和功能特性的数字表达；

（2）BIM 是一种共享的知识资源，是一个共享设施信息的过程，是一个为设施从建造到拆除的全生命周期内的所有决策提供可靠依据的过程；

（3）在项目的不同阶段，不同的利益相关者通过在 BIM 中插入、提取、更新和修改信息来支持和体现各自职责的协作。

BIM 是一种基于三维数字技术，集成建设项目各种相关信息的工程数据模型。BIM 是工程项目设施的实体和功能特征的数字化表达，一个完整的信息模型可以连接建设项目生命周期不同阶段的数据、流程和资源，是对项目对象的完整描述，可以被建设项目各参与方广泛使用。BIM 具有单一的工程数据源，可以解决分布式和异构工程数据之间的一致性和全局共享问题，支持建设项目生命周期内动态工程信息的创建、管理和共享。建筑信息模型也是一种应用于设计、施工和管理的数字化方法，该方法支持建设项目的集成管理环境，可以显著提高建设项目全过程的效率，并大大降低风险。

8.1.2 BIM 在建设项目各阶段的应用

近年来，住房和城乡建设部在全国范围内大力推行 BIM 技术，要求建筑行业甲级勘察、设计单位，以及特级、一级房屋建筑工程施工企业应掌握 BIM 技术，并实现 BIM 与企业管理系统一体化集成应用。

8.1.2.1 BIM 在项目规划阶段的应用

在项目规划阶段，BIM 技术可以为建设项目的技术经济可行性论证提供帮助，提高论证结果的准确性和可靠性。业主需要确定建设项目方案在技术上和经济上是否可行，能否满足类型、质量、功能等要求，BIM 技术可以为广大业主提供一个概要模型，对施工项目方案进行分析和模拟，从而降低整个工程的施工成本，缩短施工周期，提高工程施工质量。

8.1.2.2 BIM 在项目设计阶段的应用

BIM 在设计阶段的主要应用包括：设计阶段的施工模拟、设计分析与协同设计、可视化交流、碰撞检查及设计阶段的造价控制等。在传统 CAD 时代，建筑项目在设计阶段存在的 2D 图纸繁琐、错误率高、变更频繁、协作沟通困难等缺点将通过 BIM 解决，从而实现学科、专业的协同工作。BIM 带来的巨大优势如下：

（1）保证概念设计阶段的决策正确。

（2）更加快捷与准确地绘制 3D 模型。

（3）多个系统的设计协作提高设计质量。

（4）可以灵活应对设计变更。

（5）提高可施工性。

（6）为精确化预算提供便利。

（7）有利于低能耗与可持续发展设计。

8.1.2.3 BIM 在项目运营阶段的应用

BIM 在建设项目的运营阶段也扮演着非常重要的角色。在 BIM 参数模型中，项目施工阶段所做的所有修改都会实时更新，形成最终的 BIM 竣工模型（As-Built Model），作为各种设备管理的数据库，为系统维护提供依据。

建筑物的结构设施（如墙壁、地板、屋顶等）和设备设施（如设备、管道等）在建筑物的使用寿命期间需要持续维护，BIM 模型可以充分发挥数据记录和空间定位的优势。通过结合运维管理制度，制定合理的维修计划，并安排专人轮流做专项维修工作，使建筑物在使用中出现突发情况的概率大大降低。

随着建设工程复杂性的增加，各专业交叉合作已成为必然趋势。BIM 技术可以使建筑、结构、电气、给排水等学科在同一模型上实现协同工作，从而实现建筑设计信息的更新和传递，它还可以使不同地区的不同设计人员在网络的基础上一起工作。BIM 是信息技术在建筑行业的直接应用，服务于建筑项目设计、建造、运营维护的全生命周期。BIM 为项目的所有参与者提供了一个顺畅沟通和协作的平台，在避免错误、提高工程质量、节约成本、缩短工期等方面做出了巨大贡献，其巨大的优势使其越来越受到业界的重视。将 BIM 技术应用于各学科设计过程中的碰撞检验，不仅可以彻底消除硬、软碰撞，提高工程设计质量，还可以大大降低施工阶段的损失和返工的可能性，它可以优化空间，方便使用和维护。

8.1.3 主流 BIM 应用软件介绍

软件是 BIM 技术有效实施和应用的最关键要素之一，只有通过软件才能充分利用

BIM 的特点，发挥其应有的作用，实现其价值。到目前为止，BIM 应用软件有 60 多种，但主流的 BIM 应用软件大致可以分为以下三个系列。

（1）以建模为主辅助设计的 BIM 基础类软件。BIM 基础类软件是指能够提供多种 BIM 应用的 BIM 数据软件，例如，基于 BIM 技术的建筑设计软件可以建立建筑设计 BIM 数据，这些数据可以用于基于 BIM 技术的能耗分析软件、日照分析软件等 BIM 应用软件。目前这类软件有美国 Autodesk 公司的 Revit 软件，其中包含了建筑设计软件、结构设计软件及 MEP 设计软件；还有匈牙利 Graphisoft 公司的 ArchiCAD 软件等。

（2）以提高单业务点工作效率为主的 BIM 工具类软件。BIM 工具类软件是一种基于 BIM 模型数据开展各种工作的应用软件，例如，利用建筑设计的 BIM 设计模型进行二次深化设计、碰撞检查及工程量计算的 BIM 软件。目前，这类软件包括美国 Autodesk 公司的 Ecotect 建筑照明仿真分析软件、广联达公司的 MagiCAD 机电深化设计软件、基于 BIM 技术的工程量计算软件、BIM 图纸审核软件、5D 管理软件等。

（3）以协同和集成应用为主的 BIM 平台类软件。BIM 平台类软件可以有效地管理各种 BIM 数据，以支持在建筑的整个生命周期内共享 BIM 数据，这种软件支持工程项目的多个参与者和不同学科的工作人员通过网络高效地共享信息。目前，这类软件包括美国 Autodesk BIM 360 软件、Bentley 公司的 Projectwise、Graphisoft 公司的 BIMServer 等，以及中国广联达公司的广联云，这些软件通常支持公司内部软件之间的数据交互和协作工作。此外，一些开源组织还开发了开放的 BIMServer 平台，可以基于 IFC 标准进行数据交换，以满足不同公司软件之间的数据共享需求。

BIM 技术在工程建设领域的作用和价值在全球范围内得到了业界的认可，并在工程项目中得到了迅速的发展和应用。目前，BIM 技术已经成为行业中继 CAD 技术之后最重要的信息应用技术。

8.2   Autodesk Revit 软件基础

本书以 Autodesk Revit 2020 为例，介绍建筑设备工程 BIM 模型的创建与应用。

Autodesk Revit 2020 由 Revit architecture（建筑）、Revit structure（结构）、Revit MEP（设备）组成，是一款综合性三维建筑信息模型建模软件，适用于建筑设计、MEP 工程、结构工程和施工等领域。MEP（Mechanical, Electrical & Plumbing）即机械、电气和管道三个专业，给排水系统设计、暖通系统设计和电气系统设计，统称为 MEP 机电设计。

8.2.1   Revit 工作界面与基本命令

Revit 2020 界面包括主页界面和工作界面。

8.2.1.1   主页界面

启动 Revit 2020 会打开图 8-1 所示的主页界面。主页界面的左侧区域是"模型"和"族"的创建入口，分为"模型"组和"族"组两个选项组，下面介绍这两个选项组的基本功能。

图 8-1　主页界面

（1）"模型"组。"模型"是指建设工程中的模型。要创建一个完整的建设项目，需要打开一个新的项目文件或打开一个现有的项目文件进行编辑。

"模型"组中包含"打开"和"新建"两个选项。建模时可以选择 Revit 提供的样板文件，模型样板对视图样板、已载入的族、定义（如单位、填充样式、线样式、线宽、视图比例等）等进行了设置。如果软件自带的样板不适合我国的相关制图与设计规范，也可自己定义样板文件。

点击"新建"按钮，打开"新建项目"对话框，如图 8-2 所示。

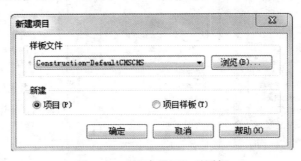

图 8-2　"新建项目"对话框

点击"样板文件"下拉列表，有几个样板可用于不同的项目类型，如图 8-3 所示。需要注意的是，初次安装 Revit 软件并打开主界面后，"样板文件"下拉列表中并没有电气、给排水和暖通样板等选项，需要单击"浏览"按钮，从样板库中打开。

不同类型的模型样板，可以满足设计行业的不同需求，其差异也体现在"项目浏览器"中视图内容的不同。建筑样板和构造样板的视图内容相同，都可以用于建筑模型设

图 8-3　样板文件列表

计。图 8-4 为建筑样板、构造样板、电气样板、机械样板、给排水样板和结构样板等视图内容。

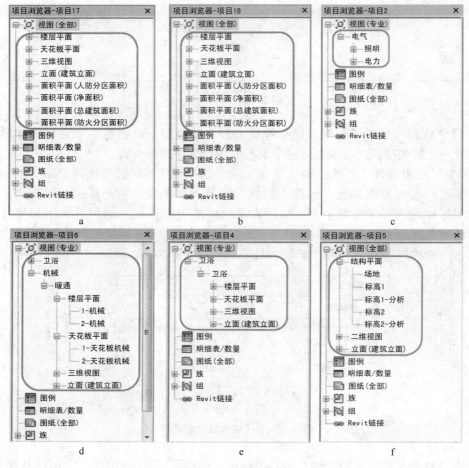

图 8-4　项目浏览器

a—建筑样板；b—构造样板；c—电气样板；d—机械样板；e—给排水样板；f—结构样板

（2）"族"组。Revit 中的所有图元都是基于族的。通过族编辑器可以创建实际工程所需的建筑构件、图形和注释等，可以根据用户的需要，定义不同的尺寸、形状、材质或其他参数变量。

在"族"组中包括"打开"和"新建"两个引导功能。单击"新建"打开"新族-选择样板文件"对话框，选择合适的族样板文件，可以进入到族设计环境中进行族的设计。

8.2.1.2 Revit 2020 工作界面

Revit 2020 工作界面沿用了 Revit 2014 的界面风格。在欢迎界面的"模型"组中选择一个电气样板、机械样板或给排水样板，进入到 Revit 2020，然后切换到"系统"选项卡，图 8-5 为打开一个建筑项目后的工作界面。

在中部区域的左侧或右侧会有属性对话框和项目浏览器，属性对话框可以选择修改选中图元的属性，根据选中图元的不同会有不同的属性项目。项目浏览器包含了本项目的视图、图纸、族控制等内容，可以切换视图、修改查找族文件。

图 8-5　工作界面

8.2.2　Revit 项目基准及视图配置

8.2.2.1　视图范围的设置

视图范围是指在当前平面视图下，标高范围在多少的模型能够被看到，不在此视图范围的模型在当前视图无法查看。

在"属性"选项板中，找到"范围"→"视图范围"，然后单击"编辑"，如图 8-6 所示。

将剖切面偏移量设置到想要的高度，设置剖切高度，点击"应用"，如图 8-7 所示。

8.2.2.2　视图可见性的设置

视图可见性是指在当前视图中，哪些类别的模型需要显示，主要的作用是调整模型显

图 8-6　视图范围

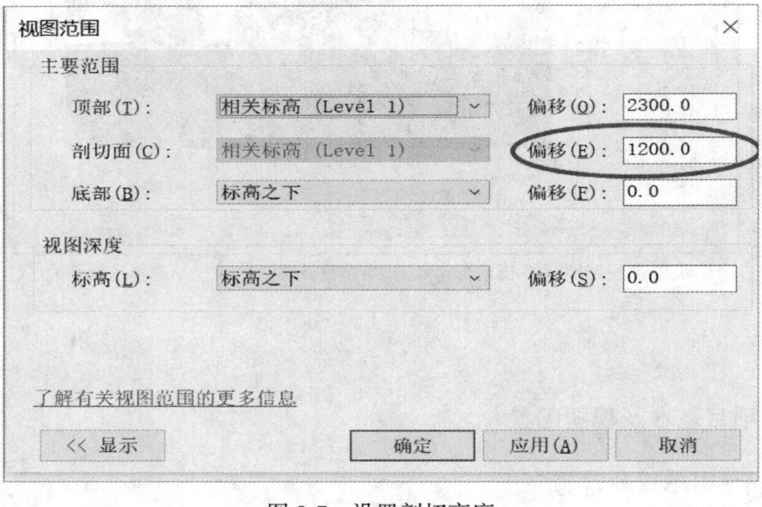

图 8-7　设置剖切高度

示的类别，使显示出来的模型符合用户的需要。

设置方法：在"属性"选项板中，找到"可见性/图形替换"，点击"编辑"，如图 8-8 所示。

通过过滤列表中选择需可见构件的分类，若设置某一构件的可见性，则在可见性列表下找到该构件，并勾选，点击"确定"。若设置某构件不可见，则取消勾选。

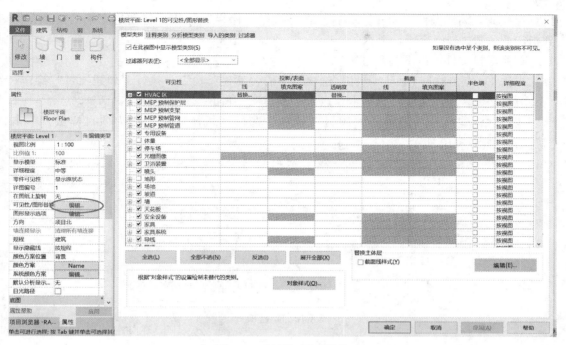

图 8-8 可见性/图形替换

8.2.2.3 项目浏览器

项目浏览器用于查看所建模型和寻找模型中指定的构件，集合了项目的各种视图、图纸、明细和其他信息，是 Revit 中非常重要的一个工具。

打开项目浏览器：点击"视图"选项卡，点击"用户界面"，勾选"项目浏览器"，如图 8-9 所示。在此处也可对其他视图窗口进行修改，例如属性、快捷键等。

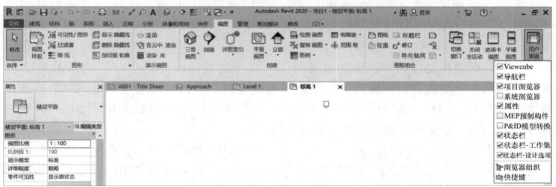

图 8-9 打开项目浏览器

可以在项目浏览器中查看平面图、3D 视图和立面信息，所创建的图纸以及明细表/数量等。

8.2.3 项目创建及链接 CAD

8.2.3.1 新建项目

在开始进行项目设计之前，需要先创建项目文件，接着才可以在项目文件的基础上，执行建模或者编辑操作。操作完毕后，需要执行"保存"操作，将创建完毕的模型存储到指定的位置。

新建项目文件有以下两种方法。

方法 1：点击欢迎界面"项目"选项组中的"新建"命令，执行"新建项目"操作。

方法 2：单击"文件"选项卡，点击"新建"，弹出"新建项目"对话框。

勾选"新建"选项组中的"项目"选项，选择"机械样板"作为项目样板，单击"确定"，如图 8-10 所示。

图 8-10   新建项目

8.2.3.2   链接模型

新建项目后，需要将建筑结构的模型链接到项目文件中。

单击功能区的"插入"选项卡，点击"链接 Revit"，打开"导入/链接 RVT"对话框，如图 8-11 所示，选择要链接的建筑模型文件，并在"定位"下拉列表中选择"自动-原点到原点"，单击右下角的"打开"按钮，建筑模型就链接到了项目文件中。

8.2.3.3   复制标高

标高和轴网是建筑立面、剖面和平面视图中的重要定位信息。在 Revit 中，标高和轴网用来为建筑模型中各构件的空间关系定位，根据标高和轴网信息可以创建各类建筑模型构件。

在链接建筑模型后，切换到立面视图"立面（建筑立面）"→"东"，如图 8-12 所示，会发现绘图区域有两组标高，一组是"机械样板"项目样板文件附带的标高，另一组是链接模型的标高。在项目浏览器的"视图（规程）"下同样可以发现，楼层平面和天花板平面视图中的标高是项目样板文件自带的标高。

为了共享建筑设计信息，需要先删除自带的平面和标高，然后使用"复制"工具（该工具不同于其他用于复制和粘贴的复制工具）复制并监视建筑模型的标高。具体操作步骤如下：

（1）切换到任意一个立面视图，选中原有标高并删除。在出现的警告对话框中，提示各视图将被删除，单击"确定"。

（2）单击功能区中的"协作"选项卡，点击"复制/监视"，在下拉菜单中选择"选择链接"，如图 8-13 所示。

（3）在绘图区域中拾取链接模型后，激活"复制/监视"选项卡，单击"复制"激活"复制/监视"选项栏，如图 8-14 所示。

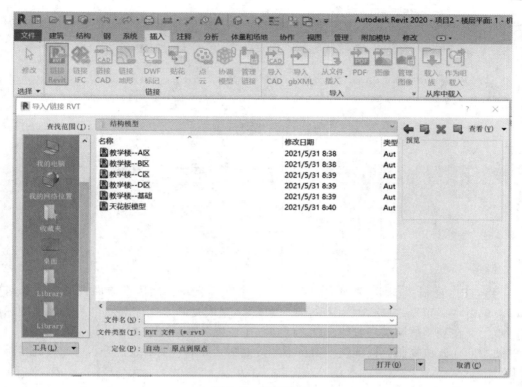

图 8-11 链接模型

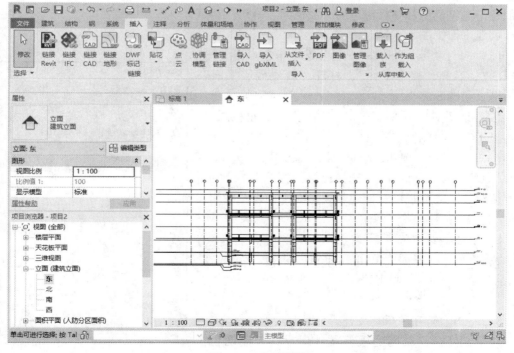

图 8-12 立面视图

图 8-13　选择链接

图 8-14　"复制/监视"选项栏

（4）在"复制/监视"选项栏中勾选"多个"复选框，然后在立面视图中选择对应标高，单击"确定"，在选项栏中单击"完成"，完成复制。这样既创建了链接模型标高的副本，又在复制的标高和原始标高之间建立了监视关系。

使用同样方法复制监视轴网，项目中的其他图元如墙、卫浴装置等均可通过此步骤复制监视。

8.2.3.4　创建平面视图

删除项目文件中自带的标高后，也同时删除了自带的楼层平面及天花板平面，所以需要创建与建筑模型标高相对应的平面视图。

创建平面视图步骤：

（1）打开功能区中的"视图"选项卡，点击"平面视图"，选择"楼层平面"，打开"新建楼层平面"对话框，如图 8-15 所示。

（2）选择对应标高，单击"确定"，平面视图名称将显示在项目浏览器中。

（3）单击"项目浏览器"，选择"机械"|"HAVC"|"楼层平面"|选择楼层，打开某层平面图，调整 4 个立面视图，使建筑模型在平面视图中间。

（4）完成平面视图创建。

8.2.3.5　创建轴网

创建平面视图后，单击"建筑"选项卡，选择"基准"面板下的"轴网"命令，在平面中绘制轴网，完成轴网创建。

8.2.3.6　保存该项目文件

将复制好标高轴网的项目文件保存并复制两份，分别命名为"风系统模型""水系统模型"和"电气

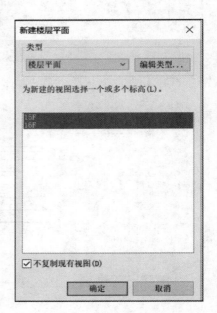

图 8-15　新建楼层平面

系统模型",分别用于风系统、水系统及电气系统的绘制。

8.2.3.7 导入 CAD

导入 CAD 模型的具体步骤如下:

(1)选择"插入"选项卡,点击"导入 CAD",打开"导入 CAD 格式"对话框,选择需要导入的 CAD 模型。在"定位"下拉框选择"自动-原点到内部原点",在"导入单位"下拉框选择"毫米",选择相应的放置楼层,单击"确定"。

(2)导入后,若 CAD 与建筑模型不重合,使用"对齐"命令,以轴网交点为基准点将 CAD 底图与建筑模型对齐,并锁定 CAD 底图,完成 CAD 导入。

9 水系统的 BIM 模型创建

建筑中的水系统包括空调水系统、采暖系统、给排水系统及雨水系统等。空调水系统包括冷冻水、冷却水和冷凝水等系统，采暖系统包括采暖供水、采暖回水等系统，给排水系统包括给水系统、热给排系统和排水系统等。

Revit 具有强大的管道系统三维建模能力，帮助管道系统布局设计更加条理、清晰，并实现所见即所得。在设计初期按照设计要求合理设置管道参数，可有效提高设计精度和效率。

本章主要介绍如何在 Revit 2020 中绘制水管系统。

9.1 设置管道设计参数

在绘制管道前，需对管道参数进行设置，可以最大化降低后期管道的调整工作，提高工作效率。

9.1.1 管道尺寸设置

在 Revit 中，利用"机械设置"中的"尺寸"选项，设置当前项目文件中的管道尺寸信息。

设置管道尺寸步骤如下：

（1）打开"机械设置"对话框有以下三种方法。

方法 1：单击功能区中的"管理"选项卡，选择"MEP 设置"，在下拉列表中选择"机械设置"，如图 9-1 所示。

图 9-1 "MEP 设置"下拉列表

方法2：单击"系统"选项卡，点击"机械"，如图9-2所示。

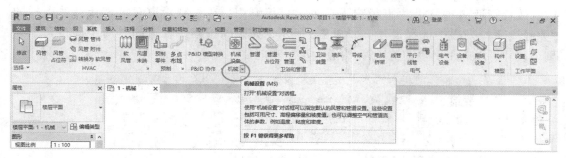

图9-2 "系统"选项卡打开"机械"

方法3：输入 MS（机械设置快捷键）。

用以上三种方法均可打开"机械设置"对话框。

（2）添加/删除管道尺寸。打开"机械设置"对话框后，在对话框中选择"管段和尺寸"，在右侧面板中，"管段"选项可对管道尺寸进行设置，设置"粗糙度"可用于管道的水力计算。尺寸目录显示的是可在当前项目中使用的管道尺寸表，如图9-3所示。

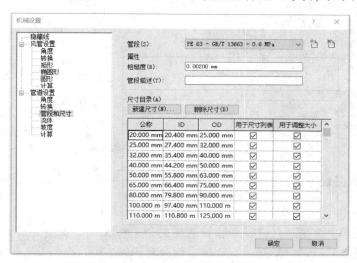

图9-3 管段和尺寸

点击"新建尺寸"或"删除尺寸"可添加或删除管道的尺寸，如图9-4所示。现有列表中已有的公称直径不可重复添加。如果已经在绘图区域绘制了某尺寸的管道，那么在"机械设置"尺寸列表中不能直接删除该尺寸，需先将项目中的该段管道删除之后，才能从尺寸列表中删除该尺寸。

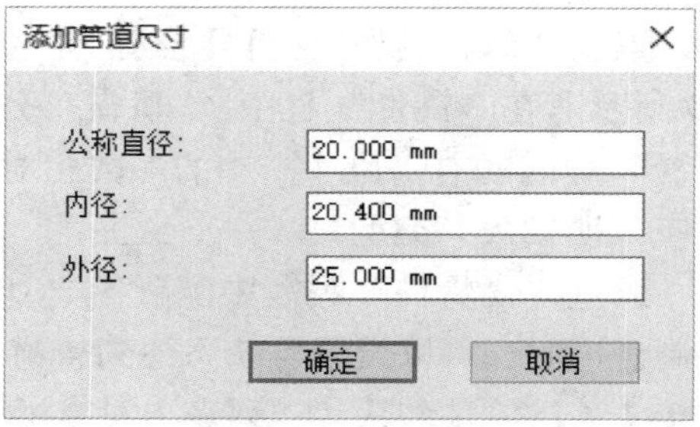

（3）尺寸应用。勾选"用于尺寸列表"和"用于调整大小"来调节管道尺寸在项目中的应

图9-4 添加管道尺寸

用。如果勾选一段管道尺寸的"用于尺寸列表"，该尺寸便可以被管道布局编辑器和"修改│放置管道"中管道"直径"下拉列表直接调用；在绘制管道时可直接在选项栏的"直径"下拉列表中选择尺寸，如图 9-5 所示。如果勾选某一管道的"用于调整大小"，则该尺寸可以应用于"调整风管/管道大小"功能。

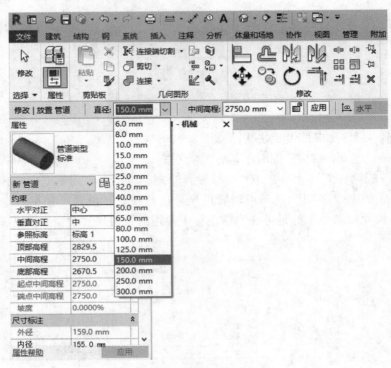

图 9-5　　"直径"下拉列表

9.1.2　管道类型设置

9.1.2.1　管道类型设置

管道类型设置主要是指对管道和软管的族类型进行设置。管道和软管均属于系统族，不能自行新建，但可以对族类型进行创建、修改和删除。

点击"系统"选项卡后，选择"卫浴和管道"/"管道"，在绘图区域左侧的"属性"对话框中选择和编辑管道的类型，如图 9-6 所示。Revit 2020 内置的"机械样板"项目样板文件中提供了两种管道类型："PVC-U"和"标准"可供选择。

点击"编辑类型"，打开管道"类型属性"对话框，可以对管道类型进行设置，如图 9-7 所示。在"属性"栏中，"机械"列表下定义的是和管道属性相关的参数，与"机械设置"对话框中"尺寸"中的参数相对应。其中，"连接类型"对应"连接"，"类别"对应"明细表│类型"。

通过在"管件"列表中配置各类型管件族，可以设置自动添加到管路中的管件类型。绘制管道时，可以设置自动添加到管道中的管件类型包括弯头、接头、T 形三通、四通、活接头、过渡件和法兰；列表中没有的管件，则需要手动添加到管道系统中，比如 Y 形三通、斜四通等。

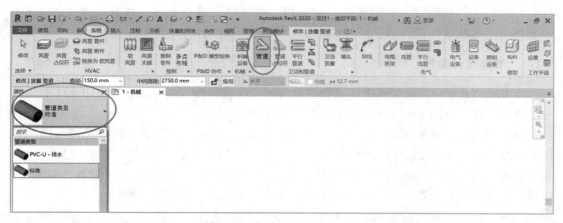

图 9-6　管道类型

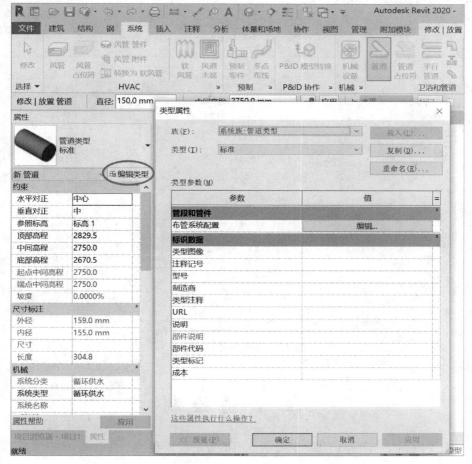

图 9-7　管道属性

9.1.2.2　软管类型设置

单击"系统"选项卡，选择"卫浴和管道"→"软管"，在"属性"对话框中选择

"编辑类型", 打开软管"类型属性"对话框, 可对软管进行设置。软管的"类型属性"中增加了"粗糙度"的设置, 可以对软管的粗糙度进行设置。

9.1.3　流体设计参数

在 Revit 2020 中, 除了可以定义管道的各种设计参数外, 还可以对管道中流体的设计参数进行设置, 可用于水系统的水力计算。设置方法如下:

打开"机械设置"对话框, 选择"流体", 在"流体名称"下拉框中选择不同的流体类型及温度。Revit 2020 默认的流体类型有"水""丙二醇"和"乙二醇"三种流体。右侧面板中可以对不同温度下不同流体对应的"黏度"和"密度"进行设置, 如图 9-8 所示。通过"新建温度"和"删除温度", 可以对流体设计参数进行调整。

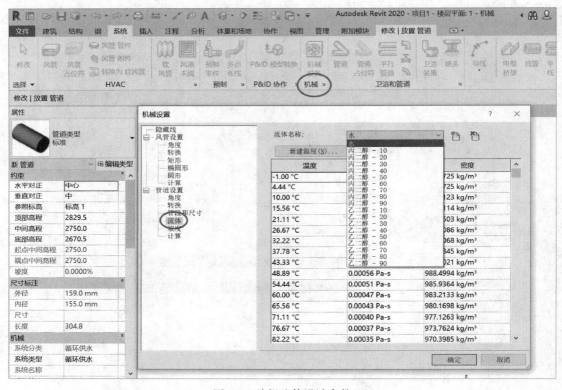

图 9-8　编辑流体设计参数

9.2　管　道　绘　制

本节主要内容是在 Revit 2020 中绘制管道的方法及要点。

9.2.1　绘制水管

进入管道绘制模式的方式有如下三种。

方法 1: 单击"系统"选项卡, 点击"卫浴和管道"中的"管道"选项, 进入管道绘制模式，如图9-9所示。

图9-9　"系统"选项卡

方法2：对已绘制的管道进行编辑或继续绘制时，选中绘图区已绘制好的管道连接件，单击鼠标右键，在弹出的快捷菜单中选择"绘制管道（P）"命令，进入管道绘制模式，如图9-10所示。

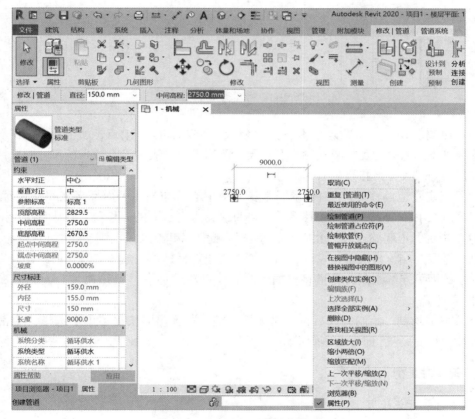

图9-10　单击右键选择绘制管道

方法3：使用快捷键，直接输入PI（管道快捷键），进入管道绘制模式。

进入管道绘制模式后，"修改丨放置管道"选项卡和"修改丨放置管道"选项栏被同时激活，可以设置管道的直径和高程。管道绘制方式如下：

（1）选择管道类型。在"属性"对话框中选择需要绘制的管道类型，如图9-11所示。

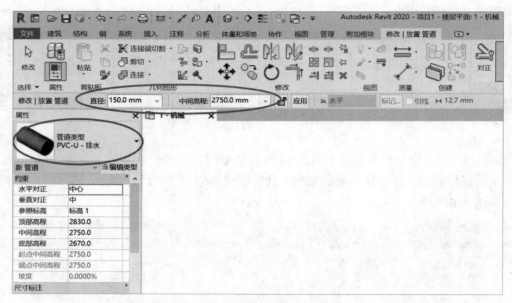

图 9-11　管道类型和尺寸

（2）编辑管道尺寸。在选项卡下方"修改｜放置管道"中点击"直径"，在下拉列表中选择管道尺寸，也可以直接输入管道尺寸。当下拉列表中没有输入的尺寸时，系统将自动选择与输入尺寸最接近的管道尺寸。

（3）指定管道偏移量。"偏移量"是指管道中心线与当前平面标高之间的相对距离。设置时可以在下拉列表中选择偏移量，也可直接输入自定义的偏移量，默认单位为 mm。

（4）指定管道起始点和终止点。在绘图区域中，单击鼠标左键指定管道起始点，移动鼠标至管段终端，再次单击左键，指定管道终止点，即可完成该段管道的绘制。继续单击鼠标左键即可连续绘制，管道将根据管路布局自动添加在"类型属性"对话框中预设的管件。

（5）取消绘制。绘制完成后，单击鼠标右键，在弹出的快捷菜单中选择"取消"命令，或按"Esc"键，即可退出管道绘制。

9.2.2　管道对正

9.2.2.1　对正设置

在平面视图和三维视图中，选择"修改｜放置管道"选项卡，在"放置工具"中选择"对正"选项，打开"对正设置"对话框，即可调整管道的对齐方式，如图 9-12 所示。

（1）水平对正用于设置相邻两端管道之间的水平对齐方式。点击"水平对正"下拉框，可以选择"中心""左"和"右"三种形式，"水平对正"后的绘制效果还与所绘制管道的方向有关，若管道的绘制方向为自左向右绘制，选择"左""中心""右"三种不同"水平对正"形式所对应的对齐效果如图 9-13 所示。

（2）水平偏移用于设置管道绘制起点位置与实际管道绘制位置之间的偏移距离。该

图 9-12 对正设置

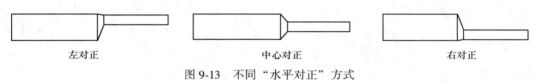

图 9-13 不同"水平对正"方式

命令多用来设置管道和墙体等参考图元之间的水平偏移距离，比如可以用来设置管道中心线与墙体中心线的水平偏移距离来确定管道的绘制位置。同时，该距离还与"水平对正"方式及画管方向有关。当设置"水平偏移"值为 500 mm 时，墙体中心线绘制宽度为 100 mm，自左向右绘制管道，三种不同的水平对正方式下管道中心线到墙中心线的距离标注如图 9-14 所示。

图 9-14 不同水平对正偏移距离

（3）垂直对正用于确定相邻两段管道之间的垂直对齐方式。"垂直对正"的下拉框中可以选择"中""底""顶"三种形式。"垂直对正"方式的不同会影响"偏移量"，如图 9-15 所示。当默认偏移量为 100 mm 时，公称管径为 100 mm 的管道，设置不同的"垂直对正"方式，绘制完成后的管道偏移量（管中心标高）会发生变化。

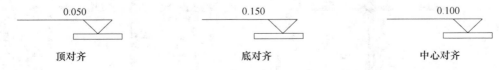

图 9-15 不同"垂直对正"方式

9.2.2.2 修改对正方式

管道绘制完成后，选择需要修改的管段，单击功能区中的"对正"按钮，进入"对正"编辑器，根据需要选择相应的对齐方式和对齐方向，单击"完成"按钮，如图 9-16 所示。

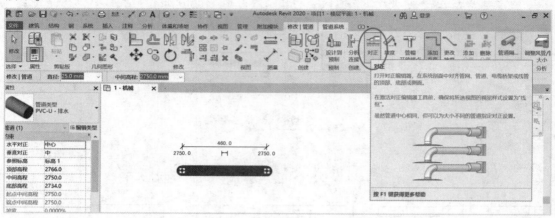

图 9-16 选择"对正"编辑器

9.2.3 自动连接

点击"修改 | 放置管道"选项卡中的"自动连接"按钮，激活自动连接，可在管道绘制过程中自动捕捉相交的管道，并在相交的位置添加对应的管件完成自动连接，如图 9-17 所示。

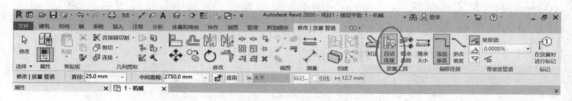

图 9-17 选择"自动连接"

当"自动连接"状态为激活时，在绘制两管段十字交叉管道时，在交叉位置会自动生成四通管件，如图 9-18 所示；若未激活，则管道不生成管件，如图 9-19 所示。一般默认情况下，"自动连接"状态为已激活。

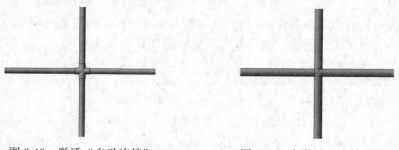

图 9-18 激活"自动连接"　　　　图 9-19 未激活"自动连接"

9.2.4 坡度设置

设置管道坡度时，可以在管道绘制过程中设置坡度，也可以对已绘制管道的坡度进行修改。

（1）绘制坡度。在单击"系统"选项卡，点击"管道"，打开"修改 | 放置管道"选项卡，打开"带坡度管道"面板，可直接在"坡度值"处输入指定的管道坡度，如图9-20所示。再进行管道绘制，即可直接绘制相应坡度的管道。

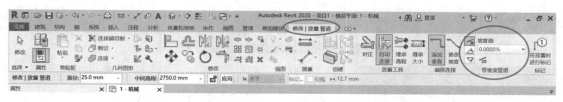

图 9-20　绘制坡度

（2）编辑管道坡度，这里介绍两种编辑管道坡度的方法。

1）选中需要编辑的管段，可直接通过修改管段起点和终点标高，软件即自动计算管道坡度，如图9-21所示。当管段上出现坡度符号时，也可单击该符号修改坡度值。

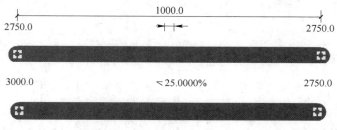

图 9-21　修改管段起点和终点标高

2）选中需要编辑的管段，单击"修改 | 管道"选项卡中的"坡度"，激活"坡度编辑器"窗口，如图9-22和图9-23所示。在"坡度编辑器"坡度值中输入相应的坡度值，单击"完成"即可设定坡度方向。相应的，如果输入的坡度值为负数，将反转当前选择的坡度方向。

9.2.5 管件的使用方法和注意事项

在水系统中，管件包括弯头、T形三通、接管-垂直、接管-可调、四通、过渡件、活头或法兰等用于连接管道的连接件，每条管路上都包含数量众多的管件。

Revit 2020 中绘制管件的方法有以下两种。

（1）自动添加管件："自动连接"激活时，可以在绘制过程中自动添加管件。自动生成的管件需提前在管道"类型属性"对话框中进行设定，可自动添加的管件包括弯头、T形三通、接管-可调、接管-垂直、四通、活头、过渡件及法兰。

（2）手动添加管件：进入"修改 | 放置管件"模式，可选择需要添加的管件。方法如下：

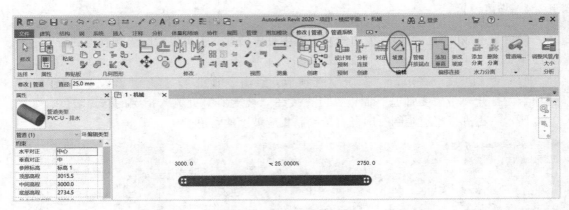

图 9-22　激活坡度编辑器

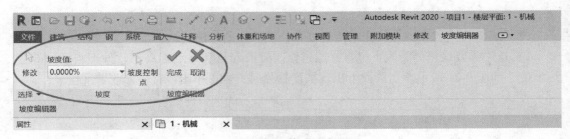

图 9-23　修改坡度

方法 1：单击"系统"选项卡，选择"卫浴和管道"中的"管件"，即可进入"修改 |放置管件"模式，如图 9-24 所示。

图 9-24　"管件"界面

方法 2：在项目浏览器中，点击"族"，展开"管件"类别，将所需绘制的族直接拖曳到绘图区域中即可，如图 9-25 所示。

方法 3：使用快捷键，直接输入 PF（管件快捷键），即可修改放置管件。

9.2.6　管道附件设置

进入"修改 | 放置管道附件"模式的方式如下：

方法 1：单击"系统"选项卡，选择"卫浴和管道"中的"管道附件"，即可进入"修改 | 放置管道附件"模式，如图 9-26 所示。

方法 2：在项目浏览器中，点击"族"，在展开的列表中选择"管道附件"，展开列表，将所需绘制的"管道附件"族直接拖曳到绘图区域即可，如图 9-27 所示。

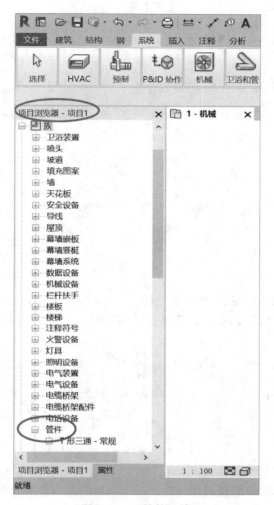

图 9-25 "管件"族

图 9-26 "管道附件"界面

方法 3：使用快捷键，直接输入 PA（管道附件快捷键），进入"修改 | 放置管道附件"模式。

9.2.7 绘制软管

可在平面视图和三维视图中绘制软管。

图 9-27　"管道附件"族

（1）进入软管绘制模式方法有如下三种。

方法 1：单击"系统"选项卡，选择"卫浴和管道"中的"软管"，进入软管绘制模式，如图 9-28 所示。

图 9-28　"软管"界面

方法 2：选中绘图区中的管道连接架，单击鼠标右键，在弹出的快捷菜单中选择"绘制软管（F）"命令，进行软管绘制，如图 9-29 所示。

方法 3：使用快捷键，直接输入 FP（软管快捷键），进入软管绘制模式。

（2）绘制软管的步骤如下：

1）选择软管类型，在软管"属性"窗口中确定所需的软管类型。

2）选择软管管径，在"修改｜放置软管"选项栏的"直径"下拉列表中选择软管尺寸，或者直接输入所需的软管尺寸；若下拉列表中没有对应的输入尺寸，系统将自动修改为列表中与该尺寸最相近的尺寸。

3）确定软管偏移，默认"偏移量"是指软管中心线相对于当前平面标高的距离。设置时可在"偏移量"下拉列表中选择已使用的偏移量，也可输入自定义的偏移量数值，默认单位为 mm。

4）选定软管起点和终点。在绘图区域中，单击鼠标左键确定软管的起点，沿软管路径在每个拐点处单击，最后在确定软管终点后按"Esc"键，或单击鼠标右键，在快捷菜单中选择"取消"命令。若软管的终点是连接到某一管道或某一设备的管道连接件，则可直接连接至连接件处，如图 9-30 所示。

图 9-29 右键选择"绘制软管"

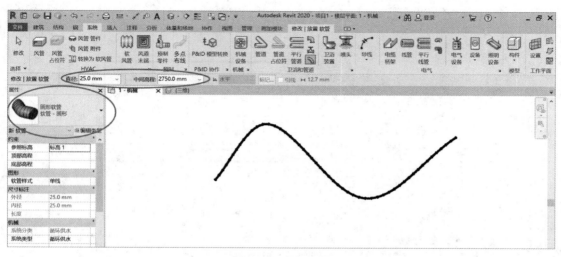

图 9-30 绘制软管

9.2.8 修改软管

选择绘制好的软管，会出现连接件、顶点、切点的图标，在已绘制软管上拖曳两端连接件、顶点和切点，可以根据需要调整软管路径和弧度，如图 9-31 所示。

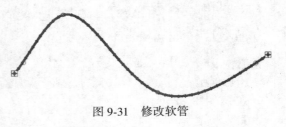

图 9-31　修改软管

⟡：连接件，通过拖曳连接件，可以改变软管的端点。软管可以通过连接件连接到另一个构件的管道接头上，也可以从管道连接件处断开。

⬤—：顶点，通过拖曳顶点，可以修改软管的拐点。在软管上单击鼠标右键，在快捷菜单中选择"插入顶点"或"删除顶点"即可插入或删除顶点。使用顶点可在平面视图中水平修改软管的形状，在剖面或立面视图中垂直修改软管的造型。

○：切点，通过拖曳切点，可以调整软管首个和末个拐点处的连接方向。

9.2.9 设备接管

点击绘制好的水系统设备，会出现管道连接件，设备的管道连接件可以连接管道和软管。

方法 1：以浴盆为例，绘制浴盆，单击绘制好的浴盆，出现管道连接件，鼠标右键单击冷水管道连接件，在快捷菜单中选择"绘制管道（P）"，绘制连接浴盆的管道。绘制管道时，按下空格键，可根据连接件的尺寸大小和高程调整自动绘制管道的尺寸和高程，如图 9-32 所示。

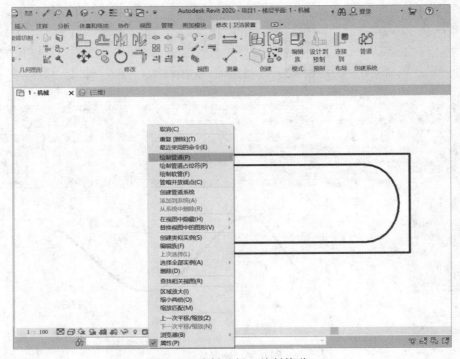

图 9-32　右键选择"绘制管道"

方法2：当已绘制好水管管道和浴盆，需要将浴盆和管道连接起来时，点击绘制好的管件，拖曳管道上的连接件至浴盆相应的连接件上，管道将自动捕捉浴盆上的管道连接件，并完成连接，如图9-33所示。

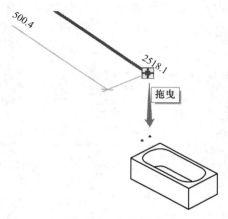

图9-33　连接管道

方法3：选择"布局"选项卡，点击"连接到"，为浴盆连接管道，可实现设备自动连管，如图9-34所示。

图9-34　点击"连接到"

绘制浴盆和冷水管道，点击选中浴盆，打开"布局"选项卡，点击"连接到"。选择需要连接的管道连接件，单击管道，完成连管，如图9-35所示。

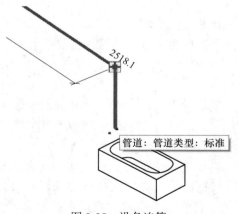

图9-35　设备连管

9.2.10　管道的隔热层

Revit 2020 可以为管道添加隔热层。在绘制管道模式中，打开"修改 | 管道"选项卡，选择"管道隔热层"，点击"添加隔热层"，打开"添加管道隔热层"对话框，点击"隔热层类型"下拉框，选择隔热层的类型，在"厚度"框中输入所需的隔热层厚度，如图 9-36 所示。若想将隔热层在图中清晰地展示出来，可将视觉样式设置为"线框"。

图 9-36　添加隔热层

9.3　管　道　显　示

在 Revit 2020 中，可通过设置视图详细程度、可见性、管道图例、隐藏线等多种方式来控制绘图区中的管道显示，以满足不同的设计操作及制图需求。

9.3.1　视图详细程度

点击"视图详细程度"，可以选择三种视图详细程度：粗略、中等和精细，如图 9-37 所示。

在粗略和中等详细程度下，管道默认为单线显示；而在精细视图下，管道默认为双线显示。在创建族（管件、管道附件等）时，应尽量与管道显示特性相一致，确保管道看起来协调一致。

图 9-37　视图详细程度

9.3.2　可见性/图形替换

打开"视图"选项卡，选择"图形"，点击"可见性/图形替换"，打开当前视图的"可见性/图形替换"对话框；或者通过 VG 或 VV 快捷键打开当前视图的"可见性/图形替换"对话框，可进行如下设置：

（1）模型类别选项卡可以设置管道的可见性。管道可见性既可以根据整个管道族类别来统一修改，也可以根据管道族的子类别来进行编辑，通过勾选各选项前的"√"控制其可见性。如图 9-38 所示，将管件、管道、管道占位符、管道附件、管道隔热层全部勾选，线管、线管配件不勾选，该设置表示除线管及线管配件，其余子类别均可见。

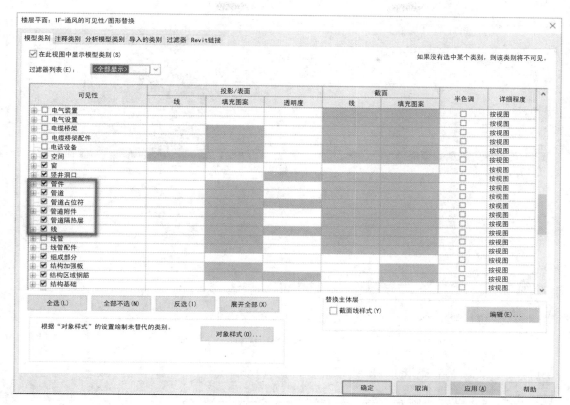

图 9-38　模型类别

"详细程度"还可控制管道族在当前视图显示的详细程度。默认情况下为"按视图",即与视图详细程度的设置相同,单、双线型显示与之类似;也可在"详细程度"处单独设置为"粗略""中等"或"精细",设置后,管道的显示将会固定为所设置的详细程度,不随视图详细程度的变化而变化。

(2)过滤器。通过"过滤器"功能可以设置管道及管件隐藏或区别显示,也可用于分系统显示管道,如图 9-39 所示。

过滤器设置方法:选择"编辑/新建"选项卡,打开"过滤器"窗口,如图 9-40 所示,"过滤器"中的族类别可以选择一个或多个,同时可以勾选"隐藏未选中类别"复选框,"过滤条件"可以使用系统自带的参数,也可以使用创建的项目参数或者共享参数。

9.3.3　管道图例

在平面视图中,可以根据管道的特性对管道进行颜色填充,用以帮助用户更清晰、条理地绘图、识图。

(1)创建管道图例。打开"分析"选项卡,选择"颜色填充",点击"管道图例",如图 9-41 所示;将图例拖动至绘图区域,点击确定放置绘制后,打开"选择颜色方案"对话框,选择颜色方案,在"颜色方案"下拉框中进行选择。如选择"管道颜色填充-尺寸",在绘制过程中,Revit 2020 会根据管道尺寸自动对当前视图中的管道进行着色,来

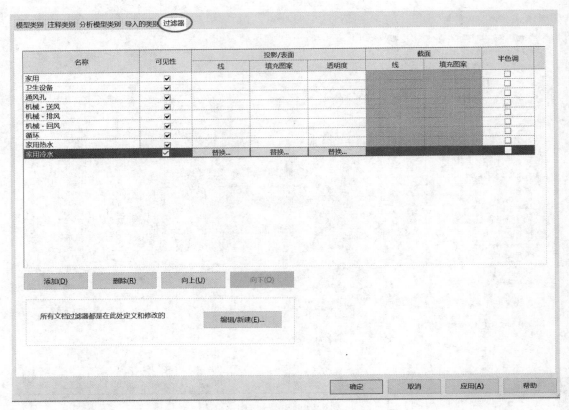

图 9-39　"过滤器"选项卡

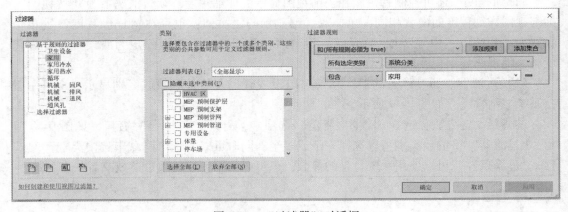

图 9-40　"过滤器"对话框

区分不同尺寸的管道。

　　（2）编辑管道图例。对于已创建的管道图例进行编辑，选中要编辑的管道图例，单击"修改 I 管道颜色填充图例"选项卡，选择"方案"，点击"编辑方案"，打开"编辑颜色方案"对话框，如图 9-42 所示。在"颜色"下拉列表中选择划分所考虑的参数，列表中的参数选项均可作为管道配色依据。

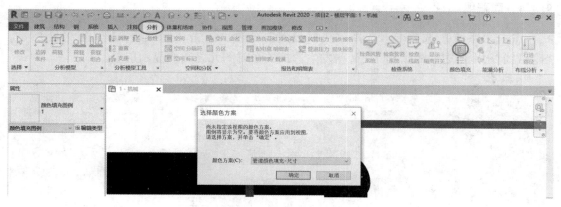

图 9-41　创建管道图例

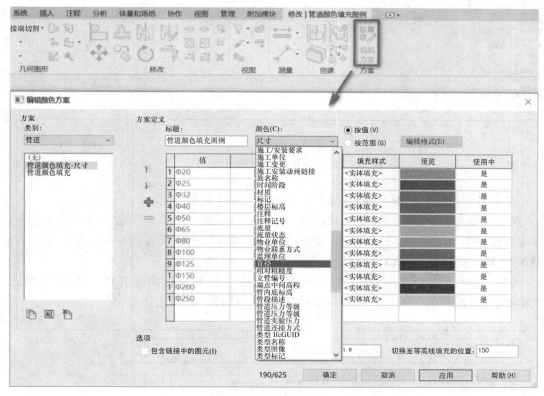

图 9-42　颜色下拉列表

"编辑颜色方案"对话框右上角可以选择"按值""按范围"和"编辑格式"三个选项，它们的意义分别为：

图 9-42 彩图

1）按值，根据所选参数的数值来为管道配色；

2）按范围，对于所选参数可自定义范围，以此来为管道配色，可突出划分的重点；

3）编辑格式，可以自定义范围数值的单位。

9.3.4　隐藏线

点击"系统"选项卡，选择"机械设置"选项，点击"隐藏线"，如图 9-43 所示，"隐藏线"用于设置图元之间交叉、发生遮挡关系时图元之间的显示层级。

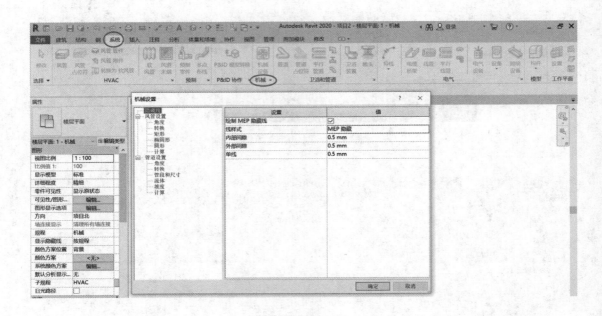

图 9-43　隐藏线

点击"隐藏线"，窗口中各设置参数的意义有如下两个方面。

（1）绘制 MEP 隐藏线：是指在绘制管道时，将按照"隐藏线"选项所指定的线样式和间隙来绘制。图 9-44a 为未勾选"绘制 MEP 隐藏线"的情况，图 9-44b 为已勾选"绘制 MEP 隐藏线"的情况。

（2）线样式：是指在勾选"绘制 MEP 隐藏线"时，遮挡线在图中所示的样式。图 9-45a 为"隐藏线"线样式，图 9-45b 为"MEP 隐藏"线样式。

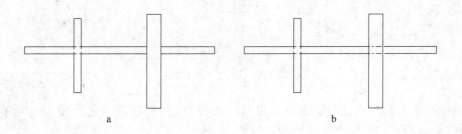

图 9-44　绘制 MEP 隐藏线效果

a—未勾选"绘制 MEP 隐藏线"的情况；b—已勾选"绘制 MEP 隐藏线"的情况

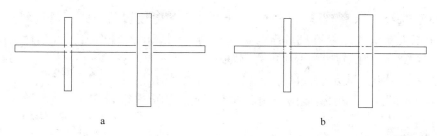

图 9-45　遮挡线样式

a—"隐藏线"线样式；b—"MEP 隐藏"线样式

9.4　管 道 标 注

管道标注包括尺寸标注、编号标注、标高标注和坡度标注四大类。

管道尺寸标注和编号标注是通过注释符号族实现的，在平面、立面、剖面视图中均可使用；而管道标高和坡度则是通过尺寸标注系统族来标注的，在平面、立面、剖面及三维视图中均可使用。

9.4.1　尺寸标注

Revit 2020 中自带的管道注释符号族"M_管道尺寸标记"可以用来进行管道尺寸标注，下面介绍尺寸标注的方法。

方法 1：管道绘制的过程中进行标注。在绘制管道模式中，打开"修改 | 放置管道"选项卡，单击"标记"，选择"在放置时进行标记"，如图 9-46 所示。绘制好的管道会自动实现管径标注，如图 9-47 所示。

图 9-46　选择"在放置时进行标记"

方法 2：管道绘制完成后再进行管径标注。打开"注释"选项卡，单击"标记"，选择"按类别标记"，将鼠标移至需标注尺寸管道上，如图 9-48 所示。上下移动鼠标可以选择标注文字的位置，单击鼠标，完成标注。

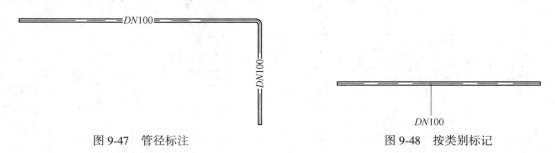

图 9-47　管径标注　　　　　　　　　　　图 9-48　按类别标记

绘制时，选择"水平"或"竖直"，可以修改标记放置的模式。通过勾选"引线"复选框，可以设置引线是否可见。当勾选"引线"时，即允许引线，可选择引线模式为"附着端点"或"自由端点"，两者的定义如下：

（1）"附着端点"表示引线的一个端点固定在被标记图元上；

（2）"自由端点"表示引线两个端点都不固定，均可进行调整。

9.4.2　标高标注

打开"注释"选项卡，点击"尺寸标注"，选择"高程点"来标注管道标高，如图9-49 所示。

图 9-49　选择"高程点"

打开尺寸表中高程点的"类型属性"窗口，在"类型"下拉列表中选择相应的高程点符号族，如图 9-50 所示。常用参数的意义有如下六个方面。

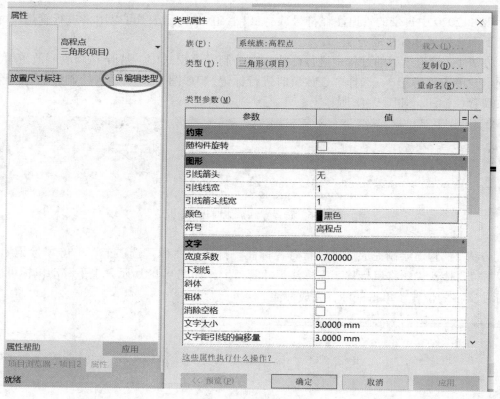

图 9-50　高程点族属性

（1）引线箭头：选择引线箭头的形式，可根据需要自定义各种引线端点的样式。

（2）符号：点击后将出现所有高程点符号族，选择刚载入的新建族即可。

（3）文字与符号的偏移量："偏移量"为默认情况下文字和"符号"左端点之间的距离，偏移量为正值时，表示文字在"符号"左端点的左侧；偏移量为负值时，则表示文字在"符号"左端点的右侧。

（4）文字位置：用于调整标注文字与引线之间的相对位置。

（5）高程指示器/顶部指示器/底部指示器：利用一些文字、字母等，更细致地指示该标高是顶部标高还是底部标高。

（6）作为前缀/后缀的高程指示器：调整添加的文集、字母等在标高中出现的形式，前缀或后缀。

下面介绍平面视图中管道标高的设置方法。

（1）平面视图中的管道标高。在平面视图中，只有在精细模式下，可以对平面视图中的管道进行标高注释，在单线模式（粗略、中等）下不能进行标高标注。

以一根直径为 100 mm、偏移量为 2000 mm 的管道为例，其在平面视图中的标高标注如图 9-51 所示。

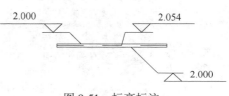

图 9-51　标高标注

由图 9-51 看出，对管道两侧进行标高标注时，显示的标高 2.000 m 是管道中心的标高。对管道中线进行标高标注时，默认显示的是管顶外侧的标高 2.054 m。单击"管道属性"可知，管道外径为 108 mm，因此管顶外侧标高为 2.000+0.108/2＝2.054 m。

（2）立面视图中的管道标高。与平面视图不同，立面视图中在管道单线（粗略、中等）下也可以进行标高标注，但此时只能标注管道中心标高。对倾斜管道进行标高时，倾斜管道上的标高显示的鼠标指针位置的高程，标高随着鼠标指针在管道中心线上的移动而实时改变。如果要在立面视图中标记顶部标高或底部标高，则需要将鼠标指针移动到管道末端，捕捉端点信息，从而标注管顶标高和管底标高，如图 9-52 所示。

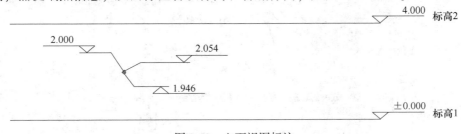

图 9-52　立面视图标注

在立面视图中也能够对管道截面进行管道中心、管顶和管底标注，如图 9-53 所示。

（3）剖面视图中的管道标高。剖面视图中的管道标高原则与立面视图中的管道标高一致，可参考立面视图标高方式。

（4）三维视图中的管道标高。在三维视图中，若管道为单线显示，标注的是管道中心标高；若管道为双线显示，标注的则是所捕捉的管道位置的实际标高。

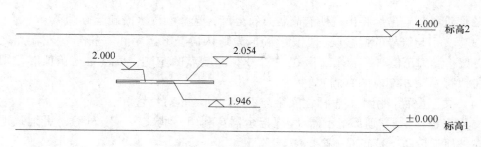

图 9-53 管道截面标注

9.4.3 坡度标注

在 Revit 2020 中，打开"注释"选项卡，单击"尺寸标注"，选择"高程点坡度"，可以开始标注管道坡度，如图 9-54 所示。

图 9-54 选择"高程点坡度"

单击"属性"，选择"编辑类型"可以看到控制坡度标注显示的一系列参数。高程点坡度标注与之前介绍的标高类似，可参考 9.4.2 节。在软件中需注意修改"单位格式"，设置成管道标注时习惯的百分比格式，如图 9-55 所示。

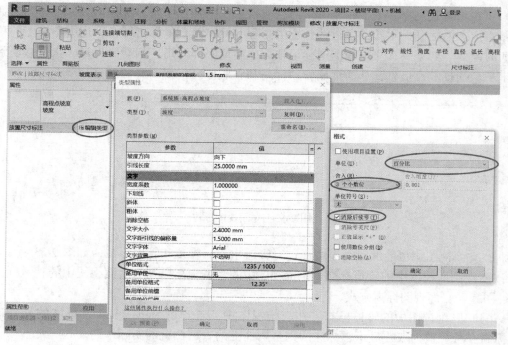

图 9-55 修改单位格式

选中任一坡度标注，便会出现"修改 | 高程点坡度"选项栏，如图 9-56 所示。

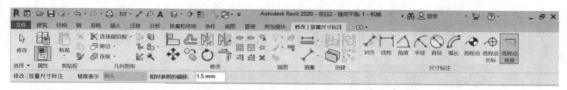

图 9-56 "修改 | 高程点坡度"选项栏

其中，"相对参照的偏移"表示坡度标注线和管道外侧的偏移距离。"坡度表示"选项仅在立面视图中可选，有"箭头"和"三角形"两种坡度表示方式，如图 9-57 所示。

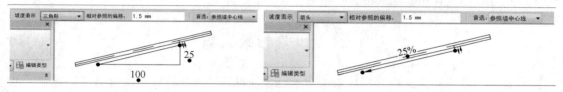

图 9-57 坡度表示方式

10 风系统的 BIM 模型创建

建筑风系统可分为空调送风系统、回风系统、新风系统、排风系统、通风系统、防排烟系统等，包括风机、通风管道、风阀、风口、除尘设备等。这些均可以通过 Revit 管道设计功能来设计与绘制，以及编辑管道尺寸、调整管道显示、标注和统计等。本章主要介绍 Revit 2020 中风管功能基本设置及绘图方式。

10.1 风管参数设置

在绘制风管系统前，需先对风管参数进行合理设置，风管设计参数包括风管类型、风管尺寸。

10.1.1 风管类型设置方法

10.1.1.1 风管类型

打开"系统"选项卡，单击"风管"，绘图区域左侧显示"属性"窗口，通过"属性"窗口可以设置和编辑风管类型，如图 10-1 所示。Revit 2020 提供的"机械样板"项目样板文件中默认配置了矩形风管、圆形风管及椭圆形风管三种类型，默认的风管类型与风管连接方式有关。

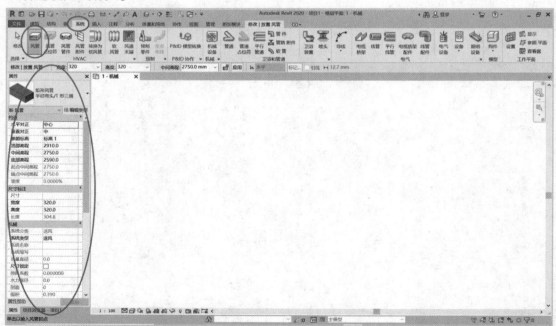

图 10-1 选择和编辑风管类型

（1）水平对正/垂直对正：两段风管间水平以及垂直的相互关系。

（2）参照标高：偏移量的基准标高。

（3）偏移量：风管离开基准标高的距离。

（4）开始偏移/端点偏移/坡度：起点、终点的偏移量。

（5）系统分类：Revit 默认分类类别。

（6）系统类型：可自定义的系统类型。

（7）系统名称/系统缩写：创建系统后的标识。

（8）底部高程/顶部高程：风管底及风管面离参考标高的距离。

（9）尺寸锁定：只能使用系统设置内定义的风管尺寸。

10.1.1.2 风管属性

单击"属性"窗口中的"编辑类型"按钮，打开"类型属性"对话框，可以对风管类型进行配置，如图10-2所示。

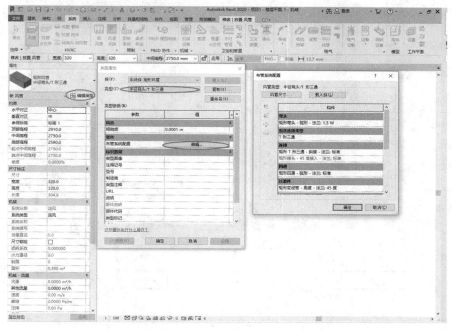

图 10-2 风管属性对话框

（1）"复制"：可在文件已有基础模板上添加新的风管类型。

（2）"管件"：列表中可以选择各类型风管管件族，对风管系统进行配置，可以在绘制风管时将制定管件自动添加到风管管线中。

（3）"标识数据"：选定参数为风管添加标识。

（4）"类型"：共有四种可供选择的管道类型，分别为半径弯头/T 形三通、斜接弯头/T 形三通、半径弯头/接头和斜接弯头/接头，项目样板不同时，名称略有区别。它们之间的主要区别是弯头和支管之间的连接方式，半径弯头/斜接弯头表示弯头的连接方式，T 形三通/接头表示支管的连接方式，如图10-3 和图10-4 所示。

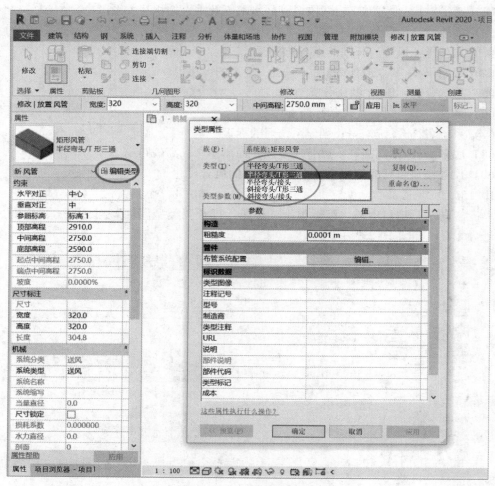

图 10-3　选择管道类型

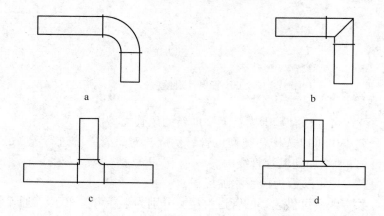

图 10-4　不同类型管道连接

a—"半径弯头"的弯头连接；b—"斜接弯头"的弯头连接；

c—"T 形三通"的支管连接；d—"接头"的支管连接

10.1.1.3　弯头等附件

"机械"列表中可以查看弯头、首选连接类型等构件的默认设置，管道类型名称与弯头、首选连接类型的名称之间存在关联的，各选项的设置功能如下：

（1）弯头：设置风管方向改变时所用弯头的默认选型。

（2）首选连接类型：设置风管支管连接时首选的默认类型。

（3）T形三通：设置T形三通的默认类型。

（4）接头：设置风管接头的类型。

（5）四通：设置风管四通的默认类型。

（6）过渡件：设置风管变径的默认类型。

（7）多形状过渡件：设置不同轮廓风管间（如圆形和矩形）的默认连接方式。

（8）活接头：设置风管活接头的默认连接方式，与T形三通二者都是首选连接方式的次级选项。

通过默认设置调整风系统管道间的连接方式，使得绘图与设计过程中不必频繁更改风道设置，仅更改风管的类型即可，从而降低更改风系统时的众多繁琐步骤。

10.1.2　风管尺寸设置方法

在Revit中，可通过"机械设置"对话框更改当前项目文件中的风管尺寸信息。打开"机械设置"的方式如下：

（1）单击"管理"选项卡→"MEP设置"下拉列表→"机械设置"，如图10-5所示。

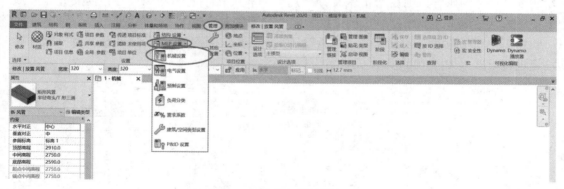

图10-5　选择"机械设置"

（2）单击"系统"选项卡→"机械"（快捷键MS），如图10-6所示。

图10-6　选择"机械"

打开"机械设置"对话框后，点击"矩形""椭圆形""圆形"后，通过修改对应参数，可以自定义对应形状的风管尺寸。单击"新建尺寸"或者"删除尺寸"可以添加或删除风管的尺寸，如图10-7所示。

图 10-7 定义风管尺寸

需要注意的是，新建风管的尺寸与现有列表中管道尺寸不可重复。若已经在绘图区域绘制了某尺寸的风管，则在"机械设置"尺寸列表中将不能删除该尺寸，需要先删除项目中的风管之后，才能删除"机械设置"尺寸列表中对应的尺寸。

点击"机械设置"对话框的"风管设置"，可在右侧窗口中对管道流体参数及尺寸标注等进行设置，如图 10-8 所示。

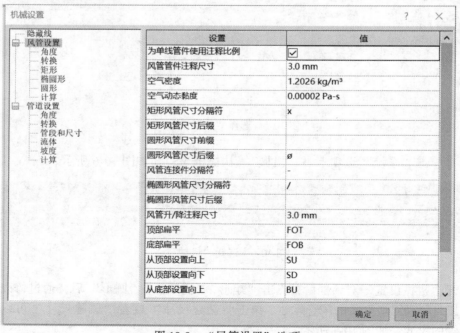

图 10-8 "风管设置"选项

其中较为常用的参数意义如下。

（1）为单线管件使用注释比例：如果勾选"为单线管件使用注释比例"，在平面视图中，当在粗略显示程度下，风管管件和风管附件的尺寸将显示为"风管管件注释尺寸"参数所指定的尺寸。默认情况下，这个设置是勾选的。取消勾选后，后续绘制的风管管件和风管附件族将不再使用注释比例显示，但之前已经绘制的风管管件和风管附件族不会改变，仍然使用注释比例显示。

（2）风管管件注释尺寸：指定在单线视图中绘制的风管管件和风管附件的出图尺寸，无论图纸比例为多少，该尺寸始终保持不变。

（3）矩形风管尺寸后缀：设置附加到根据"实例属性"参数显示的矩形风管尺寸后面的符号。

（4）圆形风管尺寸后缀：设置附加到根据"实例属性"参数显示的圆形风管尺寸后面的符号。

（5）风管连接件分隔符：设置在使用两个不同尺寸的连接件时用来分隔信息的符号。

（6）椭圆形风管尺寸分隔符：显示椭圆形风管尺寸标注的分隔符号。

（7）椭圆形风管尺寸后缀：指定附加到根据"实例属性"参数显示的椭圆形风管尺寸后面的符号。

10.2 风 管 绘 制

本节以绘制矩形风管为例，介绍在 Revit 2020 中绘制风管的操作步骤。

10.2.1 绘制风管

Revit 中平面、立面、剖面和三维视图均不影响风管的绘制，可在任一视图窗口中绘制。进入风管绘制模式有如下两种方法。

方法 1：单击功能区中的"系统"选项卡，点击"风管"（快捷键 DT），如图 10-9 所示。

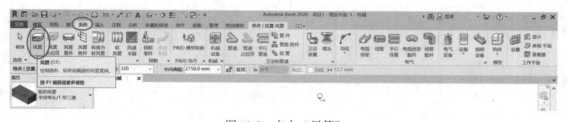

图 10-9　点击"风管"

在风管绘制模式下，"修改丨放置风管"及其选项栏会被同时激活，如图 10-10 所示。

方法 2：使用快捷键，输入快捷键 DT，进入风管绘制模式。

按照如下步骤绘制风管：

（1）选择风管类型。在屏幕左侧风管"属性"窗口中选择风管类型，如图 10-11 所示。

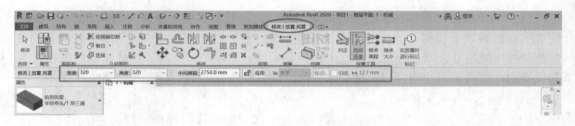

图 10-10 风管绘制模式

图 10-11 选择风管类型

（2）编辑风管尺寸。在选项卡下面风管"修改｜放置风管"一栏的"宽度"或"高度"列表中选择风管尺寸。若列表中没有需要的尺寸，可以直接在"宽度"和"高度"中输入所需尺寸。

（3）指定风管中间高程。默认的"中间高程"的定义是：风管中心线位置与当前平面标高的相对距离。在"中间高程"中可以选择中间高程值，也可以手动输入自定义的中间高程数值，默认单位为 mm。

（4）指定风管起点和终点。将鼠标指针移至绘图区，单击鼠标左键，确定风管起始点，移动到终点位置再次单击，确定风管终点位置，按"Esc"键，或者点击鼠标右键，在快捷菜单中选择"取消（C）"，即可完成风管的绘制。与水管类似，风管也可以连续绘制，绘制完一段风管后，继续移动鼠标，单击后继续绘制连续管段，此时，在"类型属性"中预设的风管管件会自动添加进分管管段中。绘制完成后，点击鼠标右键，在快捷菜单中选择"取消（C）"，或者按"Esc"键，即可退出风管绘制，如图10-12所示。

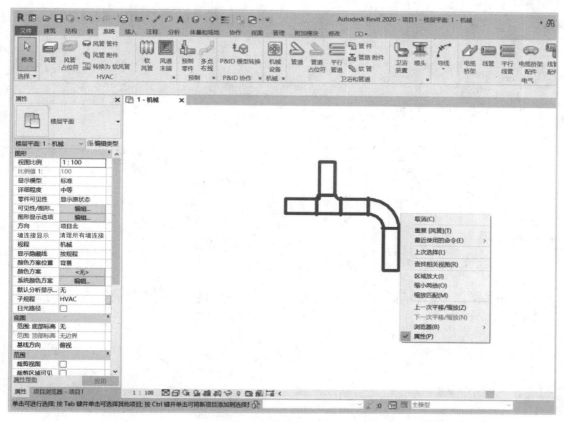

图 10-12　绘制风管

10.2.2　风管对正

10.2.2.1　对正设置

在平面和三维视图中绘制风管，打开"修改｜放置风管"选项卡，点击"放置工具"中的"对正"选项，打开"对正设置"对话框，如图10-13所示，调整风管的对齐模式。

（1）水平对正用于设置相邻两端管道之间的水平对齐方式。点击水平对正下拉框，可以选择"中心""左"和"右"三种形式，"水平对正"后的绘制效果还与所绘制管道的方向有关，若管道的绘制方向为自左向右绘制，选择"左""中心""右"三种不同"水平对正"形式所对应的对齐效果，如图10-14所示。

（2）水平偏移用于设置风管绘制起点位置与实际参考图元之间的偏移距离。该距离与"水平对正"设置方式及风管绘制方向有关。当设置"水平偏移"值为100 mm时，自

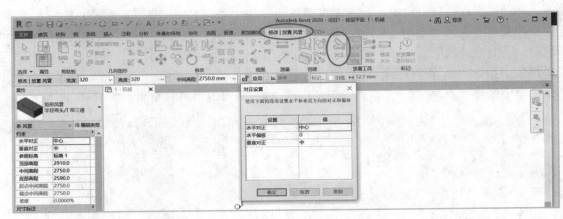

图 10-13   对正设置

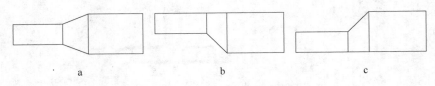

图 10-14   不同水平对正方式
a—中心对正；b—左对正；c—右对正

左向右绘制管道，三种不同的水平对正方式下管道中心线到墙中心线的距离标注，如图 10-15 所示。

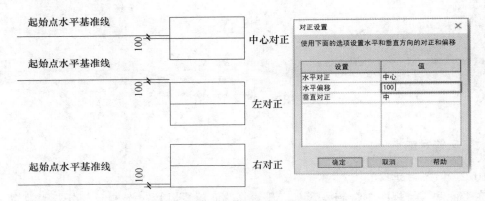

图 10-15   不同水平对正偏移距离

（3）垂直对正用于确定相邻两段风管之间的垂直对齐方式。"垂直对正"的下拉框中可以选择"中心""底""顶"三种形式，"垂直对正"方式的不同会影响"偏移量"，如图 10-16 所示。当默认偏移量为 2750 mm 时，设置不同的"垂直对正"方式，绘制完成后的管道偏移量会发生变化。

10.2.2.2   修改对正方式

风管绘制完成后，在每个视图中都可以使用"对正"命令编辑风管的对正方式。选择

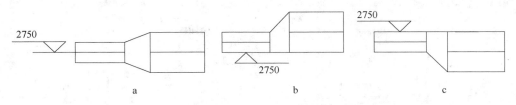

图 10-16　不同垂直对正方式

a—中心对正；b—底对正；c—顶对正

绘制好的风管，打开"修改 | 选择多个"选项卡，单击"对正"按钮，如图 10-17 和图 10-18 所示。打开"对正编辑器"，可以选择对齐方式和对齐方向，修改后单击"完成"。

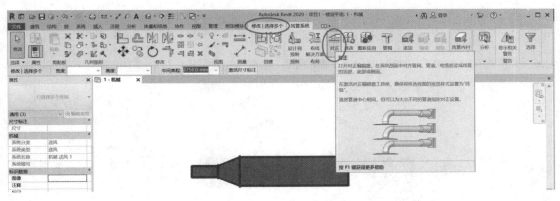

图 10-17　对正命令

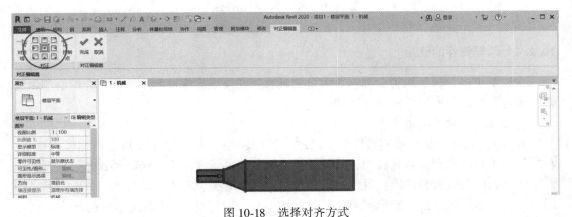

图 10-18　选择对齐方式

10.2.3　自动连接

打开"修改 | 放置管道"选项卡，点击"自动连接"按钮，激活"自动连接"，可在风管绘制过程中自动捕捉相交的风管管道，并在相交位置添加风管管件完成连接。默认情况下，"自动连接"选项是激活的。当绘制的正交风管不在同一标高时，软件将自动为风管添加管件完成自动连接，如图 10-19 所示。

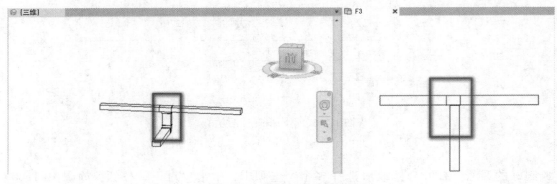

图 10-19　激活"自动连接"

当"自动连接"未激活时，绘制不在同一标高的正交风管时，则不会生成风管管件，无法完成自动连接，如图 10-20 所示。

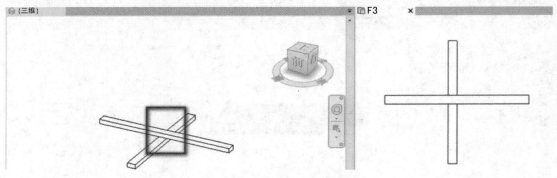

图 10-20　未激活"自动连接"

10.2.4　风管管件的使用

在风系统中，每条风管上都包含大量的风管管件及连接件。本小节主要介绍绘制风管时，风管管件的使用方法及注意事项。

10.2.4.1　放置风管管件

方法 1：自动添加。绘制风管时，通过"类型属性"中"管件"指定目标风管管件，在绘制时可自动识别管路并将相应的管件自动加载到风管管路中。绘制风管时可根据实际需要选择相应的风管管件族，可以自动添加的管件有弯头、接头、活接头、T 形三通、四通、变径、多形状过渡件矩形到圆形（天圆地方）、多形状过渡件椭圆形到圆形（天圆地方）。

方法 2：手动添加。当需要添加偏移、斜 T 形三通、Y 形三通、斜四通、喘振、多个端口（对应非规则管件）等管件时，这些管件在"类型属性"对话框的"管件"列表中无法指定对应管件类型，需手动插入或将管件放置到所需位置后手动绘制风管。

10.2.4.2　编辑管件

在绘图区域中单击某段管件，管件周围会出现一组管件控制柄，利用控制柄可以调整管件方向、修改管件尺寸、进行管件升级或降级等，如图 10-21 所示。

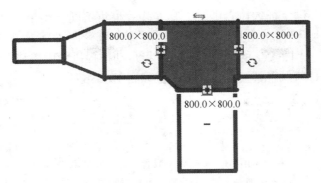

图 10-21 管件控制柄

当所有连接件都没有连接风管时，单击"尺寸标注"可编辑管件尺寸，图 10-21 中的符号有如下含义。

⟷：使管件水平或垂直翻转 180°。

⟳：旋转管件。当管件连接风管后，该符号将会消失。

若管件的所有连接件均已连接至风管，点击管件后，会出现"+"，它表示该管件可升级。例如，弯头可变为 T 形三通、T 形三通可变为四通等。

若管件有一个未使用连接风管的连接件，在该连接件的旁边可能出现"–"，表示该管件可降级。例如，T 形三通可变为弯头、四通可变为 T 形三通等。

10.2.4.3 放置风管附件

打开"系统"选项卡，选择"风管附件"，在"属性"窗口中选择目标风管附件，将其插入风管中，如图 10-22 所示。

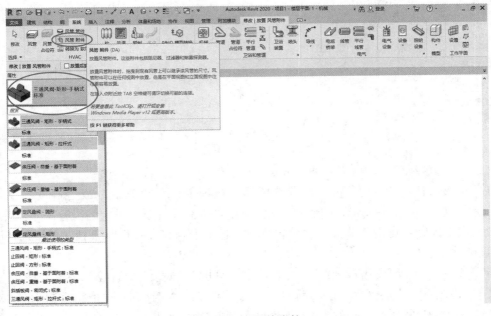

图 10-22 风管附件

风管管件类型不同，插入风管中时，其安装效果将不同。类型为"附着到"的附件，将自动捕捉风管中心线，单击鼠标放置风管附件，风管附件将连接至风管一端，如图10-23a所示。类型为"插入"的附件，插入时将自动捕捉风管中心线，单击鼠标放置风管附件，风管附件会打断风管直接插入风管中，如图 10-23b 所示。

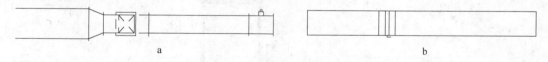

图 10-23　不同类型风管管件的安装效果

a—附件类型为"附着到"；b—附件类型为"插入"

10.2.5　绘制软风管

打开"系统"选项卡，选择"软风管"。

（1）选择软风管类型。Revit 2020 软件中内置了一种矩形软管和一种圆形软管，在屏幕左侧"属性"对话框中可以选择需要的软风管类型，如图 10-24 所示。

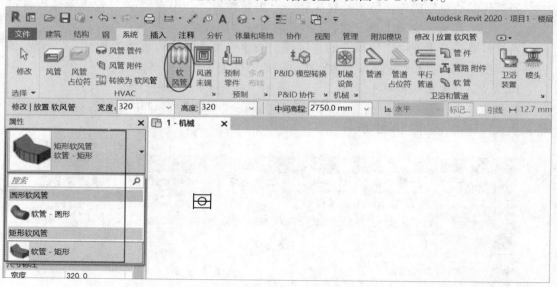

图 10-24　选择"软风管"

（2）选择软风管尺寸有以下两种方法。

1）矩形风管：点击"修改 | 放置软风管"选项卡，在"宽度"或"高度"下拉列表中选择风管尺寸。下拉列表中所列的尺寸为在"机械设置"中设定的风管尺寸。

2）圆形风管：点击"修改 | 放置软风管"选项卡，在"直径"下拉菜单中选择圆形风管直径大小。

若下拉列表中没有所需的尺寸，可直接在"高度""宽度""直径"中输入尺寸。

（3）指定软管中间高程。中间高程是指软风管中心线与当前平面标高之间的相对距离，可以在"中间高程"下拉列表中选择已配置的软风管/风管中间高程量，也可直接输入自定义的中间高程值，默认单位为 mm。

（4）指定风管起始点和终止点。绘制软风管时，单击选定软风管的起始点，沿软风管的路径在每个拐点处单击，最后在软管终止点处按"Esc"键，或单击鼠标右键，在快捷菜单中选择"取消"命令，即可完成软管绘制。

（5）修改软管。点击已绘制的软管，会出现连接件、顶点和切点，拖曳两端连接件、顶点和切点，可以调整软风管路径，如图 10-25 所示。

1）⊕：连接件，软风管可以通过连接件连接到另一个构件的风管接头上，也可以从风管连接件处断开。

2）⊕：顶点，允许修改风管的拐点。在软风管上单击鼠标右键，在快捷菜单中选择"插入顶点"或"删除顶点"即可插入或删除顶点。在平面视图中，使用顶点可水平修改软风管的形状；在剖面或立面视图中，可以垂直修改软风管的造型。

3）⊿：切点，允许调整软风管的首个和末个拐点处的连接方向。

图 10-25   修改软管

10.3   添加并连接主要设备

10.3.1   添加风机

添加风机方法如下：

（1）载入风机族。打开"插入"选项卡，点击"从库中载入"，选择"载入族"，选择 Revit 内置的风机族文件或其他目标风机族文件，点击"打开"按键，将目标风机族载入项目中。

（2）放置风机。在 Revit 中，需要将风机组件放置在绘制好的风管上，因此需要先绘制风管系统再添加风机。

打开"系统"选项卡，点击"机械"，选择"机械设备"，在类型选择器中选择相应的风机类型，若要修改风机尺寸，则需在"属性"对话框中编辑，最后在放置风机位置处单击鼠标左键，即可添加风机，如图 10-26 所示。

10.3.2   添加空调机组

添加空调机组方法如下：

（1）载入空调机组。打开"插入"选项卡，点击"从库中载入"，选择"载入族"，选择 Revit 内置的空调机组族文件或其他目标空调机组族文件，单击"打开"按键，将目标空调机组族载入项目中。

（2）放置空调机组。打开"系统"选项卡，点击"机械设备"，选择需要的"空调

图 10-26　选择风机

机组"类型，在"属性"对话框中编辑中间高程及其尺寸，在放置空调机组位置处单击鼠标左键，即可放置空调机组。绘图时注意需将有连接口的一侧靠近风管，如需改变机组方向，可以使用空格键。

添加其他设备的方法与添加风机及空调机组的方法相似，可以参照上文所述方法添加。

10.3.3　设备接管

设备风管连接件的作用是将风管和软风管与设备连接。连接软风管和风管的操作方法相似，因此本小节以连接风管为例，介绍 Revit 中风系统设备接管的操作方法。

　　方法 1：点击需连接设备，设备上会出现风管连接件，鼠标右键单击风管连接件，在快捷菜单中点击"绘制风管（D）"命令，如图 10-27 所示。

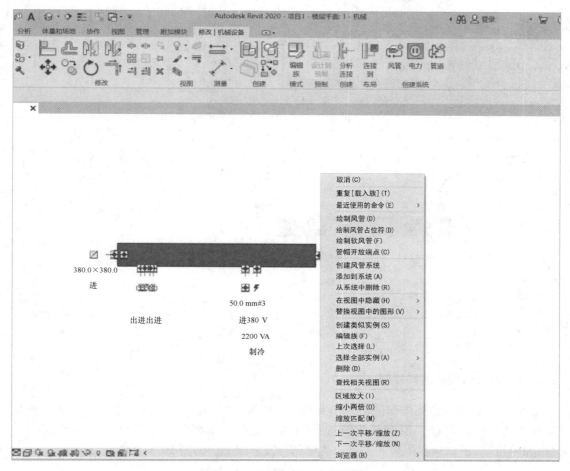

图 10-27　右键选择"绘制风管"

　　方法 2：点击已绘制的风管，风管上会出现连接件，拖曳连接件至目标设备的风管连接件，风管将自动捕捉目标设备上的风管连接件完成连接，如图 10-28 所示。

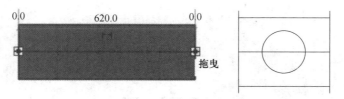

图 10-28　拖曳绘制风管

　　方法 3：使用"连接到"功能为设备接管。单击需要连接的目标设备，打开"修改｜机械设备"选项卡，点击"连接到"；若点击设备后出现一个以上的连接件，将打开"选择连接件"窗口，选择需要连接的连接件，单击"确定"，最后单击该连接件需连接的风管，即可完成设备与风管的自动连接，如图 10-29 所示。

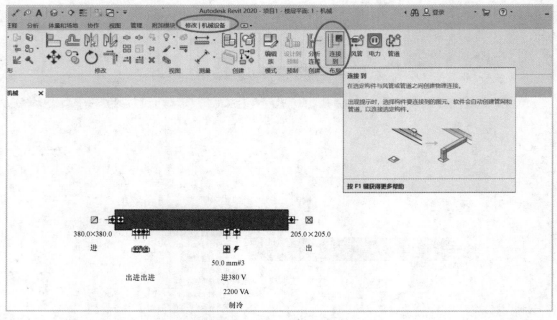

图 10-29　单击"连接到"

10.3.4　风管的隔热层和衬层

Revit 可以为风系统添加隔热层和衬层。绘制时，点击"添加隔热层"，打开"添加风管隔热层"对话框，可直接编辑选择隔热层类型、类型属性及厚度。同样的，点击"添加内衬"，可以选择内衬的类型、类型属性及厚度等，如图 10-30~图 10-33 所示。

图 10-30　添加隔热层和衬层

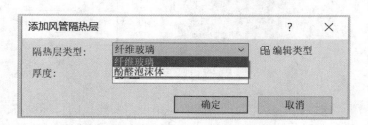

图 10-31　设置隔热层类型

图 10-32 设置隔热层类型属性

图 10-33 设置内衬类型属性

打开风管和风管管件的"属性"对话框，输入需添加的隔热层和内衬厚度，如图 10-34 所示。若想将隔热层及内衬在图中清晰地展示出来，可将视觉样式设置为"线框"。

图 10-34 设置隔热层和内衬厚度

10.4　风管显示设置

10.4.1　视图详细程度

Revit 2020 的视图可以设置三种详细程度：粗略、中等和精细，如图 10-35 所示。

图 10-35　视图详细程度

与水系统不同，在粗略程度下，风管默认为单线显示；而在中等和精细视图下，风管默认为双线显示。

10.4.2　可见性/图形替换

打开"视图"选项卡，点击"图形"，选择"可见性/图形替换"，或通过快捷键 VG或 VV 打开当前视图的"可见性/图形替换"对话框。

在"模型类别"选项卡中可以设置风管的可见性。在此对话框中既可以根据整个风管族类别来统一修改，也可以根据管道族的子类别来进行编辑，如衬层、隔热层等分别控制不同子类别的可见性。图 10-36 所示的设置表示风管族中所有子类别都可见。

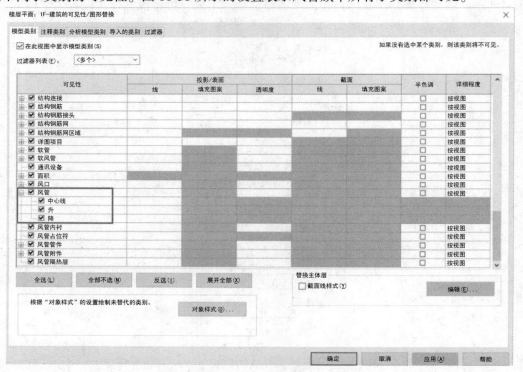

图 10-36　设置可见性

10.4.3　隐藏线

　　点击"系统"选项卡→"机械设置"选项，通过"隐藏线"的设置来调整图元之间交叉或发生遮挡时的显示，如图10-37所示。

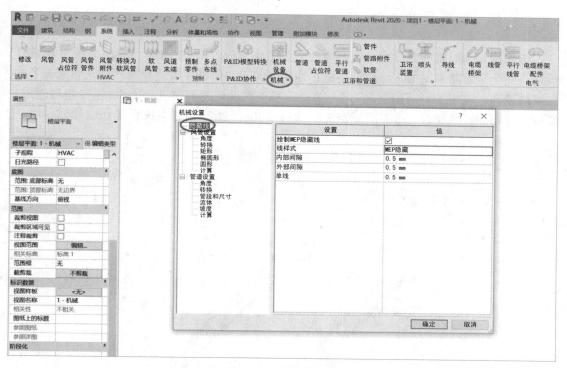

图 10-37　隐藏线设置

11 电气系统的 BIM 模型创建

电缆桥架和线管的敷设是电气布线的重要组成部分。Revit 2020 具有电缆桥架和线管模块，强化了管路系统的三维建模功能，使其空间定位清晰、表达直观，填充和完善了电气系统设计，实现 3D 绘图建模，这一功能有利于在设计过程中进行 MEP 各专业与建筑、结构设计间的碰撞检查。本章将重点介绍如何在 Revit 2020 设置电缆桥架和线管。

11.1 电缆桥架

Revit 2020 可绘制电缆桥架模型，如图 11-1 所示。

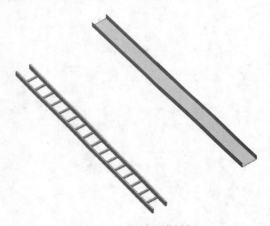

图 11-1　绘制电缆桥架

11.1.1　电缆桥架

软件内置了两种电缆桥架形式："带配件的电缆桥架"和"无配件的电缆桥架"。

"无配件的电缆桥架"适用于无须在设计中明显区分配件的情况。Revit 2020 内置的"机械样板"项目样板文件中对"带配件的电缆桥架"和"无配件的电缆桥架"配置的默认类型如图 11-2 所示。

"带配件的电缆桥架"和"无配件的电缆桥架"是作为两种不同系统族来配置的，在它们的系统族下还包括不同的电缆桥架类型。"带配件的电缆桥架"包括实体底部电缆桥架、梯级式电缆桥架和槽式电缆桥架。"无配件的电缆桥架"包括单轨电缆桥架和钢丝网电缆桥架。

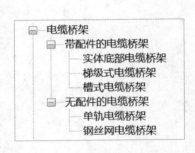

图 11-2　电缆桥架默认类型

与风管、水管类似，需提前设置好桥架类型，再进行电缆桥架绘制。查询并编辑电缆桥架类型方法有如下三种。

方法1：打开"系统"选项卡，点击"电气"，选择"电缆桥架"，在屏幕左侧"属性"对话框中单击"编辑类型"按钮，打开"编辑类型"对话框，如图11-3所示。

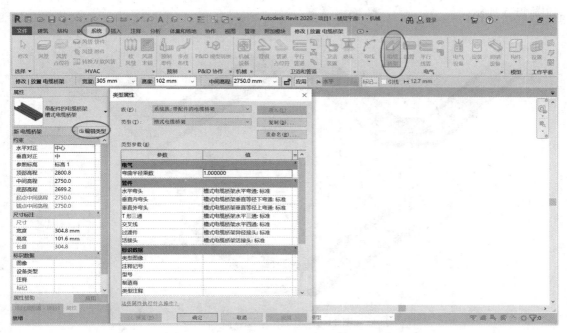

图 11-3　电缆桥架类型属性

方法2：打开"系统"选项卡，点击"电气"，选择"电缆桥架"，在"修改 | 放置电缆桥架"的"属性"面板中单击"类型属性"图标，如图11-4所示。

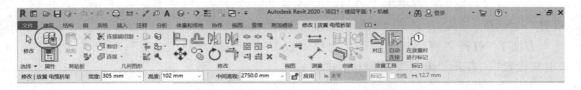

图 11-4　电缆桥架类型属性

方法3：在项目浏览器中，展开"族"，选择"电缆桥架"，双击想要编辑的类型即可打开"类型属性"对话框。

在电缆桥架的"类型属性"对话框中，"管件"列表下需对管件配置参数进行定义。通过这些参数指定电缆桥架配件族，在管路绘制过程中可以自动生成所需管件。

Revit内置的项目样板"机械样板"中预置了不同的电缆桥架类型，并指定了不同类型下"管件"默认使用的电缆桥架配件族。这样在绘制桥架时，就可以自动将目标桥架配件放置到绘图区，与电缆桥架相连。

11.1.2 电缆桥架配件族

Revit 2020 内置了适配中国电缆桥架的配件族。以水平弯通为例，配件族中有"托盘式电缆桥架水平弯通.rfa""梯级式电缆桥架水平弯通.rfa"和"槽式电缆桥架水平弯通.rfa"，如图 11-5 所示。

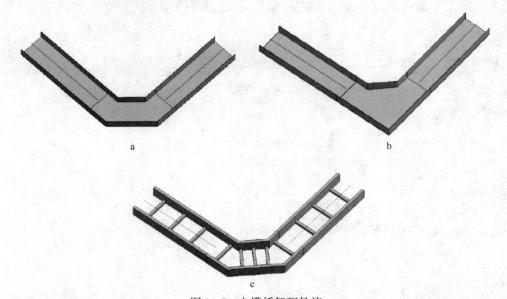

图 11-5　电缆桥架配件族

a—托盘式电缆桥架水平弯通；b—槽式电缆桥架水平弯通；c—梯级式电缆桥架水平弯通

11.1.3 电缆桥架的设置

绘制电缆桥架前，需根据设计目标对桥架进行预设置，确定基础参数。打开"电气设置"对话框，可以自定义"电缆桥架设置"，方法有如下两种。

方法 1：打开"管理"选项卡，选择"设置"，点击"MEP 设置"下拉列表，选择"电气设置"，打开"电气设置"对话框。

方法 2：打开"系统"选项卡，选择"电气"，点击"电气设置"，打开"电气设置"对话框。

在"电气设置"对话框左侧编辑"电缆桥架设置"，如图 11-6 所示。

11.1.3.1 定义设置参数

（1）为单线管件使用注释比例：控制电缆桥架配件在平面视图中的单线显示。如果勾选"为单线管件使用注释比例"，绘制桥架和桥架附件时将使用"电缆桥架配件注释尺寸"的参数。若取消勾选，将影响修改设置后绘制的构件，并不会改变修改前已在项目中放置构件的打印尺寸。

（2）电缆桥架配件注释尺寸：在单线视图中绘制的电缆桥架配件的出图尺寸，该数值不因为图纸的比例改变而改变。

（3）电缆桥架尺寸分隔符：该参数指定显示电缆桥架尺寸标注的符号。例如，如果

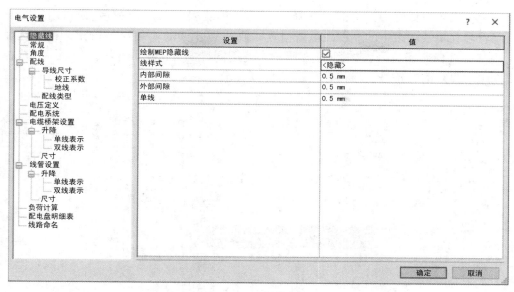

图 11-6 电缆桥架设置

使用符号"×",则宽度为 100 mm、高度为 300 mm 的风管将标注为"100 mm×300 mm"。

（4）电缆桥架尺寸后缀：选择附加到电缆桥架尺寸标注后面的符号。

（5）电缆桥架连接件分隔符：选择在使用不同尺寸的连接件时显示出用来分隔信息的符号。

11.1.3.2 设置"升降"和"尺寸"

打开"电缆桥架设置"次级选项，编辑"升降"和"尺寸"。

（1）"升降"：用来控制电缆桥架标高变化时的显示。点击"升降"，可在右侧窗口内选择电缆桥架升/降注释尺寸的值，如图 11-7 所示。该参数仅用于输出在单线视图中绘制的升/降注释的出图尺寸，它不因为图纸的比例改变而改变，默认数值为 3.00 mm。

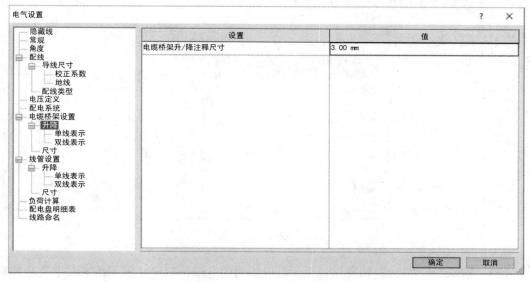

图 11-7 设置升降和尺寸

在电气设置对话框中，单击"升降"下的"单线表示"，可在右侧窗口内定义升符号、降符号在单线图纸中的显示，单击相应"值"列并点击"确定"按钮，在"选择符号"窗口中选择所需符号，如图 11-8 所示。使用同样的方法编辑"双线表示"，选择在双线图纸中显示的升符号、降符号，如图 11-9 所示。

图 11-8　单线图纸选择符号

图 11-9　双线图纸选择符号

（2）选择"尺寸"，右侧窗口会显示可以使用的电缆桥架尺寸表，在该表中直接编辑当前项目文件中的电缆桥架尺寸，如图 11-10 所示。在尺寸表中，若勾选尺寸后面的"用于尺寸列表"，则该尺寸可以在整个 Revit MEP 的电缆桥架尺寸列表中显示，如果不勾选，该尺寸将不会出现在下拉列表中，如图 11-11 所示。

图 11-10　电缆桥架尺寸表

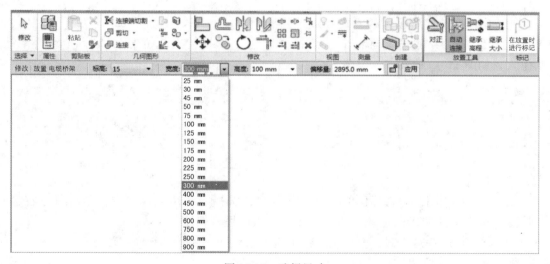

图 11-11　选择尺寸

同时，"电气设置"还可设置"隐藏线"，如图 11-12 所示，用于编辑电缆桥架之间交叉、发生遮挡关系时的显示模式，与"机械设置"的"隐藏线"相同。

11.1.4　绘制电缆桥架

在 Revit 的平面、立面、剖面及三维视图中，均可以对水平、垂直或倾斜的电缆桥架

图 11-12　隐藏线设置

进行绘制。

11.1.4.1　基本操作

进入电缆桥架绘制模式的方式有如下三种。

方法 1：打开"系统"选项卡，点击"电气"，选择"电缆桥架"，进入电缆桥架绘制模式，如图 11-13 所示。

图 11-13　单击"电缆桥架"

方法 2：在绘图区中选择已绘制好的构件族，选择电缆桥架连接件，单击鼠标右键，在快捷菜单中选择"绘制电缆桥架"命令，进入电缆桥架绘制模式。

方法 3：使用快捷方式，直接输入快捷键 CT，进入电缆桥架绘制模式。

手动绘制电缆桥架的方式如下：

（1）选择电缆桥架类型。在视图左侧电缆桥架"属性"窗口中选择需要绘制的电缆桥架类型，如图 11-14 所示。

（2）编辑电缆桥架尺寸。打开"修改 | 放置电缆桥架"选项卡，在"宽度""高度"下拉列表中选择电缆桥架尺寸，下拉列表中没有的尺寸，也可以直接手动输入。若下拉列表中已有电缆桥架尺寸与输入尺寸冲突，软件将自动选择表中与输入尺寸最接近的尺寸，如图 11-15 所示。

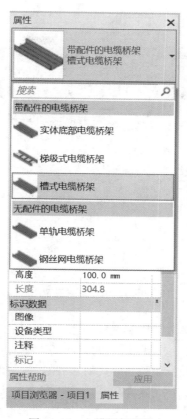

图 11-14 电缆桥架属性

图 11-15 选择尺寸

（3）指定电缆桥架偏移。默认"偏移量"是指电缆桥架中心线与当前平面标高之间的相对距离。在"偏移量"下拉列表中，可以选择项目中已经用到的电缆桥架偏移量，也可以直接输入自定义的偏移量值，默认单位为 mm。

（4）指定电缆桥架起始点和终止点。在绘图区域中，单击鼠标左键绘制电缆桥架起始点，在电缆桥架终点位置再次单击，即可完成该段电缆桥架的绘制，也可连续绘制。绘制时，会自动将预设的电缆桥架管件添加到电缆桥架中。绘制完成后，按"Esc"键，或单击鼠标右键，在快捷菜单中选择"取消"，结束电缆桥架绘制。

垂直电缆桥架既可在平面、立面、剖面视图中进行绘制。其中，平面视图下，需先在选项栏中改变将要绘制的水平桥架的"偏移量"，这样便能自动连接出一段垂直桥架。

11.1.4.2 电缆桥架对正

在平面和三维视图中绘制电缆桥架时，可通过对正设置调整电缆桥架的对齐方式。

打开"修改 | 放置电缆桥架"选项卡，点击"对正"按钮，会弹出"对正设置"窗口，如图 11-16 所示。

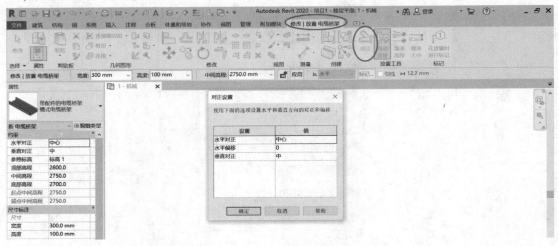

图 11-16 对正设置

（1）水平对正：选择相邻两段桥架之间的水平对正方式。"水平对正"有三种方式，分别是"中心""左"和"右"。绘制桥架的方向会影响对正的效果，若桥架绘制方向为自左向右绘制，选择不同"水平对正"形式的对齐效果，如图 11-17 所示。

左对正   中心对正   右对正

图 11-17 不同水平对正方式

（2）水平偏移：用于指定桥架绘制起始点位置与实际绘制位置之间的偏移距离。该命令多用来指定电缆桥架与其他参考图元之间的水平偏移距离，该距离还与"水平对齐"方式及电缆桥架绘制方向有关。例如，参考的墙体宽度为 400 mm，设置"水平偏移"值为 2000 mm，并捕捉墙体中心线绘制，自左向右绘制电缆桥架，三种水平对正方式下电缆桥架中心线到墙中心线的距离标注，如图 11-18 所示。

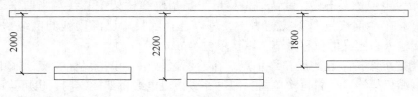

图 11-18 不同水平对正偏移距离

（3）垂直对正：用于指定相邻电缆桥架段之间的垂直对齐方式。"垂直对正"方式有三种形式，分别为"中心""底"和"顶"，"垂直对正"方式的不同会影响"偏移量"。如图 11-19 所示，默认偏移量为 100 mm、宽度为 100 mm 的桥架，设置不同的"垂直对正"方式，绘制完成后的桥架偏移量（中心标高）不同。

图 11-19　不同垂直对正方式

电缆桥架绘制完成后，也可使用"对正"功能调整对齐方式。

选择需要修改的目标电缆桥架，单击功能区中的"对正"按钮，打开"对正编辑器"，选择需要的对齐方式和对齐方向，单击"完成"按钮。

11.1.4.3　自动连接

打开"修改|放置电缆桥架"选项卡，点击"自动连接"选项，激活自动连接，如图11-20 所示。默认情况下，这一选项是激活的。

图 11-20　自动连接

与风管和管道相同，绘制电缆桥架时，使用该命令，可以使相交的两段电缆桥架自动连接，并在相交位置生成电缆桥架配件。当"自动连接"为激活状态时，在两直段相交位置会自动连接并生成四通；若"自动连接"为未激活状态，便不会生成电缆桥架配件，两种连接方式如图 11-21 所示。

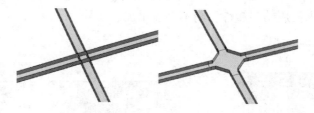

图 11-21　不同连接方式

11.1.4.4　放置和编辑电缆桥架配件

电缆桥架连接中会使用到电缆桥架配件，本小节主要介绍电缆桥架配件族的绘制方法及注意事项。

A　放置电缆桥架配件

在平面、立面、剖面和三维视图中均可以放置电缆桥架配件，放置电缆桥架配件的方法有如下两种。

（1）自动添加：绘制电缆桥架时，通过"电缆桥架类型"中的"管件"指定配件，用于在电缆桥架中自动添加。绘制时可根据需要选择相应的电缆桥架配件族。

（2）手动添加电缆桥架有以下三种方法。

方法 1：打开"系统"选项卡，选择"电气"，点击"电缆桥架配件"，进入"修改丨放置电缆桥架配件"模式，如图 11-22 所示。

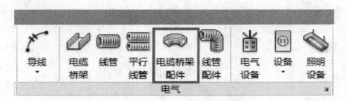

图 11-22   单击"电缆桥架配件"

方法 2：在项目浏览器中展开"族"，点击"电缆桥架配件"，将"电缆桥架配件"下的族直接拖到绘图区域。

方法 3：使用快捷方式，直接输入快捷键 TF，进入"修改丨放置电缆桥架配件"模式。

B   编辑电缆桥架配件

（1）在绘图区域中单击末段电缆桥架配件后，配件周围会出现一组控制柄；使用控制柄，可以快捷修改尺寸、调整配件方向、对配件进行升级或降级等，如图 11-23 所示。

（2）当配件的所有连接件都没有连接时，单击"尺寸标注"可修改配件宽度和高度，如图 11-23a 所示。

（3）单击"⇌"可使配件水平或垂直翻转 180°。

（4）单击"↻"可旋转配件。当配件连接了电缆桥架后，该标记将会消失，如图 11-23b 所示。

（5）若配件周围出现"+"，表示可以对该配件升级，出现"−"，表示可以对该配件降级，如图 11-23c 所示。例如，将四通可以降级为 T 形三通，或将弯头升级为 T 形三通。如果配件上有多个未使用的连接件，则不会显示加、减号。

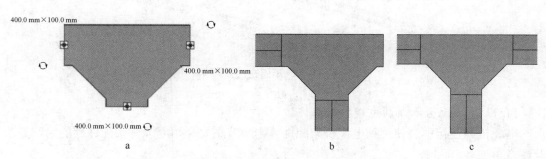

图 11-23   编辑"电缆桥架配件"
a—单击"尺寸标注"可修改配件宽度和高度；b—标记消失；c—配件的升级或降级

11.1.4.5   带配件和无配件的电缆桥架

图 11-24 所示分别为用"带配件的电缆桥架"和"无配件的电缆桥架"绘制出的电缆桥架，两种类型具有清晰的差别。

（1）绘制"带配件的电缆桥架"时，桥架直段和配件间有分隔线，分为各自的几段。

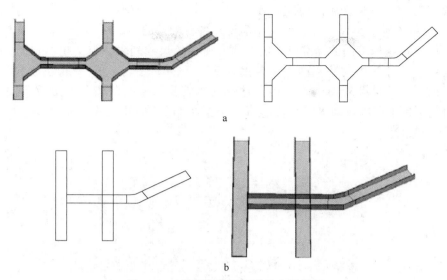

图 11-24 带配件和无配件的电缆桥架
a—带配件的电缆桥架；b—无配件的电缆桥架

（2）绘制"无配件的电缆桥架"时，转弯处和直段之间无分隔线。当多个电缆桥架交叉时，桥架自动被打断，桥架分支时也是直接相连而不插入任何配件之中。

在 Revit 中，电缆桥架模型具有不同的"详细程度"显示。点击"视图控制栏"的"详细程度"按钮，可在"粗略""中等""精细"三种粗细程度间切换。

（1）精细：默认显示电缆桥架实际模型。

（2）中等：默认显示电缆桥架最外面的方形轮廓，2D 时显示为双线，3D 时显示为长方体。

（3）粗略：默认显示电缆桥架的单线。

创建电缆桥架配件相关族时，应注意配合电缆桥架显示特性，确保整个电缆桥架管路显示协调一致。

11.2 线 管

11.2.1 线管的类型

与电缆桥架相似，Revit 2020 的线管也内置了两种线管管路形式：无配件的线管和带配件的线管，如图 11-25 所示。Revit 2020 提供的"机械样板"项目样板文件也为两种管路形式配置了两种线管类型："刚性非金属导管（RNC Sch 40）"和"刚性非金属导管（RNC Sch 80）"。Revit 软件也支持用户自定义和新建线管类型。

添加或编辑线管的类型，打开"系统"选项卡，

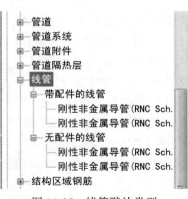

图 11-25 线管默认类型

点击"线管"，在右侧出现的"属性"窗口中单击"编辑类型"按钮，弹出"类型属性"窗口，如图11-26所示，载入"管件"中需要的各种配件的族。

（1）标准：选择不同的标准可以更改线管所用的尺寸列表，与"电气设置"→"线管设置"→"尺寸"中的"标准"参数相对应。

（2）管件：管件配置参数设置用于选择与线管类型配套的管件。更改不同的参数，在线管绘制过程中可以自动生成线管配件，可自动生成的配件包括弯头、活接头、T形三通、交叉线和过滤件。

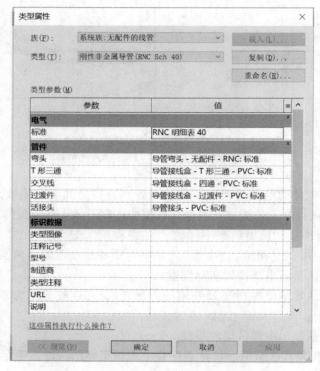

图 11-26　管线类型属性

11.2.2　线管设置

根据项目设计要求对线管进行编辑设置。

在"电气设置"左侧窗口内点击"电缆桥架设置"。单击"管理"选项卡→"MEP设置"下拉列表→"电气设置"，在"电气设置"窗口中左侧面板中展开"线管设置"次级选项，如图11-27所示。

线管的设置与电缆桥架的编辑方法大体类似，但线管的尺寸设置与电缆桥架略有不同，下面着重介绍线管尺寸设置。

选择"线管设置"，点击"尺寸"，如图11-28所示，在右侧窗口中可以编辑线管尺寸。点击"标准"下拉框，选择需编辑的标准，选择后对应地会更改尺寸列表，单击"新建尺寸（N）…"或"删除尺寸（D）"按钮可创建或删除当前尺寸列表。

Revit 2020内置的项目样板"机械样板"中默认设置了五种线管尺寸标准：RNC

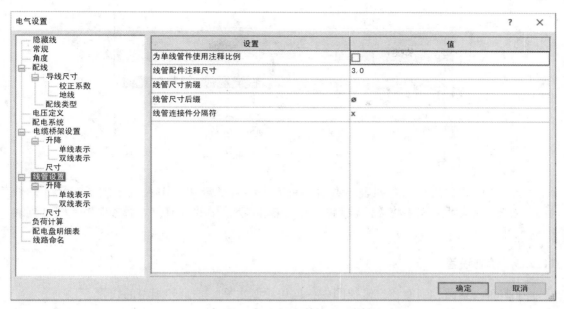

图 11-27 线管设置

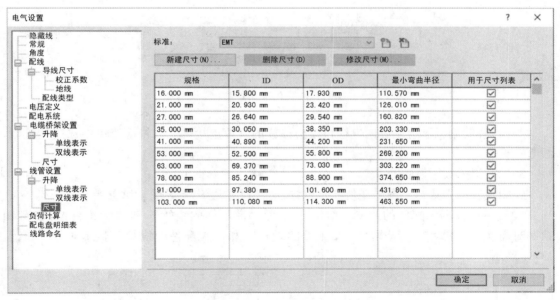

图 11-28 设置线管尺寸

Schedule40、RNC Schedule80、EMT、RMC 和 IMC。其中，非金属刚性线管（Rigid Nonmetallic Conduit，RNC）包括"规格 40"和"规格 80"PVC 两种尺寸，如图 11-29 所示。

在当前窗口中，可以通过新建、删除和修改来编辑尺寸。ID 为线管的内径，OD 为线管的外径。最小弯曲半径是指线管弯曲时允许的最小弯曲半径（软件中弯曲半径是指圆心到线管中心的距离）。

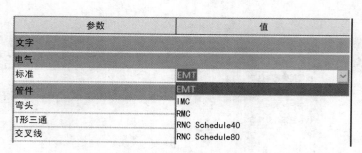

图 11-29　线管尺寸标准

新建的尺寸数值与现有列表内数值不可冲突。若已经在绘图区域绘制了某尺寸的线管，该尺寸在尺寸列表中将无法被删除，需先删除项目中的管道，之后才能删除尺寸列表中的尺寸。

11. 2. 3　绘制线管

在平面、立面、剖面和三维视图中，均可绘制水平、垂直和倾斜的线管。

（1）基本操作。进入线管绘制模式的方式如下：

1）单击"系统"选项卡→"电气"→"线管"，如图 11-30 所示。

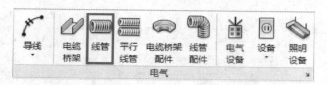

图 11-30　单击"线管"

2）选择绘制区已绘制好的电缆桥架构件族的管道连接件，在快捷菜单中选择"绘制线管"命令。

3）直接输入快捷键 CN。

绘制线管的方式与绘制电缆桥架、风管、管道相似，若不熟悉，可参考前文介绍。

（2）带配件和无配件的线管。线管也分为"带配件的线管"和"无配件的线管"，绘制时需注意这两者间的差别。"带配件的线管"和"无配件的线管"显示对比，如图 11-31 所示。

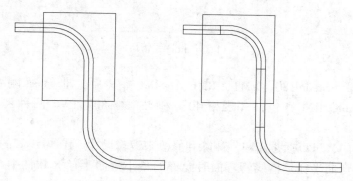

图 11-31　带配件和无配件的线管

11.2.4 "表面连接"绘制线管

"表面连接"是 Revit 专门针对线管设计的功能，可在线管族的表面添加"表面连接件"，利用表面连接件，从该表面的任何位置引出一根或多根线管。以变压器为例，点击已绘制的变压器，使用"表面连接"功能，可以在其上表面、左/右表面和后表面添加"线管表面连接件"，如图 11-32 所示。

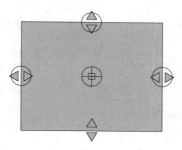

图 11-32　表面连接

如图 11-33 所示，鼠标右键点击某一表面连接件，在快捷菜单中选择"从面绘制线管（F）"命令，进入编辑界面，如图 11-34 所示，可以任意修改线管在该面的位置，单击"完成连接"，即可从该面某一位置引出线管。使用同样的做法可以从其他面引出多路线管，如图 11-35 所示。类似地，还可以在楼层平面中选择立面方向的"线管表面连接件"来绘制线管，如图 11-36 所示。

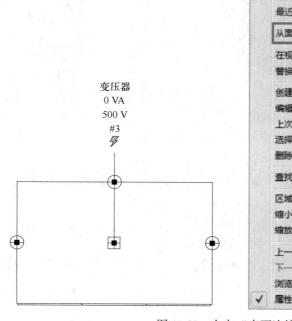

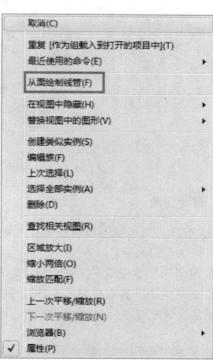

图 11-33　右击"表面连接件"

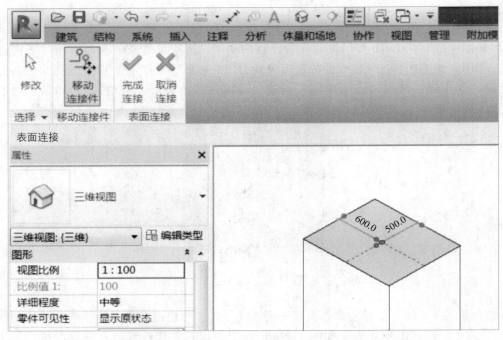

图 11-34   修改线管位置

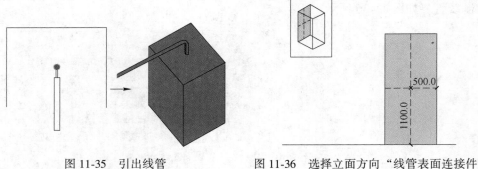

图 11-35   引出线管   图 11-36   选择立面方向"线管表面连接件"

11.2.5   线管显示

Revit MEP 可通过视图控制栏设置三种详细程度：粗略、中等和精细，线管在各详细程度下的默认显示如下：

（1）粗略和中等视图下，线管默认为单线显示。

（2）精细视图下为双线显示，即线管的实际模型。

在创建线管配件等相关族时，需注意配合线管显示点，确保线管管路显示保持一致。

参 考 文 献

［1］ 中国建筑标准设计研究院有限公司．GB/T 50001—2017　房屋建筑制图统一标准［S］．北京：中国建筑工业出版社，2017.

［2］ 中国建筑标准设计研究院．GB/T 50103—2010　总图制图标准［S］．北京：中国计划出版社，2011.

［3］ 中国建筑标准设计研究院．GB/T 50104—2010　建筑制图标准［S］．北京：中国计划出版社，2011.

［4］ 中国建筑标准设计研究院．GB/T 50113—2010　暖通空调制图标准［S］．北京：中国建筑工业出版社，2010.

［5］ 哈尔滨工业大学．CJJ/T 77—2010　供热工程制图标准［S］．北京：中国计划出版社，2011.

［6］ 中国市政工程华北设计研究总院．CJJ/T 130—2009　燃气工程制图标准［S］．北京：中国建筑工业出版社，2009.

［7］ 中国建筑标准设计研究院．GB/T 50106—2010　建筑给水排水制图标准［S］．北京：中国建筑工业出版社，2010.

［8］ 中国建筑标准设计研究院．GB/T 50786—2012　建筑电气制图标准［S］．北京：中国建筑工业出版社，2012.

［9］ 于国清．建筑设备工程 CAD 制图与识图［M］．北京：机械工业出版社，2005.

［10］ 谢慧．建筑设备工程制图识图实例导读［M］．北京：机械工业出版社，2010.

［11］ 陈翼翔．建筑设备安装识图与施工［M］．2 版．北京：清华大学出版社，2019.

［12］ 王晓梅，李清杰．建筑设备识图［M］．北京：北京理工大学出版社，2019.

［13］ 侯音，董娟．建筑设备安装识图与施工工艺［M］．4 版．北京：北京理工大学出版社，2022.

［14］ 中国建筑标准设计研究院．国家建筑标准设计图集《建筑电气制图标准》图示 12DX011［S］．北京：中国计划出版社，2012.

［15］ 王茹．BIM 技术导论［M］．北京：人民邮电出版社，2018.

［16］ 刘云平，解复冬，瞿海雁．BIM 技术与工程应用［M］．北京：化学工业出版社，2019.

［17］ 王磊磊．Revit 2020 建筑机电与深化设计［M］．北京：机械工业出版社，2021.

［18］ 赵军，印红梅，海光美．建筑设备工程 BIM 技术［M］．北京：化学工业出版社，2019.

［19］ 柏慕进业．Autodesk Revit MEP 2021 管线综合设计应用［M］．北京：电子工业出版社，2021.

［20］ 朱溢镕，段宝强，焦明明．Revit 机电建模基础与应用［M］．北京：化学工业出版社，2019.

［21］ 麓山文化．Revit MEP 2019 管线设计从入门到精通［M］．北京：人民邮电出版社，2019.